国家级职业教育规划教材
人力资源和社会保障部职业能力建设司推荐
全国中等职业技术学校建筑类专业教材

电工电子基础知识

（第二版）

人力资源和社会保障部教材办公室组织编写

田敏霞 主编
胡玉红 主审

中国劳动社会保障出版社

简介

本教材主要内容包括：直流电路、直流电路分析、交流电路、三相交流电路、变压器和电动机、电子技术基础知识、直流电源及晶闸管电路等。通过学习，可使学生掌握交直流电路及电子技术的基本知识和分析方法；具有一定的电路分析、计算能力，为学习专业知识和职业技能、增强适应职业变化的能力及继续学习打下基础。

本教材由田敏霞任主编，朱军任副主编，李永忠、金小娟、李晓敏、孙少军参加编写；由胡玉红任主审。

图书在版编目(CIP)数据

电工电子基础知识/田敏霞主编．—2 版．—北京：中国劳动社会保障出版社，2015

全国中等职业技术学校建筑类专业教材

ISBN 978－7－5167－1641－0

Ⅰ.①电…　Ⅱ.①田…　Ⅲ.①电工技术-中等专业学校-教材②电子技术-中等专业学校-教材　Ⅳ.①TM②TN

中国版本图书馆 CIP 数据核字(2015)第 047518 号

中国劳动社会保障出版社出版发行

（北京市惠新东街 1 号　邮政编码：100029）

*

北京宏伟双华印刷有限公司印刷装订　　新华书店经销

787 毫米×1092 毫米　16 开本　12 印张　263 千字

2015 年 3 月第 2 版　　2024 年 1 月第 9 次印刷

定价：22.00 元

营销中心电话：400-606-6496

出版社网址：http://www.class.com.cn

http://jg.class.com.cn

出版说明

本套教材共计 27 种，分为“建筑施工”“建筑设备安装”和“建筑装饰”三个专业方向。教材的编审人员由教学经验丰富、实践能力强的一线骨干教师和来自企业的专家组成，在对当前建筑行业技能型人才需求及学校教学实际调研和分析的基础上，进一步完善了教材体系，更新了教材内容，调整了表现形式，丰富了配套资源。

教材体系 补充开发了《建筑装饰工程计量与计价》《建筑装饰材料》《建筑装饰设备安装》等教材；将《建筑施工工艺》与《建筑施工工艺操作技能手册》合并为《建筑施工工艺与技能训练》。调整后，教材体系更加合理和完善，更加贴近岗位与教学实际。

教材内容 根据建筑行业的发展和最新行业标准，更新了教材内容。按照目前行业通行做法，将“建筑预算与管理”的内容更新为“建筑工程计量与计价”；为重点培养学生快速表现技法能力，将“建筑装饰效果图表现技法”的内容更新为“室内设计手绘快速表现”；《室内效果图电脑制作（第二版）》，以 3DS MAX 10.0 版本作为教学软件载体；新材料、新设备在相关教材中也得到了体现。

表现形式 根据教学需要增加了大量来源于生产、生活实际的案例、实例、例题以及练习题，引导学生运用所学知识分析和解决实际问题；加强了图片、表格的运用，营造出更加直观的认知环境；设置了“想一想”“知识拓展”等栏目，引导学生自主学习。

配套资源 同步修订了配套习题册；补充开发了与教材配套的电子课件，可登录 www.class.com.cn 在相应的书目下载。

目 录

第一章　直流电路

学习目标

1. 掌握电路基本物理量的含义；
2. 了解欧姆定律、焦耳定律及其应用；
3. 了解电阻工作状态的特点。

第一节　电路的组成及其作用

现代社会中，人类制造了大量的用电器，将电能转换成各种人类需要的其他形式的能量（如光能、热能、机械能等）。

一、电路的组成

电路是电能或电信号的传输通道。日常生活中，当人们在使用家用电器时，首先要将用电器接在供电线路上，接通电源开关，使用电器中有电流流过，用电器方能工作，它是为完成人们的用电需要由各种电气设备和元件按一定的方式组合起来的一个系统。

如图 1—1 所示的电路由电池、负载、开关和连接导线组成，当开关接通时，灯泡发光，说明电路中有电流流过，在灯泡处电能转换成光能，实现电气照明。

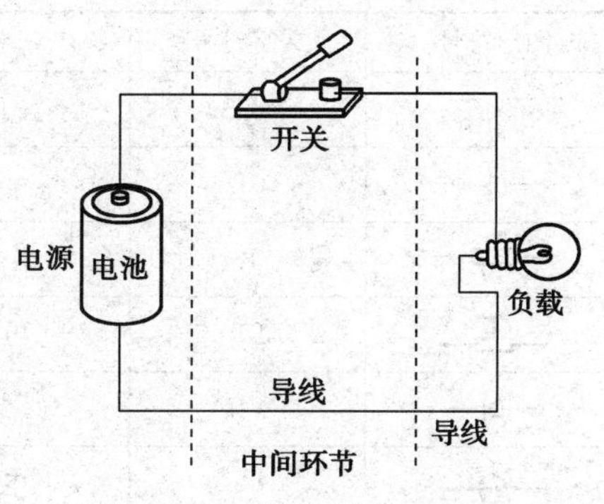

图 1—1　电路的组成

提示

电路可以是延伸数千米的电力网，也可以是只有 1 mm^2 却有很多元件的集成电路。组成电路的元器件及其连接方式虽然多种多样，但都是由电源、负载和中间环节三个基本部分组成。

1. 电源

电源是电路中将非电形式的能量转换成电能的供电设备。如发电机将热能、水能、核能等转换成电能；干电池和蓄电池将化学能转换成电能；它们是电路中产生电流必不可少的设备。常用的电源有蓄电池、发电机、整流电源等。

2. 负载

负载是将电能转换成非电形式能量的用电设备和器件。如电灯将电能转换成光能；电动机将电能转换成机械能；电炉将电能转换成热能。

3. 中间环节

中间环节主要包括连接导线、控制及保护电器。如电线、电缆、各种开关、熔断器等。中间环节将电源和负载连接成一个闭合的回路，起着传送和分配电能、控制及保护的作用。

电源、负载和中间环节构成一个完整的电路。电路有内、外电路之分，把电源内部的电流通路称为内电路，把电源以外由负载和中间环节构成的电流通路称为外电路。

二、电路图

用导线将电源、开关、用电器、电流表、电压表等连接起来组成电路，再按照规定的统一电气符号（见表1—1）将它们表示出来，这样绘制出的简图就叫作电路图。

表1—1　　常见电路元件符号

图形符号	文字符号	名称	图形符号	文字符号	名称
	S或SA	开关		PW	功率表
	GB	电池		PV	电压表
	R	电阻器		PA	电流表
	RP	电位器		X	接线端子
	VD	二极管			接地
	U_S	电压源			接机壳
	I_S	电流源		L	电感器
	FU	熔断器		L	带铁芯的电感器
	HL	指示灯、信号灯		C	电容器

通过电路图可以知道实际电路的连接情况。这样，分析电路时，不必把实物翻来覆去地研究，只要一张图样即可；设计电路时，可以在纸上或计算机上进行，确认完善后再进

行实际安装，通过调试、改进，直至成功；现在更可以应用先进的计算机软件来进行电路的辅助设计，甚至进行虚拟的电路仿真实验，大大提高了工作效率。

图 1—2 就是将图 1—1 所示的实际电路简化为标准的电路图。其中用 E 表示电源，电源两端的电压用 U 表示，R 表示电路上所接的负载。

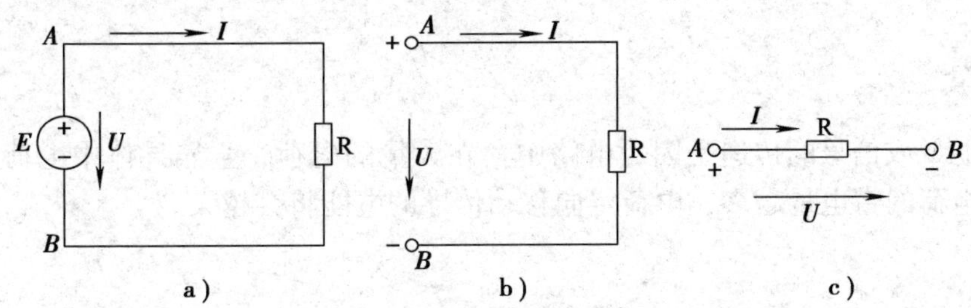

图 1—2　电路图的几种画法

a）用电动势表示电源　b）用端电压表示电源　c）简化画法

三、电路的作用

电路有两个主要作用。

在电力电路中，用于实现电能的传输、转换和分配。如图 1—3a 所示，发电机将机械能转换成电能，通过升压变压器将电压升高，通过高压输电线路进行远距离输电，到达用电地区后，再通过降压变压器将电压降至用电电压，通过低压配电线路将电能分配给用户（负载），根据最末端用电器的功能，电路又可分为照明电路和动力电路。建筑电气工程均为这一类电路，将电能从电源处输送至负载处，要求传输线路能量损耗小。

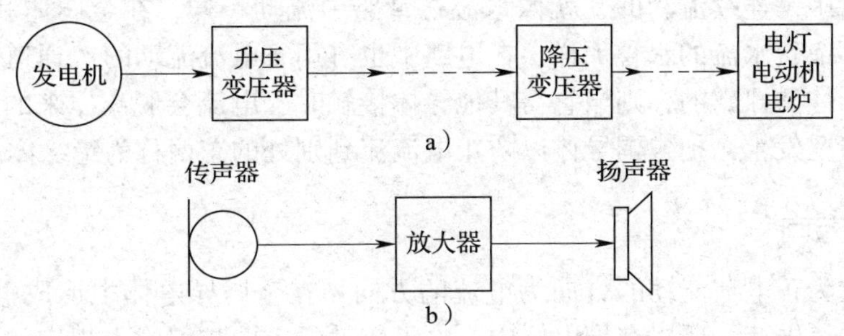

图 1—3　电路的作用

a）电能传输、转换和分配　b）扩音机中信号的传递、处理和转换

在电子技术和非电量测量电路中，用于实现信号的传递、处理和转换。如图 1—3b 所示的扩音机中，由传声器把声音（声波信号）转换为相应的电压和电流（电信号），然后通过放大电路传递到扬声器，扬声器再把电信号还原为声音（信号处理）。在智能建筑电气中，有线电视线路、消防火灾自动报警及联动系统线路等均是这种线路。这类电路中，重点是如何准确而迅速地将电信号从信号源处传递至负载处。

第二节　电路基本物理量

一、电荷量

电路中能量或信号的传递是因为电路中存在大量的电荷，金属导体中电荷是电子，带负电。每个电荷的带电量越多，电荷定向移动传导的电能将会越大。

1. 定义

电荷量是表示电荷带电量多少的物理量。

一个电子所带电量用 e 表示，$1e=1.60\times10^{-19}$ C，电荷量基本符号为 q 或 Q。

2. 单位

电荷量的国际单位是库仑，符号为 C。

二、电流

1. 电流的形成

电路中电荷沿着导体的定向运动形成电流，移动的电荷又称为载流子。载流子是多种多样的，例如，金属导体中的自由电子，电解液中的离子等。

电流在电路中是连续流动的，就像水流在管路中流动一样，在金属体和大地等处均可流动。如同有不浪费水流的水管那样，在电路中也有用于电流流动的“通道”，把这种通道称为导体。若导体是裸露的，则当它与其他导体接触时，电流会脱离原来的通道流到别处。为了防止这种情况发生，把包围导体以防止电流流到别处的东西称为绝缘体。

2. 电流的方向

习惯上规定为正电荷流动的方向为电流的方向，在金属导电体中形成电流的是自由电子，自由电子是负电荷，所以在导电体中，电子流动的方向与习惯上规定的电流方向相反，如图 1—4a 所示。

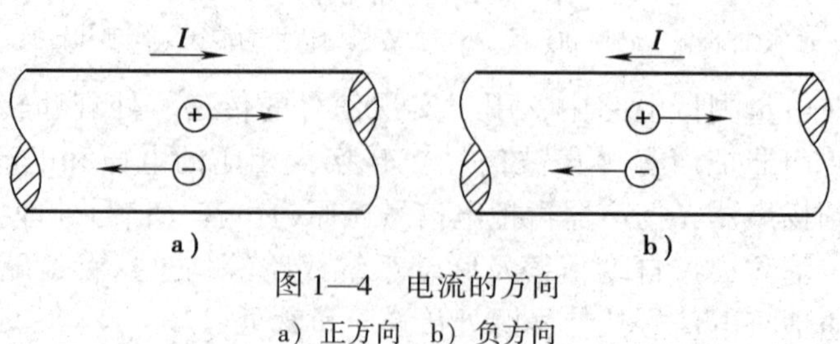

图 1—4　电流的方向

a）正方向　b）负方向

在外电路中，电流是从电源的正极经负载流到电源的负极，在内电路中，电流是从电源的负极流到正极。

在实际分析和计算电路时，有时某一段电路或一个电路元件的电流方向很难判断，这时，为方便分析，可以先假定一个电流的方向，这个假设的方向叫作电流的“参考方向”，若求出的电流值为正，则假设的电流参考方向与实际方向相同，若求出的电流值为负值，则假设的电流参考方向与实际方向相反。

3. 电流的大小

电流的大小用电流强度来表示，电流强度在数值上等于单位时间内通过导体某一截面的电荷量，用 I 表示。

在直流电路中，电流表示为：

$$I=\frac{Q}{t}$$

式中 I——电流，单位是安培，用 A 表示；

Q——电荷量，单位是库仑，用 C 表示；

t——时间，单位是秒，用 s 表示。

从式中可以看出，在相同的时间内通过导体横截面的电荷量越多，就表示流过该导体的电流越强，反之越弱。

4. 电流的单位

（1）国际单位

安培，符号为 A。

（2）常用其他单位

毫安 mA、微安 μA、千安 kA。

（3）电流单位间的换算

电流单位间的换算关系为

$1\ \text{mA}=10^{-3}\ \text{A}$；　　$1\ \mu\text{A}=10^{-6}\ \text{A}$；　　$1\ \text{kA}=10^{3}\ \text{A}$

5. 直流电流与交流电流

（1）直流电流

如果电流的大小及方向都不随时间变化，即在单位时间内通过导体横截面的电量相等，则称为稳恒电流或恒定电流，简称为直流，记为 DC 或 dc，直流电流要用大写字母 I 表示。

（2）交流电流

如果电流的大小及方向均随时间变化，则称为交流电流，简称为交流记为 AC 或 ac，交流电流的瞬时值要用小写字母 i 表示。

想一想

电流随时间变化的趋势可以用波形图来表示。观察一下，如图 1—5 所示的几种常见波形中，有什么相同点和不同点？可以分为几类？

图 1—5a、图 1—5b 中的电流方向不随时间的变化而变化，称其为直流电，其中，图 1—5a 中的电流大小和方向都不随时间变化而变化的电流，称为稳恒直流电；图 1—5b 中的电流大小随时间的变化而呈周期性变化，但方向不变，称为脉动直流电。在实际应用中，稳恒直流电较为常见，为了方便，通常将其简称为直流，用符号 DC 表示。本书中所说的直流电，如无特殊说明，均指的是稳恒直流电。

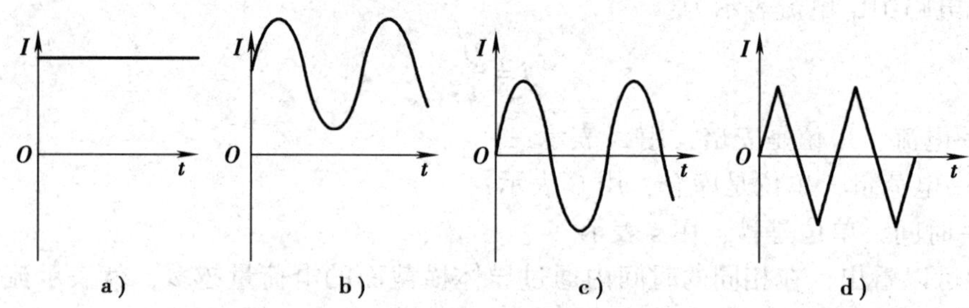

图 1—5　几种常见的电流波形

a）稳恒直流电　b）脉动直流电　c）正弦波交流电　d）三角波交流电

三、电压

金属导体中虽然有许多自由电子，但只有在外加电场作用下，如图 1—6 中导体中电子被来自电路中的力推出去有规则的定向移动形成电流，使电子产生这样的移动的力称为电动势或电压。

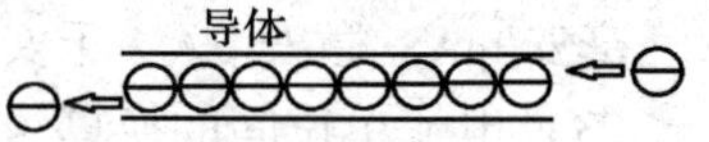

图 1—6　导体中电荷定向移动

1. 定义

单位正电荷因受电场力作用从 a 点移动到 b 点所做的功，称为 a、b 两点之间的电压，用符号 U_{ab} 表示。

电压与电流之间的关系和水压与水流的关系有相似之处。

图 1—7 所示装置中，由于用水泵不断将水槽乙中的水抽送到水槽甲中，使 A 处比 B 处水位高，即 A、B 之间形成了水压，水管中的水便由 A 处向 B 处流动，形成水流，从而推动水车旋转。

图 1—8 所示电路中，由于电源的正、负极间存在着电压，电路中便有电荷在电源两极之间流动，形成电流，从而使电灯发光。

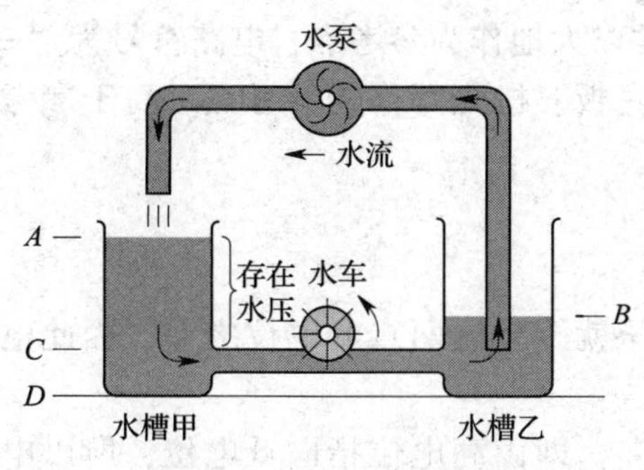

图 1—7 水压与水流

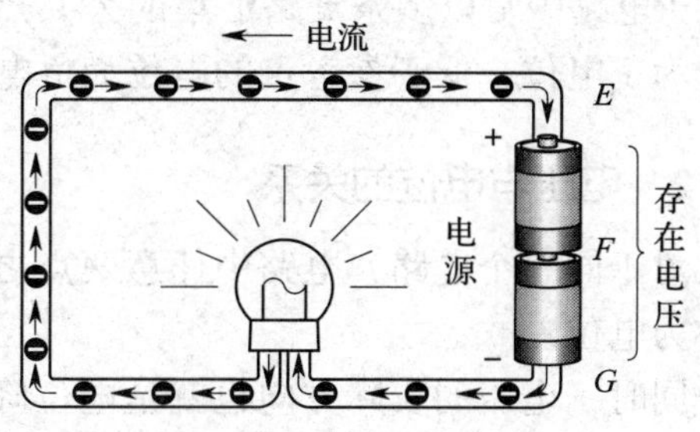

图 1—8 电压与电流

2. 方向

电压的实际方向即为正电荷在电场中的受力方向。同样，在计算较复杂电路时，常常也需要设定电压的参考方向。原则上电压的参考方向可任意选取，但如果已知电流参考方向，则电压的参考方向最好选择与电流一致，称为关联参考方向。当计算出电压为正时，说明该电路中电压实际方向与参考方向相同；计算结果为负时，电压实际方向与参考方向相反。

3. 单位

（1）国际单位

伏特，符号为 V。

（2）常用的单位

毫伏（mV）、微伏（μV）、千伏（kV）等。

（3）电压单位间的换算

电压单位间的换算关系为

$1\ mV = 10^{-3}\ V$； $1\ \mu V = 10^{-6}\ V$； $1\ kV = 10^{3}\ V$

4. 直流电压与交流电压

如果电压的大小及方向都不随时间变化，则称为稳恒电压或恒定电压，简称直流电压，用大写字母 U 表示。

如果电压的大小及方向随时间变化，则称为交流电压。交流电压的瞬时值要用小写字母 u 表示。

四、电位

1. 定义

电位是指在单位正电荷因受电场力作用从某点移动到零电位点所做的功，用符号 V 或 φ 表示。零电位点（有时也称为参考点）即在分析电路时假设电位为零的电路中的某点，可以任意选择，为了便于分析计算，在电力电路中常以大地作为参考点，电路符号为“⏚”；在电子电路中常以多条支路汇集的公共点或金属底板、机壳等作为参考点。高于参考点的电位为正电位，低于参考点的电位为负电位。

2．电压与电位的关系

对于同一个电路，电路中任意两点之间的电压就等于这两点的电位之差，因此电压又被称为电位差。

同时，电压的实际方向也就是电位降低的方向，即由高电位指向低电位，所以电压又称为电压降。

电位单位和电压相同，均为伏特。

【例 1—1】 在图 1—9 所示电路中，已知 $U_{CO}=4$ V，$U_{CD}=3$ V。试分别以 D 点和 O 点为参考点，求各点的电位及 D、O 两点间的电压 U_{DO}。

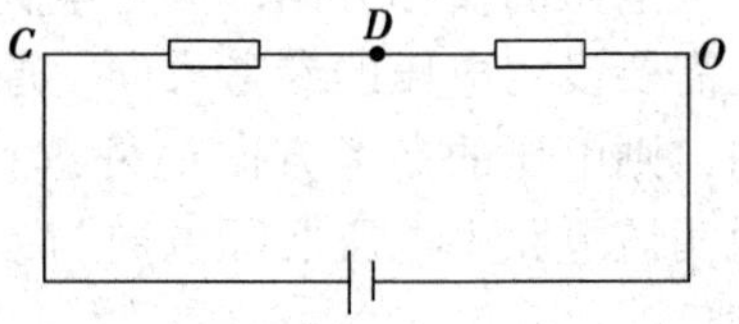

解：（1）以 D 点为参考点，即 $\varphi_D=0$ V

因为 $U_{CD}=\varphi_C-\varphi_D$

所以 $\varphi_C=U_{CD}+\varphi_D=3+0=3$ V

又因为 $U_{CO}=\varphi_C-\varphi_O$

所以 $\varphi_O=\varphi_C-U_{CO}=3-4=-1$ V

$U_{DO}=\varphi_D-\varphi_O=0-(-1)=1$ V

（2）以 O 点为参考点，即 $\varphi_O=0$ V

因为 $U_{CO}=\varphi_C-\varphi_O$

所以 $\varphi_C=U_{CO}+\varphi_O=4$ V

又因为 $U_{CD}=\varphi_C-\varphi_D$

所以 $\varphi_D=\varphi_C-U_{CD}=4-3=1$ V

$U_{DO}=\varphi_D-\varphi_O=1-0=1$ V

图 1—9　例 1—1 图

从上面的计算结果可见，参考点改变，各点的电位也随着改变，所以，各点的电位与参考点的选择有关。但不管参考点如何变化，两点间的电压是不改变的。

五、电动势

在图 1—7 中，水泵的作用是不断地把水从乙水槽抽送到甲水槽，从而使 A、B 之间始终保持一定的水位差，这样水管中才能有持续的水流。在图 1—8 中，电源的作用与水泵相似，它不断把电荷从电源一端经过电源内部移动到另一端，从而使电源的正、负极之间始终保持着一定的电压，这样电路中才有持续的电流。

1．定义

电源将单位正电荷从电源的负极，经过电源内部移到电源正极所做的功，称为电源电动势，用符号 E 表示。

如设 W 为电源中非电场力把正电荷量 Q 从负极经过电源内部移送到电源正极所做的功，则电动势大小为

$$E=\frac{W}{Q}$$

电动势的方向规定为从电源的负极经过电源内部指向电源的正极，即与电源两端电压的方向相反。

电动势图形符号及方向如图 1—10 所示。如图 1—11 所示是生活中常用的直流电源。

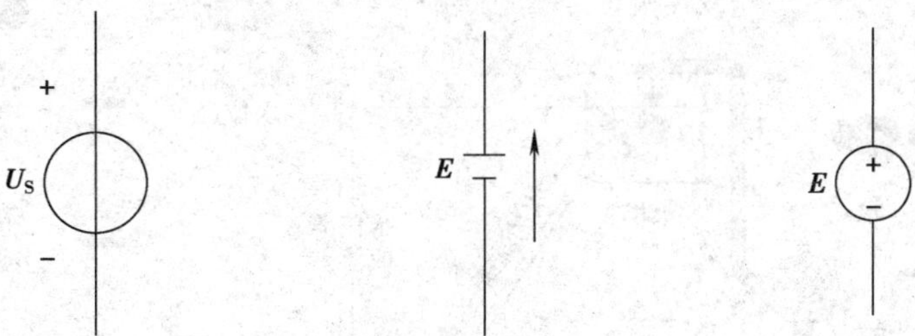

图 1—10　电动势的几种表示方法

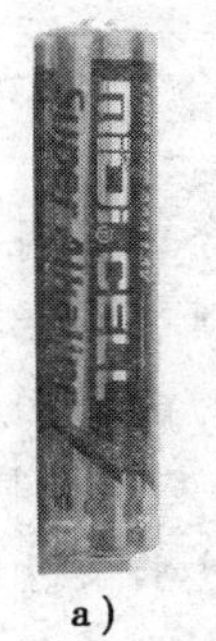

a）

b）

c）

图 1—11　生活中几种常用的直流电源

a）干电池　b）叠层电池　c）纽扣电池

2. 单位

电动势的单位与电压相同，为伏特（V）。

3. 方向

电动势不仅有大小还有方向，电动势的方向规定为在电源内部从电源的负极（低电位端）指向正极（高电位端），即电位升高的方向。在交流电路中，电动势的大小和方向随时间变化，为时间的函数，用小写字母 e 表示。

想一想

电流、电压、电位、电动势之间的关系

前面讲述了电流、电压、电位和电动势的概念，在电路中，它们既有联系又有区别，

下面借水流流动的原理来阐述它们之间的关系。

电流的流动与水的流动有许多相似之处。水从水位高处流向低处，为了把水提升到高处，必须借助水泵。如图 1—12 所示，水槽 A 中水的水位高，水槽 B 中水的水位低。两个水槽用管道相连时，由于两个水槽之间存在水位差，水将从水槽 A 流向水槽 B。要使水能不间断地循环流动，水泵必须不断地将水槽 B 中的水打到水槽 A 中。

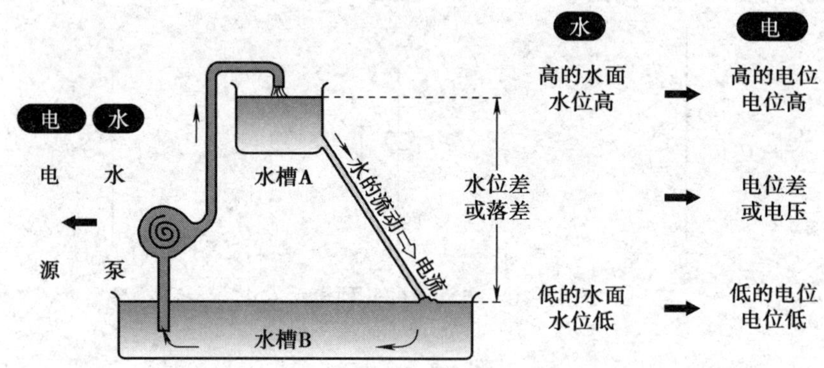

图 1—12　水的流动与电的流动的比较

电流的流动情况与水相似，当电路中电源与负载连接成闭合回路时，且存在电位差或电压时，电路中将会产生电流。要保持电流连续流动，必须有能保持高电位的电源，就像要保持水的连续流动必须要有水泵一样。电源所具有的能够保持电流连续流动的力称为电源力，用电动势表示。产生电动势的装置有电池和发电机等。

如图 1—12 所示，水从水槽 A 通过管道流到水槽 B，又通过水泵返回水槽 A 而形成一个回路。电的情况与此相似，电流从电源流出，通过外部负载后又返回电源而形成了一个回路，这个电流回路就是电路。

第三节　电　　阻

一、电阻与电阻率

当电流通过导体时，由于做定向移动的电荷会和导体内的带电粒子发生碰撞，所以导体在通过电流的同时也对电流起着阻碍作用，这种对电流的阻碍作用称为电阻，用字母 R 或 r 表示。

电阻的国际单位是欧姆，用字母 Ω 表示；常用其他单位有千欧（kΩ）、兆欧（MΩ）、毫欧（mΩ）。

$1\ \text{k}\Omega = 10^3\ \Omega$　　$1\ \text{M}\Omega = 10^6\ \Omega$　　$1\ \text{m}\Omega = 10^{-3}\ \Omega$

值得注意的是，导体的电阻是客观存在的，即便导体两端没有电压，导体仍然有电阻。实验证明，导体的电阻跟导体的长度成正比，跟导体的截面积成反比，并与导体的材料有关。这个规律就是电阻定律。

$$R=\rho\frac{l}{S}$$

式中　ρ——制成电阻的材料电阻率，欧姆·米（Ω·m）；
l——绕制成电阻的导线长度，米（m）；
S——绕制成电阻的导线横截面积，平方米（m^2）；
R——电阻值，欧姆（Ω）。

电阻率表示物体导电能力，电阻率小，物体容易导电，称为导体；电阻率大，物体不容易导电，称为绝缘体；导电能力介于导体和绝缘体之间的物体称为半导体。各种材料的电阻率如图 1—13 所示。

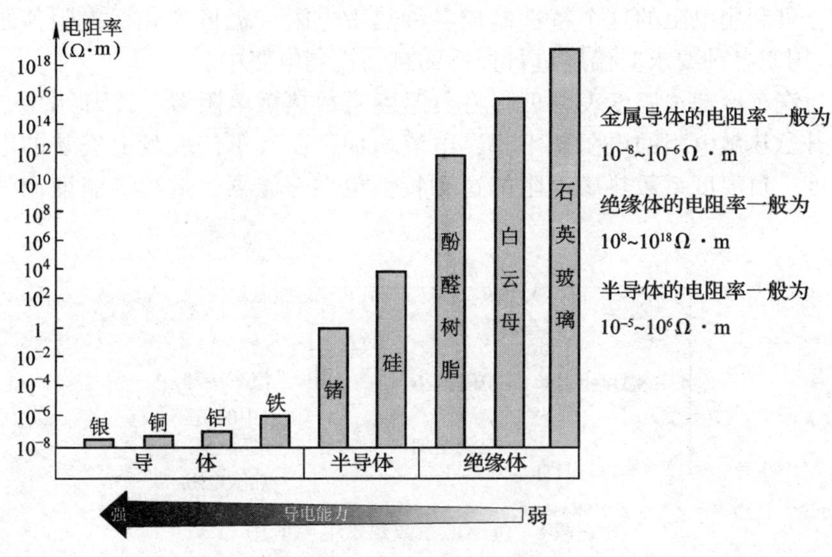

图 1—13　各种材料电阻率

从图 1—13 可以看出，金属的电阻率小，导电性能好，所以导线一般用铝或铜制成，必要时还在导线上镀银；合金的电阻率较大，通常用来制作电阻器和电炉等；为保证电路安全，还需要用橡胶、塑料、陶瓷等作为绝缘材料。

【例 1—2】　两根铜线长度相同，问直径为 1.6 mm 铜线的电阻是直径 3.2 mm 铜线电阻的多少倍？

解：两铜线的长度相同，电阻率相同，根据式（1—2）可知，导线的电阻与截面积成反比：

因
$$S=(D/2)^2\pi$$

故两导线电阻与直径的平方成反比，即：

$$R_{1.6}/R_{3.2}=3.2^2/1.6^2=4$$

所以，直径为 1.6 mm 铜线的电阻是直径为 3.2 mm 铜线电阻的 4 倍。

二、电阻与温度的关系

电阻元件的电阻值大小一般与温度有关，衡量电阻受温度影响大小的物理量是温度系数，其定义为温度每升高1℃时电阻值发生变化的百分数，用符号 α 表示，和电阻率一样，是该材料的特性，其绝对值越大，表明电阻受温度的影响也越大。温度系数也有正负，若 $\alpha>0$（即温度系数为正），则该电阻值随着温度的升高而增大，金属材料一般都是这种特性；若 $\alpha<0$（即温度系数为负），则该电阻值随着温度的升高而减小，碳、电解液、绝缘体等的电阻符合这种特性。

如果设任一电阻元件（温度系数为 α）在温度 t_1 时的电阻值为 R_1，当温度升高到 t_2 时电阻值为 R_2，则 R_2 为：

$$R_2=R_1\left[1+\alpha\left(t_1-t_2\right)\right]=R_1（1+温度系数×温度差）$$

显然实际上可利用电阻的这个特性制成各种热敏电阻（温度变化而电阻值跟着变化的电阻），广泛应用于各种要求对温度进行控制的自动控制电路中。

图1—14为汽车冷却水温度表原理，将负温度系数热敏电阻置于冷却水中，若汽车冷却水的温度上升，热敏电阻的电阻值下降，电流增加，在汽车仪表盘上安装的电流表显示出冷却液的温度。负温度系数热敏电阻的这种特性也在恒温器、量程等温度调整方面得到应用。

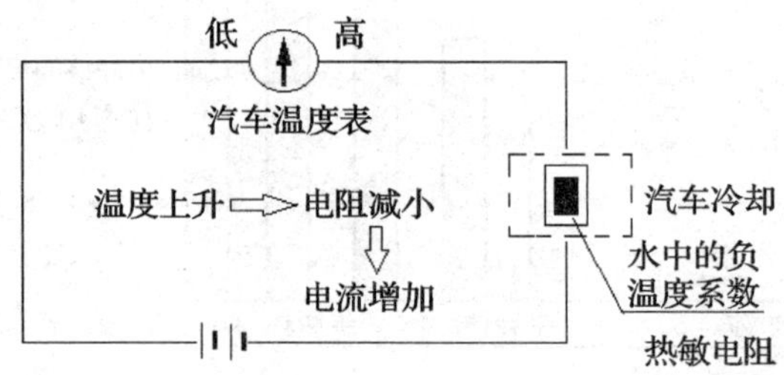

图1—14　负温度系数热敏电阻应用

在工程中要用到各种各样的电阻，有时需要阻值大的电阻，有时需要功率大的电阻，我们把具有一定阻值的实际元件称为电阻器。电阻器是电气、电子设备中最常用的元件之一，主要用于控制和调节电路中的电流和电压。常用的电阻器如图1—15所示。

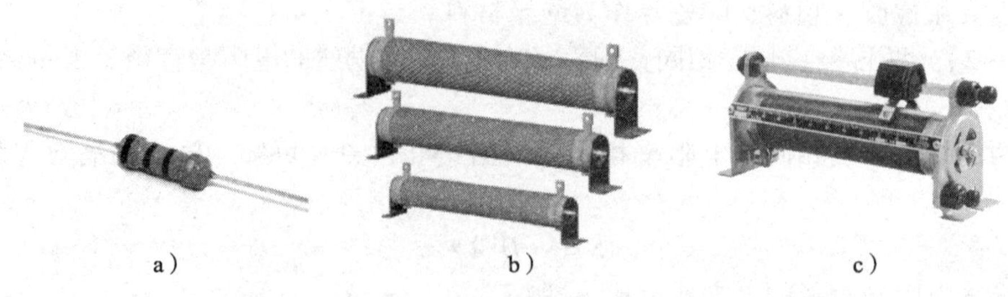

a）　b）　c）

图1—15　常用电阻器

a）色环电阻　b）线绕电阻　c）滑动变阻器

电阻器的主要参数有标称阻值、额定功率和允许误差。体积大的电阻一般将标称阻值和允许误差直接标在电阻体上；体积小的电阻则在电阻外侧的绝缘体上涂色带，用色环表示，如图1—16所示，色环通常四道，称为四环电阻。其中三道距离较近的作为阻值环，阻值环颜色依次与数字对应0－黑1－棕2－红3－橙4－黄5－绿6－蓝7－紫8－灰9－白；第一、二道环各代表一位有效数字，第三道则代表有效数字后零的个数（对金色，×0.1；银色，×0.01）；距前三道较远的那道环作为误差环。误差环的颜色依次与数字对应±5%－金、±10%－银、±20%－无色。

图1—16　色环电阻

例如某电阻前三环的颜色分别为黄、紫、橙，此电阻值为47 kΩ。相对于四环电阻而言，还有精度更高的五环电阻。

电气工程中，很多电器都有电阻，如灯泡、电热炉等电器，利用这些电器的电阻可发挥重要的电气作用；此外，距离较长的导线及电动机、变压器等电气设备的绕组也有电阻，这个电阻会导致电气线路和设备发热。

知识链接

几种特殊电阻

1. 绝缘电阻

电路在工作时，电流在电路中流动，在使用时，电路应与大地绝缘。因此，在电路中工作的各种导电材料周围均包上各种绝缘材料。当加上直流电压使用时，有非常微弱的电流通过绝缘体流动，这个电流称为漏电流，如图1—17所示，绝缘体的电阻称为绝缘电阻。一般来讲绝缘体电阻特别高，几乎可以认为不通过电流，但因为环境温度、湿度、工程状态的影响绝缘损坏而有漏电流流动，绝缘电阻降低，引起电气事故。

图1—17　用电器的泄漏电流

绝缘导线的导体电阻和绝缘体的电阻的异同见表 1—2。

表 1—2　　绝缘导线的导体电阻和绝缘体的电阻异同

影响原因	异同（材料与导线粗细一定时）		示意图
	导体电阻	绝缘体电阻	
长度	导体的电阻与长度成正比，导体电阻越长其电阻越大	绝缘体的绝缘电阻与长度成反比。绝缘体越长，漏电流越大，绝缘电阻越小	导体的电阻R　l　R　与长度l成正比　绝缘体　R（与长度成反比）
温度上升	导体电阻随着温度上升而增加	绝缘电阻随温度上升而减小，因此各电气设备均需设定允许工作温度	40　20　0　上升　导体的电阻R　R增加　绝缘体的电阻R　R减少
电压	电压升高，导体的电阻没有变化	绝缘电阻降低。因此，高压电路中，应使用高绝缘电阻的材料作为导线的绝缘部分	电压上升　导体电阻没有变化　绝缘体的电阻R　R减少

2. 接地电阻

地球的电位为零，是电的收容所。即使电流通过地球，地球的电位也不会改变。电气工程中电力变压器的中性点接地，避雷器接地如图 1—18 所示。为了用电安全，电气设备的金属外壳也需接地，建筑防雷也需接地。其中接地体（极）与大地之间的电阻称为接地电阻。各个接地系统为保证安全，对接地电阻均有不同要求。

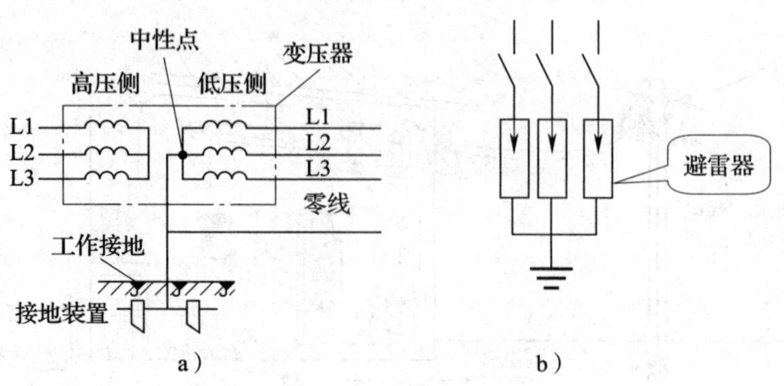

图 1—18　接地做法

a）电力变压器工作接地　b）避雷器接地

3. 接触电阻

通常在分析电路时，都认为闭合的开关和导线的连接处电阻为零，其实在开关的接触部分和导线的连接处总会存在一定的电阻，称为接触电阻。这是因为两导体接触部分总会有凹凸不平，此外，若接触部分被污染或由于腐蚀、过热产生氧化物，都会使接触电阻增大，在实际应用中须加注意。

第四节　欧 姆 定 律

1827 年，德国科学家欧姆通过实验证实：流过电阻的电流 I 与电阻两端的电压 U 成正比，与该电阻的阻值 R 成反比。这就是后来以他的名字命名的欧姆定律。欧姆定律反映了电路中电压、电流、电阻三个物理量的关系，是电工学中一个最基本的定律。

一、全电路欧姆定律

含有电源的闭合电路称为全电路，如图 1—19 所示，该图中电源外部由用电器和导线组成的电路为外电路，外电路的电阻称为外电阻；电源的内部电路为内电路，电源内部的电阻称为内电阻，简称内阻。在外电路中，沿电流方向电位降低。

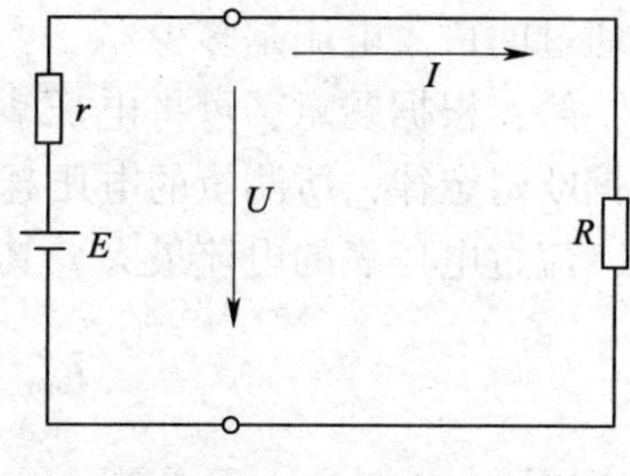

图 1—19　简单的全电路

在闭合电路中，电路中的电流与电源电动势成正比，与电路中负载电阻及电源内阻之和成反比，称全电路欧姆定律。公式为：

$$I = \frac{E}{R + r}$$

其中 R 为外电阻，r 为内电阻，E 为电动势，由上式可得

$$E = IR + Ir = U_{内} + U$$

式中 $U_{内}$ 为内电路的电压降，U 为外电路的电压降，也是电源两端之间的电压，简称电源端电压。

二、部分电路欧姆定律

部分电路是完整电路中的任意一部分，如图 1—20 所示部分电路中，通过导体的电流，与导体两端所加的电压成正比，与导体电阻成反比，称为部分欧姆定律。

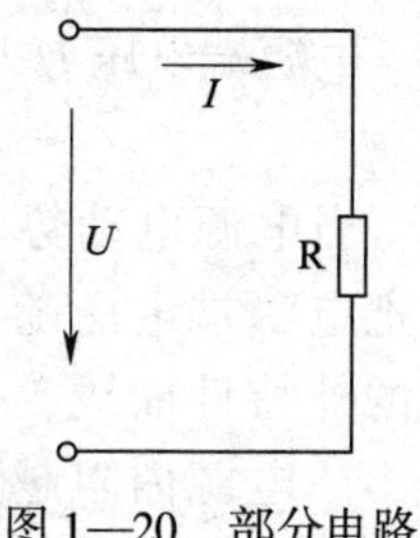

图 1—20　部分电路

公式为：

$$I=\frac{U}{R} \qquad R=\frac{U}{I} \qquad U=IR$$

如果以电压为横坐标，电流为纵坐标，可画出电阻的 U/I 关系曲线，称为伏安特性曲线。伏安特性曲线是直线的电阻元件，称为线性电阻（图 1—21a），其电阻值在温度一定时，可认为是不变的常数。伏安特性曲线不是直线的电阻元件，则称为非线性电阻（图 1—21b）。

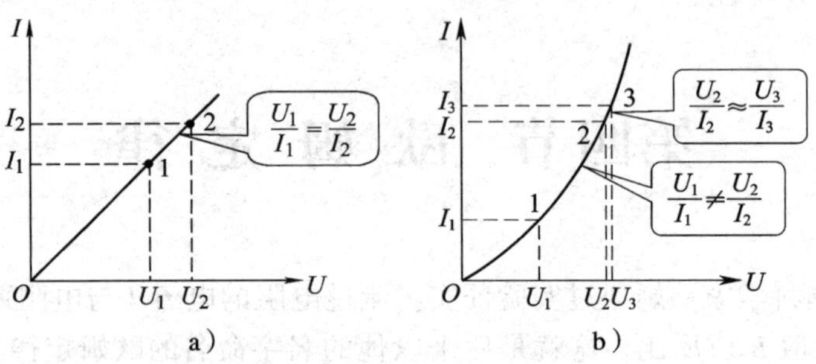

图 1—21　电阻的伏安特性

a）线性电阻的伏安特性　b）非线性电阻的伏安特性

一般所讨论的电阻通常不涉及非线性电阻，但在电子电路中将会遇到晶体二极管、三极管等元件，其电阻是非线性的。

【例 1—3】 有一个量程是 500 V 的电压表，它的内阻是 50 kΩ，用它测量电压时，允许通过的最大电流是多少？

解： 根据题意，可将电压表看成一个 50 kΩ 的电阻，由于电压表的内阻是一个定值，根据欧姆定律，所测量的电压越大，通过电压表的电流也就越大，所以在被测电压为 500 V 时，流过电压表的电流最大，其值为：

$$I_{max}=\frac{U_{max}}{R}=\frac{500}{50\ 000}=0.01\ \text{A}=10\ \text{mA}$$

想一想

由公式 $R=U/I$，是否可以说明电阻的大小与电压成正比，与电流成反比。

三、电源的外特性

电源端电压 U 与电源电动势 E 之间的关系为：

$$U=E-Ir$$

当电源电动势 E 和内阻 r 一定时，电源端电压 U 将随负载电流 I 的变化而变化。我们把电源端电压随负载电流变化的关系特性称为电源的外特性，其关系特性曲线为电源的外特性曲线，如图 1—22 所示。由图可见，电源端电压随着负载电流 I 的增大而减小。电源内阻越大，直线越斜；直线与纵轴的交点的纵坐标表示电源电动势的大小（$I=0$，$U=E$）。

当外电路断开时，即电源电动势在数值上等于外电路开路时的电源端电压。

当外电阻阻值 R 减少时，根据 $I=\frac{E}{R+r}$ 可知，电流 I 增大（E 和 r 为定值），内电压 Ir 增大，根据 $U=E-Ir$ 可知电源端电压 U 减小。

当外电阻 $R=0$ 时，$I=E/r$，内电阻电压为 E，电源端电压 $U\ =0$。

第五节 电功率与电功

一、电功率

电功率（简称功率）表示电路元件或设备在单位时间内吸收或发出的电能，也就是电流做功的快慢。功率的国际单位为瓦特（W），常用的单位还有毫瓦（mW）、千瓦（kW），功率单位间的换算关系是：

$$1\ \text{mW}=10^{-3}\ \text{W};\qquad 1\ \text{kW}=10^{3}\ \text{W}$$

功率的计算公式为：$P=UI$

对于电阻电路，上式还可以写成：

$$P=I^2R\ 或\ P=\frac{U^2}{R}$$

全电路中：$P_{电源}=P_{负载}+P_{内阻}$

上式说明，在一个闭合回路中，电源电动势发出的功率，等于负载电阻消耗的功率和电源内阻消耗的功率之和，这种关系称为电路的**功率平衡**。

二、电能

电能是指在一定的时间内电路元件或设备吸收或发出的电能，用符号 W 表示，其国际单位制为焦耳（J），电能的计算公式为

$$W=P\cdot t=UIt$$

电流做功的过程实际上是电能转化为其他形式的能的过程。例如，电流通过电炉时，电炉会发热，电能转化为热能；电流通过电灯时，电灯会发光，电能转化为光能；电流通过电动机驱动生产机械，电能转化成机械能。

通常电能用千瓦小时（kW·h）来表示大小，也叫作度（电）：

$$1\ 度（电）=1\ \text{kW}\cdot\text{h}=3.6\times10^{6}\ \text{J}。$$

即功率为 1 000 W 的供能或耗能元件，在 1 h 的时间内所发出或消耗的电能量为 1 度。

【例 1—4】 有一功率为 60 W 的电灯，每天使用它照明的时间为 4 h，如果平均每月按 30 天计算，那么每月消耗的电能为多少度？合为多少焦？

解：该电灯平均每月工作时间 $t=4\times30=120$ h，则：

$$W=P\cdot t=60\times120=7\ 200\ \text{W}\cdot\text{h}=7.2\ \text{kW}\cdot\text{h}$$

即每月消耗的电能为7.2度，为$3.6\times10^6\times7.2\approx2.6\times10^7$ J。

【例1—5】 有一只220 V、60 W的白炽灯，接在220 V的供电线路上，求此电灯中通过电流的大小？若平均每天使用4 h（小时），电价是每千瓦时0.5元，求每月（以30天计）应付出的电费。

解：根据式（1-4）可得：$I=\frac{P}{U}=\frac{60}{220}\approx0.27$ A

每月用电时间为：$4\times30=120$ h

每月消耗电能为：$W=Pt=0.06\times120=7.2\ \text{kW}\cdot\text{h}$

每月应付电费为：$0.5\times7.2=3.6$ 元

三、电气设备的额定值

1. 电流的热效应

电阻中流过电流就会发热，这种现象称为电流的热效应。焦耳定律表示，电阻中产生的热能大小与电阻的大小、电流大小、通电时间长短有关，计算公式如下：

$$Q=I^2Rt$$

公式中Q为电阻的发热量，单位是焦耳（J），这种热也称为焦耳热。

在我们周围有许多利用电流热效应的设备，如电熨斗、电暖气、电饭锅、电烤箱等。还可以选用低熔点的铅锡合金等制成熔断器的熔丝以保护电路和设备。

想一想

点亮的40 W白炽灯泡，用手靠近，感到很热；而正在运转的几千瓦的电动机，手摸外壳，却并不感到很热，这是为什么？

2. 电气设备的额定值

电流的热效应也有不利的一面，如电动机在运行中发热，不仅浪费电能，而且会加速绝缘材料的老化，严重时会发生事故。因此，在电气设备中应采取防护措施，以避免电流热效应所造成的危害。例如，许多电气设备机壳上都装有散热孔，有的电动机里还装有风扇，都是为了加快散热。

电气设备的额定值是由生产厂家根据设计、制造材料及制造工艺等因素，所给出的设备的各项性能指标和技术数据，如额定电压、额定电流和额定功率，它们分别是指保证电气设备能长期安全工作的最大电压、最大电流和最大功率。

额定值往往标在设备的铭牌上，所以有时额定值又可以称作铭牌数据。为使电气设备运行安全可靠、经济合理，用户应按铭牌上标明的额定值来使用电气设备。

知识链接

产生电热的其他方法

除了电阻的焦耳热之外，用电产生热的方法还有电弧加热、感应加热、介质加热、利用红外线加热灯。

1. 电弧加热

气体绝缘物质在电的作用下被损坏，一放电就把一部分热能变换为热能或光能，利用这时产生的非常高温就是电弧加热。

2. 感应加热

由于电磁感应的作用使电流（此时电流的方向是漩涡状，故称为涡流）流过金属等，由此产生的热量就是感应加热。

3. 介质加热

这就是用微波炉进行烹调的加热方法，用电极夹住绝缘物体，若施加高频电流（交流频率很高的意思），物体由于内部分子产生振动而发热，这种加热的方法就是介质加热。

第六节　电路的工作状态

电路有三种工作状态，分别为有载（通路）状态，开路状态和短路状态。下面我们以直流电路为例，分别讨论三种工作状态下电压、电流和功率的关系。

一、有载（通路）状态

如图 1—22 所示电路，当开关 S 闭合时，电源与负载接通成闭合回路，此时，电路中有电流流过。

有载状态又称负载状态或通路状态，在此状态下，电路具有以下特征：

$$I=\frac{E}{R+R_0}$$

$$U=IR=E-IR_0$$

$$P=EI-I^2R_0=UI$$

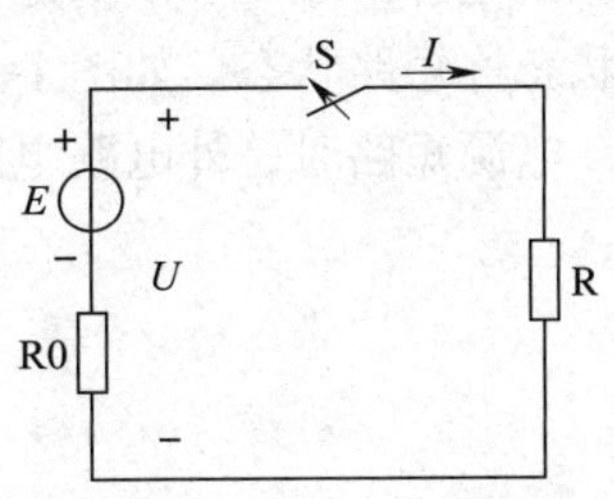

图 1—22　电路的有载状态

上面各式中，R_0 为电源的内阻，U 为电源输出的电压，也称电源端电压。

通路状态下电源端电压小于电源电动势 E，电路中的电流大小由负载电阻决定，而负载获得的功率等于电源产生的功率减去电源内阻消耗的功率，符合能量守恒定律。

有载（通路）工作状态又可分为超载、满载和轻载状态。其中满载工作状态是最为理想的工作状态。它能使电路中的设备在额定状态下工作，从而能安全、可靠、经济地使用电气设备。

想一想

设备在超载或轻载运行时会产生什么后果？

二、开路状态

开路就是指电气设备与电源断开，电路中没有电流，开路状态又称空载状态或断路。如图 1—23 所示电路，当开关 S 打开时，电路就处于开路状态。

开路可以分为控制性开路和事故性开路两种，控制性开路是利用控制电器（如开关 S），使电路处于开路状态，是属于正常现象。事故性开路是由于电源、负载或导线某处发生电路断开故障（电气设备与电气设备之间，电气设备与导线之间连接时的接触不良）而引起的开路。发生这种事故性开路，需要查出故障，予以排除。

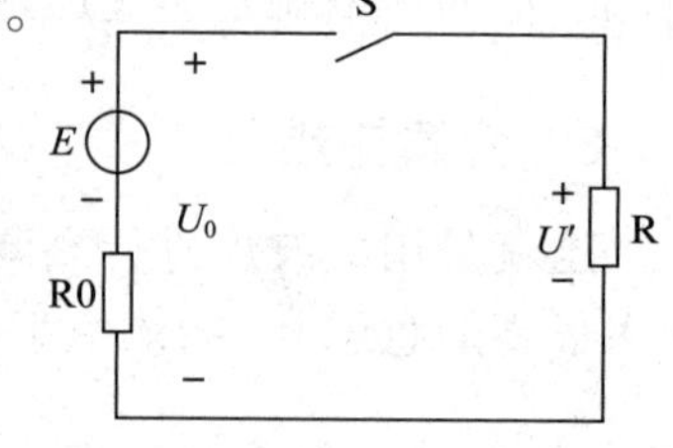

图 1—23　电路的开路状态

开路时，电路具有以下特征：

$$I=0$$

$$U=E$$

$$P=UI=0$$

电源端电压 U 等于电源电动势 E。此时的电压称为开路电压或空载电压，用 U_0 表示。电路中没有电流，电源对外输送的功率为零，即电路中没有能量的传输和转换。

三、短路状态

当电源两端 a 和 b 未经负载而直接由导线接通形成闭合回路的状态称短路状态。如图 1—24 所示。

电源短路时，外电路电阻为零，短路状态下电路具有以下特征：

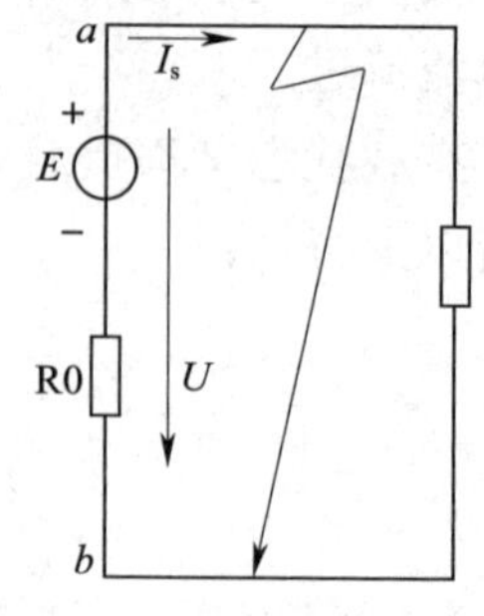

图 1—24　电路的短路状态

$$I_S=\frac{E}{R_0}$$

$$U=0$$

$$P_S=U_SI_S=I_S{}^2R_S$$

由于电源内阻较小，从式中可以看出，电源短路时，短路电流很大。电源产生的功率全部消耗在内阻上，对外输送的功率为零。

电源短路是严重的事故，如果不迅速排除将会引起短路电流通过的电气设备烧毁或遭受机械损坏。为了保护电源设备和供电线路的安全运行，通常在电源的输出端和用电设备的输入端装设熔断器，当线路发生短路时，强大的短路电流会在极短的时间内将熔丝熔断，自动切断电路，从而达到保护线路和电源设备的目的。

有时，为了满足电路工作的某种需要，人为地把电路中的某一段或一个元件两端用导线连接，这种情况不是短路，为了加以区别，通常把这种有用的短路称为“短接”。

复习思考题

1. 电路由哪几部分组成，各部分作用分别是什么？
2. 电流的正方向是怎么规定的？
3. 什么是稳恒直流电？什么是交流电？
4. 电压与电位的关系是什么？
5. 汽车冷却水温度表原理是什么？
6. 全电路欧姆定律的内容是什么？
7. 什么是电路的功率平衡？
8. 焦耳定律的内容是什么？
9. 在电路满载、过载、短路、开路状态下，开关上的通过的电流和承受的电压分别是什么情况，开关电器制造厂家制造开关时应考虑什么？

第二章　直流电路分析

学习目标

1. 掌握电阻串、并联电路的应用；
2. 掌握基尔霍夫定律及其应用。

第一节　串 联 电 路

一、电阻的串联

如图 2—1 所示，装饰小彩灯依次连接在电路中，所有灯泡只能一起亮，其中任何一只灯泡熄灭，灯泡就全部熄灭。像这样多个元件依次连接的电路即串联电路。

图 2—1　串联而成的装饰小彩灯

如图 2—2a 所示的电路是由两个电阻构成的串联电路。

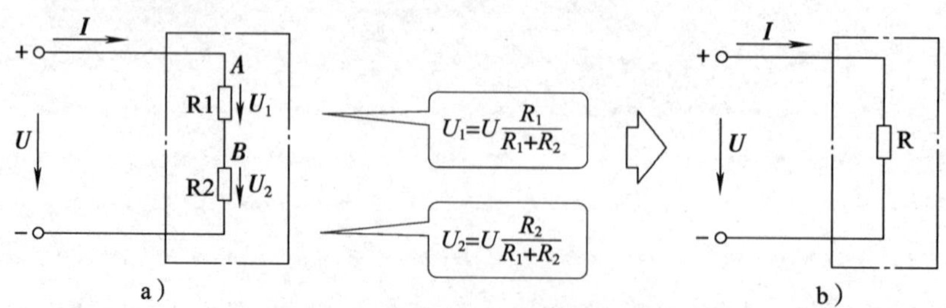

图 2—2　电阻的串联及其等效电路

a）两个电阻串联　b）用等效电阻代替串联电阻

串联电路具有以下特点。

1．电路中流过每一个电阻的电流相同。

根据电流的连续性原理，电荷不会在电路中任一地方积累或消失，所以在相同时间内通过电路导线任一截面的电荷数必须相等，即各串联电阻中流过的电流相同。

2．电路两端的总电压等于各电阻两端的电压之和，即：

$$U = U_1 + U_2 + \cdots + U_n$$

3．电路的总电阻（等效电阻）等于各电阻之和，即：

$$R = R_1 + R_2 + \cdots + R_n$$

在分析电路时，为方便起见，常用一个电阻来表示几个串联电阻的总电阻，这个电阻称为等效电阻。图 2—2b 就是图 2—2a 的等效电路图。

4．各电阻上分配的电压与其阻值成正比，即：

$$\frac{U_1}{R_1} = \frac{U_2}{R_2} = \cdots = \frac{U_n}{R_n}$$

上式表明，在串联电路中，电阻越大，它所分配的电压也越大；反之，电压越小。

在图 2—2a 所示电路中，各电阻上的电压为：

$$U_1 = U\frac{R_1}{R_1 + R_2}$$

$$U_2 = U\frac{R_2}{R_1 + R_2}$$

二、串联电路的应用

在实际工作中，串联电路应用很广泛，见表 2—1。

表 2—1 **串联电路的应用**

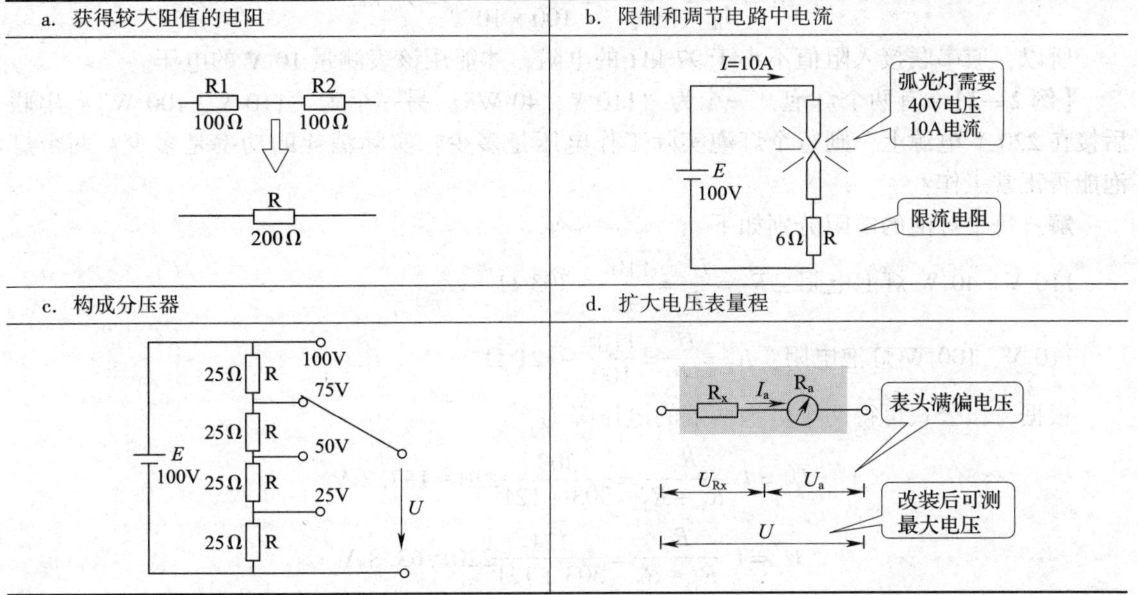

【例 2—1】 在图 2—3 所示的分压器电路中，已知总电压 $U=300$ V，d 是公共接地点（参考点）$R_1=150$ kΩ，$R_2=100$ kΩ，$R_3=50$ kΩ，求输出电压 U_{cd}、U_{bd}。

解：根据分压公式可得：

$$U_{bd}=\frac{R_2+R_3}{R_1+R_2+R_3}U=\frac{100+50}{150+100+50}\times 300=150\ \text{V}$$

$$U_{cd}=\frac{R_3}{R_1+R_2+R_3}U=\frac{50}{150+100+50}\times 300=50\ \text{V}$$

【例 2—2】 有一个表头，它的满刻度电流 I_g 是 100 μA（即允许通过的最大电流为 100 μA），内阻 r_g 是 3 kΩ，若用于测量 10 V 的电压，应怎样接入电阻？阻值是多少？

解：根据已知条件，该表头最大可测量的电压为：

$$U_g=I_g r_g=100\times 10^{-6}\times 10^3=0.3\ \text{V}$$

显然用它直接测量 10 V 的电压是不行的，所以必须串联一个电阻，以分担部分电压。设仪表测量 10 V 电压所需串联的电阻为 R_b，电路如图 2—4 所示。

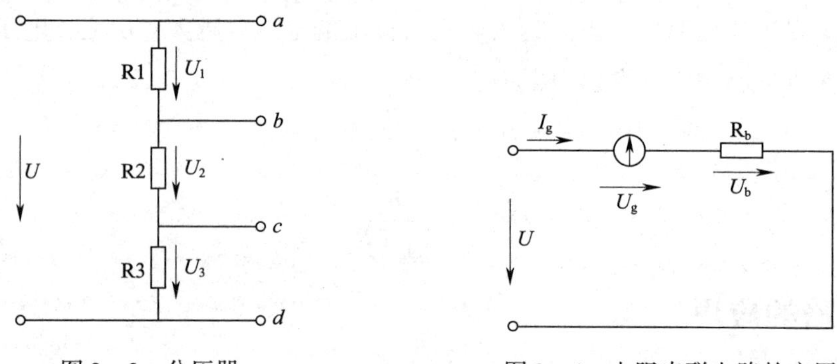

图 2—3 分压器　　　图 2—4 电阻串联电路的应用

则：
$$R_b=\frac{U_b}{I_b}=\frac{U-U_g}{I_g}=\frac{10-0.3}{100\times 10^{-6}}=97\ \text{k}\Omega$$

所以，应串联接入阻值不小于 97 kΩ 的电阻，才能用该表测量 10 V 的电压。

【例 2—3】 有两个灯泡，一个为“110 V，40 W”，另一个为“110 V，100 W”，串联后接在 220 V 电源上，则每个灯泡实际工作电压是多少？实际消耗的功率是多少？两个灯泡能否正常工作？

解：每个灯泡的电阻分别如下。

110 V，40 W 灯泡电阻：$R_1=\dfrac{U^2}{P}=\dfrac{110^2}{40}\approx 303\ \Omega$

110 V、100 W 灯泡电阻：$R_2=\dfrac{U^2}{P}=\dfrac{110^2}{100}\approx 121\ \Omega$

根据分压公式可得两个灯泡两端的电压降为：

$$U_1=U\frac{R_1}{R_1+R_2}=\frac{303}{303+121}220\approx 157.2\ \text{V}$$

$$U_2=U\frac{R_2}{R_1+R_2}=\frac{121}{303+121}220\approx 62.8\ \text{V}$$

每个灯泡上实际消耗的功率分别为：

$$P_1=\frac{U_1{}^2}{R_1}=\frac{157.2^2}{303}\approx81.6\ \text{W}$$

$$P_2=\frac{U_2{}^2}{R_2}=\frac{62.8^2}{121}\approx32.6\ \text{W}$$

由计算结果可得出：110 V，40 W 的灯泡两端的电压为157.2 V，功率为81.6 W，均大于额定值，灯泡很快会被烧毁，所以两个灯泡都不能正常工作。

三、电池的串联

当用电器的额定电压高于单个电池的电动势时，可以将多个电池串联起来使用，如图2—5 所示，称为串联电池组。例如石英挂钟、多节手电筒等采用的就是串联电池组。

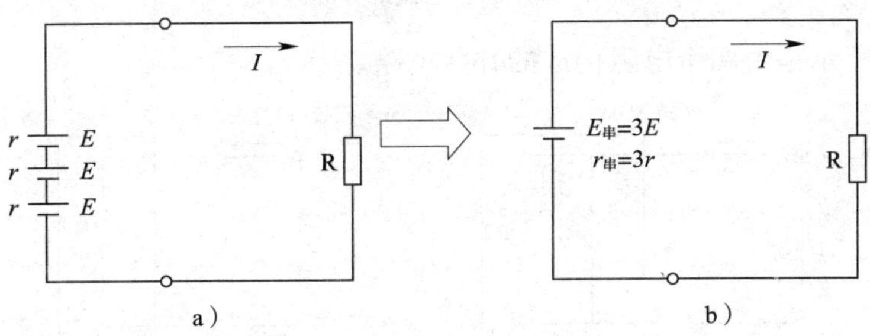

图 2—5　电池的串联

a）串联电池组　b）等效电路

若串联电池组是由 n 个电源电动势都是 E，内阻都是 r 的电池组成，则串联电池组的总电动势：

$$E_{串}=nE$$

串联电池组的总内阻：

$$r_{串}=nr$$

想一想

在串联电池组中，如果误将其中一个电池组极性接反，会对电池组总电动势和总内阻有何影响？

第二节　并 联 电 路

一、电阻的并联

在实际电路中，用电设备一般不采用串联连接，而是并联接在电路上。

如图 2—6 所示，家庭中使用的电灯、电视机、电冰箱、洗衣机等用电器，都是并列地连接在电路中，并各自安装一个开关，它们可以分别控制，互不影响。像这样把多个元件并列地连接起来，由同一电压供电，就组成了并联电路。

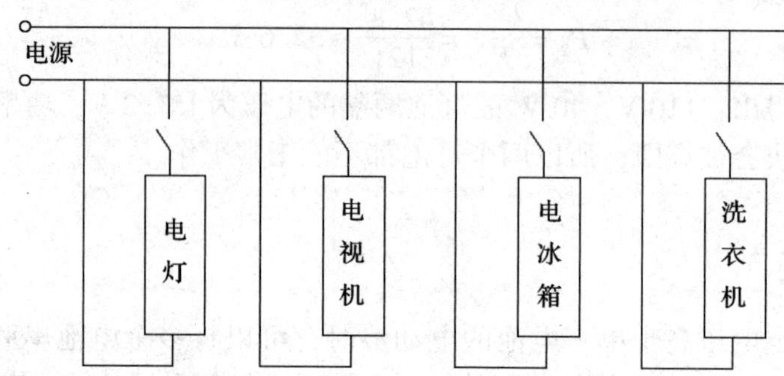

图 2—6　家用电器的并联连接

如图 2—7a 所示是由两个电阻构成的并联电路。

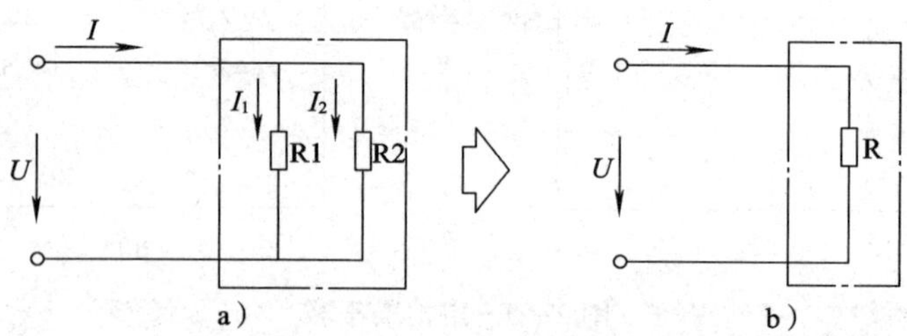

图 2—7　电阻的并联及其等效电路

a）两个电阻并联　b）用等效电阻代替并联电阻

并联电路有如下特点。

1. 电路中各电阻两端的电压相等，且等于电路两端的电压，即：

$$U = U_1 = U_2 = \cdots = U_n$$

2. 电路的总电流等于各电阻中的电流之和，即：

$$I = I_1 + I_2 + \cdots + I_n$$

从图 2—7a 中可以看出，电流从电源正极流出后，虽分两条支路，但根据电流的连续性原理可知，流入电源的负极的电流等于从正极流出的电流。

3. 电路的总电阻（等效电阻）的倒数等于各并联电阻的倒数之和，即：

$$\frac{1}{R} = \frac{1}{R_1} + \frac{1}{R_2} + \cdots + \frac{1}{R_n}$$

图 2—7b 就是图 2—7a 的等效电路。

4. 各并联电阻上分配的电流与其电阻值成反比，即：

$$I_n = \frac{R}{R_n} I$$

上式表明，并联电路中，电阻值越大，通过它的电流就越小，式中$\frac{R}{R_n}$称为分流比。

如图 2—7a 所示电路中，其分流公式如下：

$$I_1 = \frac{R_2}{R_1 + R_2} I$$

$$I_2 = \frac{R_1}{R_1 + R_2} I$$

二、并联电路的应用

在实际工作中，并联电路应用很广泛，见表 2—2。

表 2—2　　　　**并联电路的应用**

a. 获得较小阻值的电阻	b. 扩大电流表量程

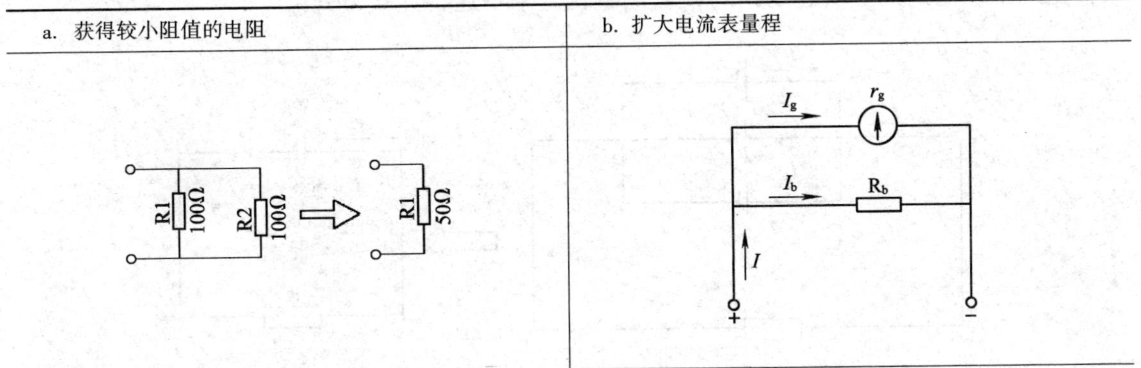

c. 凡是额定工作电压相同的负载都采用并联的工作方式，这样每个负载都是一个可独立控制的回路，任何一个负载的正常启动或关断对其他工作着的负载不会发生影响。例如：家庭中的电视机、空调、灯具等

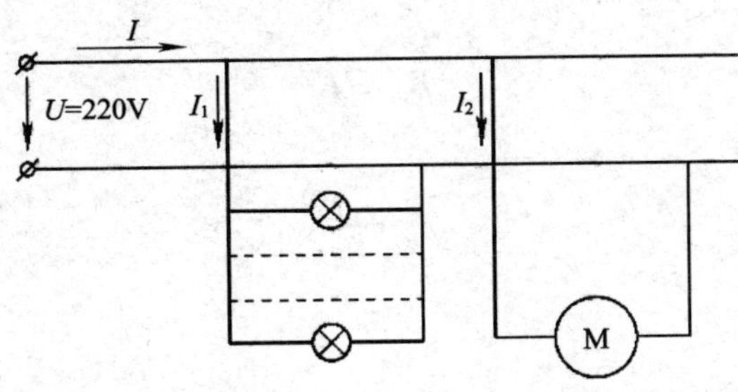

【例 2—4】　有一个表头，它的满刻度电流 I_g 是 50 μA，内阻 r_g 是 3 kΩ，若用于测量 550 μA 的电流，应怎样接入电阻？其阻值是多少？

解： 根据已知条件，该表头可测量的最大电流为 50 μA，显然用它去直接测量 550 μA 的电流是不行的，必须并联接入一个分流电阻。

设分流电阻的阻值为 R_b，电路如图 2—8 所示。

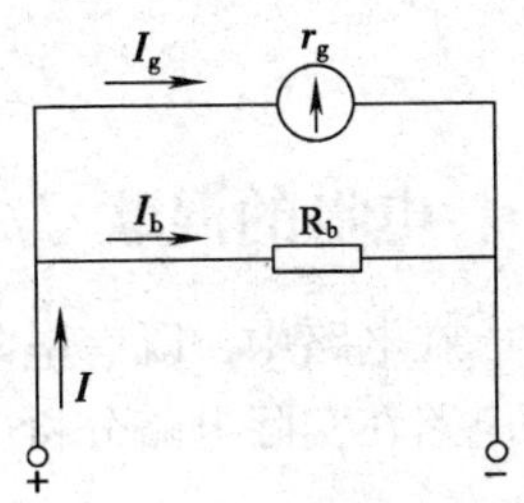

图 2—8　电流表扩程

$$I_b = I - I_g = 550 - 50 = 500\ \mu A$$

因电阻 R_b 与表头并联，所以 $U_b = U_g = I_g r_g = 50 \times 10^{-6} \times 3 \times 10^3 = 0.15\ V$，则：

$$R_b = \frac{U_b}{I_b} = \frac{0.15}{500 \times 10^{-6}} = 300\ \Omega$$

所以必须并联一个阻值不大于 300 Ω 的电阻，才能用该表头测量 500 μA 的电流。

三、电池的并联

有些用电器需要电池输出较大的电流，这时可使用并联电池组，如图 2—9 所示。例如，在汽车、拖拉机上供起动用的蓄电池组就是采用这种连接方式。

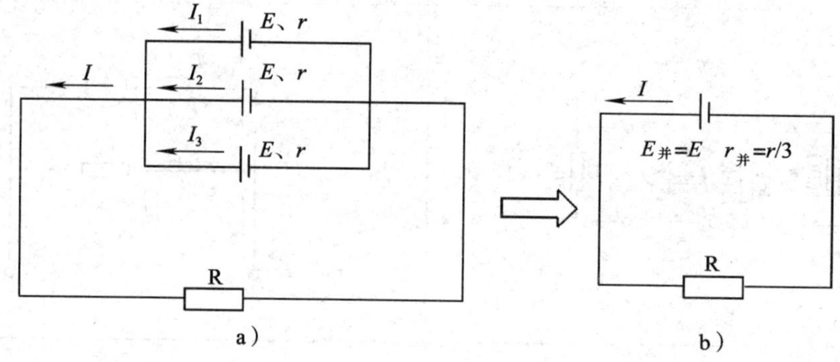

图 2—9　电池的并联
a) 并联电池组　b) 等效电路

并联电池组电动势应相同，设由 n 个电动势都是 E，内阻都是 r 的电池并联，则并联电池组的总电动势：

$$E_{并} = E$$

并联电池组的总内阻：

$$r_{并} = \frac{r}{n}$$

第三节　混 联 电 路

一、电阻的混联

在电路中，既有电阻的串联，又有电阻的并联，这样的连接方式称为电阻的混联。混联电路在实际电路分析中经常出现，如图 2—10 所示的电路就是一些混联电路。

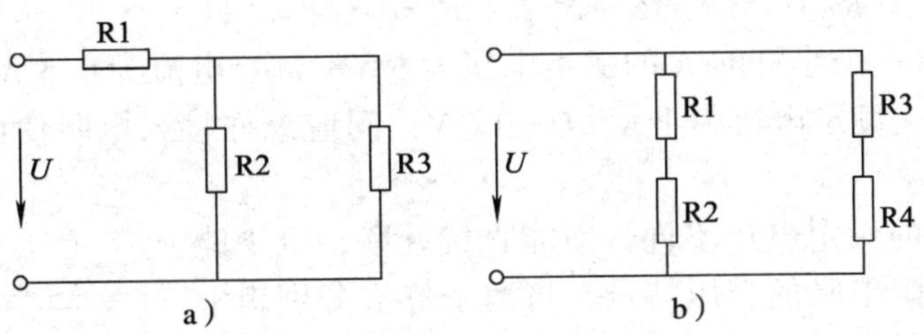

图 2—10 电阻的混联电路

二、混联电路分析

分析电阻的混联电路时，首先利用电阻串联、并联电路的特点逐步简化，求出总的等效电阻，应用欧姆定律计算出总电流，然后再利用分压公式和分流公式求出各电阻上的电压和电流。

在求总等效电阻时，如在图 2—10a 中，R2 与 R3 并联，可表示为"$R_2//R_3$"；在图 2—10b 中，R1 与 R2 串联，则可表示为"R_1+R_2"。

对于某些较为复杂的电阻混联电路，一时难以判别出各电阻之间的连接关系时，比较有效的方法就是画出等效电路图，即把原电路整理成较为直观的串、并联关系的电路图，然后计算其等效电阻。

【例 2—5】 求图 2—11 所示电路 A、B 两点间的等效电阻 R_{AB}。其中 $R_1=R_2=R_3=2\ \Omega$，$R_4=R_5=4\ \Omega$。

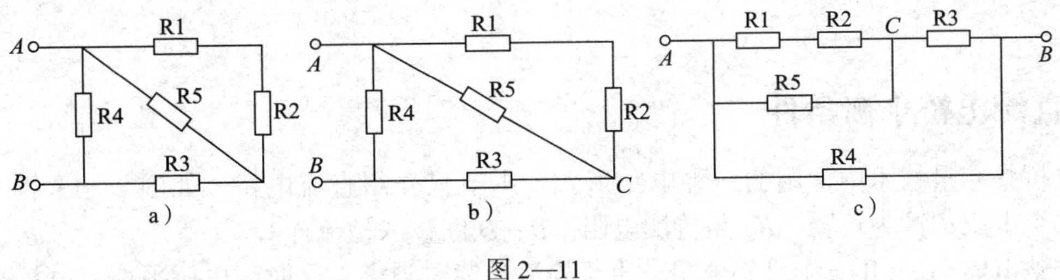

图 2—11

解： 1. 为便于看清各电阻之间的连接关系，在原电路中标出字母 C，如图 2—12b 所示。

2. 将 A、B、C 各点沿水平方向排列，并将 R1 ~ R5 依次填入相应字母之间，R1 与 R2 串联在 A、C 之间，R3 在 B、C 之间，R4 在 A、B 之间，R5 在 A、C 之间，即可画出等效电路图，如图 2—11c 所示。

3. 由等效电路可求出A、B之间的等效电阻，即：

$$R_{AB}=[(R_1+R_2)//R_5+R_3]//R_4$$

其中：

$$R_1+R_2=4\ \Omega$$

$$(R_1+R_2)//R_5=4//4=\frac{4\times4}{4+4}=2\ \Omega$$

$$(R_1+R_2)//R_5+R_3=2+2=4\ \Omega$$

所以：$R_{AB}=[(R_1+R_2)//R_5+R_3]//R_4=4//4=2\ \Omega$

【例 2—6】 有一个小灯泡 A 的额定电压为 6 V，额定电流为 0.5 A；另一个小灯泡 B 的额定电压为 5 V，额定电流为 1 A，$U=12$ V，问应怎样接入电阻使两个小灯泡均正常工作？

解： 两个灯泡的额定电压不同，不能直接并联，也不能串联连接。利用电阻串联的分压特点，将两个灯泡分别串上电阻 R3 和 R4 再进行并联，然后接上电源，如图 2—12 所示。再分别求出使两个灯泡正常工作时 R3 和 R4 的电阻值。

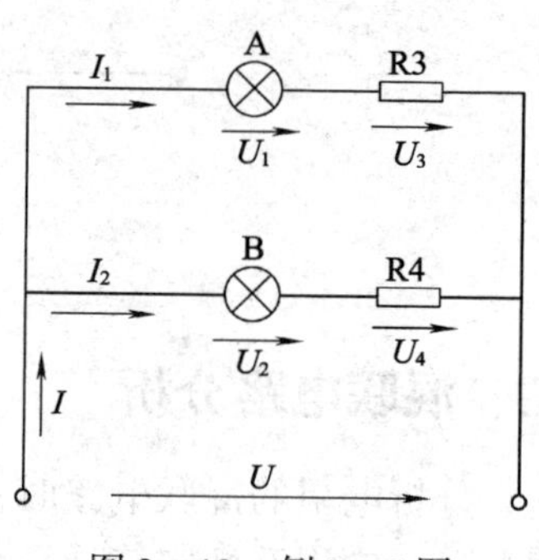

图 2—12　例 2—6 图

（1）R3 两端电压为：$U_3=U-U_1=12-6=6$ V

R3 的电阻值为：$R_3=\dfrac{U_3}{I_1}=\dfrac{6}{0.5}=12\ \Omega$

R3 的额定功率为：$P_3=U_3I_1=6\times0.5=3$ W

因此，R3 应选择“12 Ω，3 W”的电阻。

（2）R4 两端电压为：$U_4=U-U_2=12-5=7$ V

R4 的电阻值为：$R_4=\dfrac{U_4}{I_2}=\dfrac{7}{1}=7\ \Omega$

R4 的额定功率为：$P_4=U_4I_2=7\times1=7$ W

因此，R4 应选择“7 Ω，7 W”的电阻。

第四节　直 流 电 桥

一、直流电桥平衡条件

电桥是测量技术中常用的一种电路形式。本节只介绍直流电桥，如图 2—13 所示。图中的四个电阻都称为桥臂，R_X 是待测电阻。B、D 间接入检流计 G。

调整 R1、R2、R 三个已知电阻，直至检流计读数为零，这时称电桥平衡。电桥平衡时 B、D 两点电位相等，即：

$$U_{AB}=U_{AD},\ U_{BC}=U_{DC}$$

因此　$R_1I_1=R_XI_2,\ R_2I_1=RI_2$

可得　$R_1R=R_2R_X$

上式说明直流电桥的平衡条件是：电桥对臂电阻的乘积相等。利用直流电桥平衡条件可求出待测电阻 R_X 的值。

为了测量简便，$R1$ 与 $R2$ 之比常采用十进制倍率，R 则用多位十进制电阻箱使测量结果可以有多位有效数字，并且选用精度较高的标准电阻，所以测得的结果比较准确。

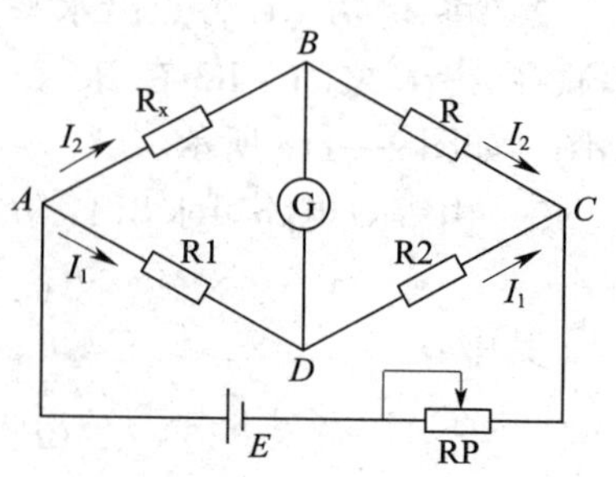

图 2—13　直流电桥电路

二、不平衡电桥

电桥的另一种用法是：当 R_X 为某一定值时将电桥调至平衡，使检流计指零。当 R_X 有微小变化时，电桥失去平衡，根据检流计的指示值及其与 R 间的对应关系，也可间接测知 R_X 的变化情况。同时它还可将电阻 R_X 的变化转换成电压的变化，这在测量和控制技术中有着广泛的应用。

1. 利用电桥测量温度

把铂（或铜）电阻置于被测点，当温度变化时，电阻值也随之改变，用电桥测出电阻值的变化量，即可间接得知温度的变化量。

2. 利用电桥测量质量

如图 2—14 所示，把电阻应变片紧贴在承重的部位，当受到力的作用时，电阻应变片的电阻就会发生变化，通过电桥电路可以把电阻的变化量转换成电压的变化量，经过电压放大器放大和处理后，最后显示出物体的质量。

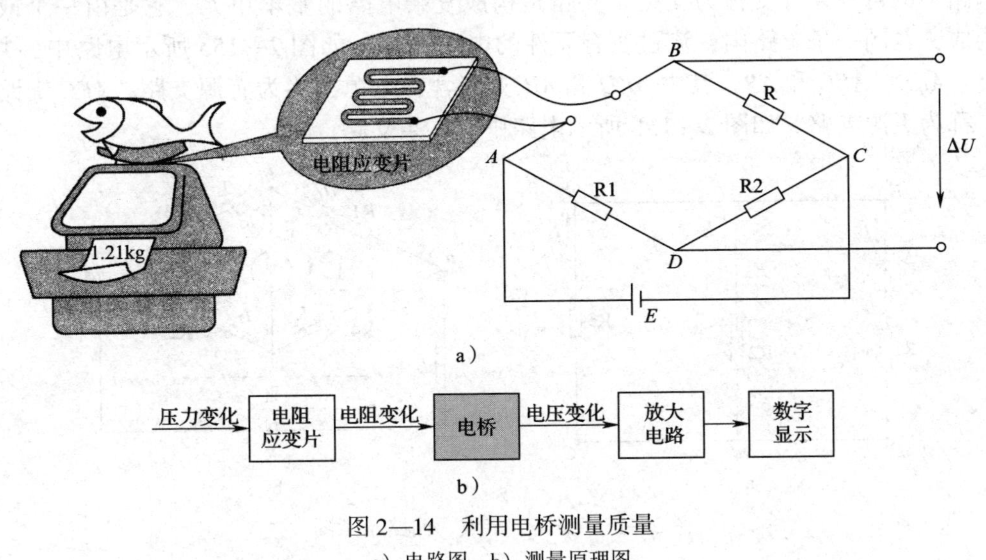

图 2—14　利用电桥测量质量

a）电路图　b）测量原理图

第五节　基尔霍夫定律

一、复杂电路的基本概念

前面运用欧姆定律和电阻串、并联方法进行分析的电路是简单电路，但是在实际的工作中，也会碰到很多如图 2—15a 所示的有多个电源的电路，虽然电路中的元件不多，但是无法用电阻的串、并联方法分析电路；如图 2—15b 所示的电路，是一个电桥电路。在实际工作中的测量电桥电路，就是应用这个电路的原理进行测量，在该电路中，虽然只有一个电源，但是五个电阻既不是串联，也不是并联，所以也不能用串、并联的方法来简化电路。对于这种不能用电阻的串、并联简化的电路称为复杂直流电路。

提示

判断一个电路是简单电路还是复杂电路，应根据定义进行判断，不能只看电路中元件的多少。

分析和计算复杂直流电路的方法有很多，但都是依据电路的两个基本定律——欧姆定律和基尔霍夫定律。基尔霍夫定律是由德国物理学家基尔霍夫于 1845 年通过实验得出的，是分析电路的基本定律之一，它包括基尔霍夫电流定律和基尔霍夫电压定律两部分。下面结合图 2—15 介绍与定律有关的几个名词术语。

1. 支路

电路中的每一条分支称为支路。支路是构成复杂电路的基本单元，它是由一个或几个元件构成，在同一条支路内，流过所有元件的电流相等。如图 2—15a 所示电路中，共有 3 条支路：*AED*，*AFC* 和 *AB*，其中 *AED* 和 *AB* 支路含有电源，称为有源支路，*AFC* 支路中无电源，称为无源支路。如图 2—15b 所示电路中有 6 条支路。

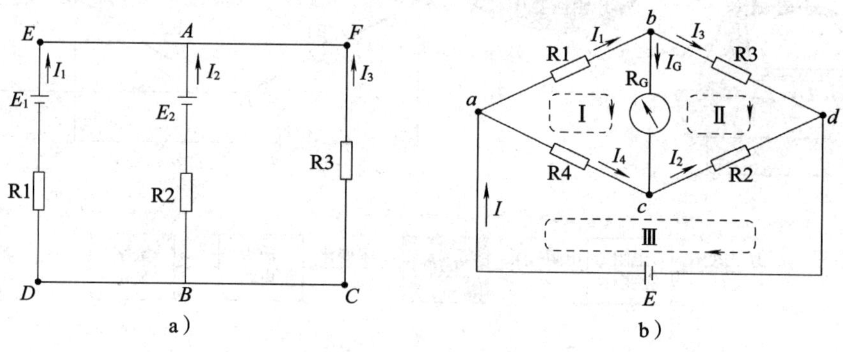

图 2—15　支路、节点、回路示意图

2. 节点

三条或三条以上支路的连接点称为节点。如图 2—15a 所示电路中，*A*、*B* 两点均为节点；如图 2—15b 所示电路中有 *a*、*b*、*c*、*d* 四个节点。如图 2—16a、图 2—16b 所示电路中的 *A* 点也都是节点。

3. 回路

电路中任一闭合路径称为回路，如图 2—15a 中，*AEDBA*，*AFCBA*，*AFCBDEA*，都是回

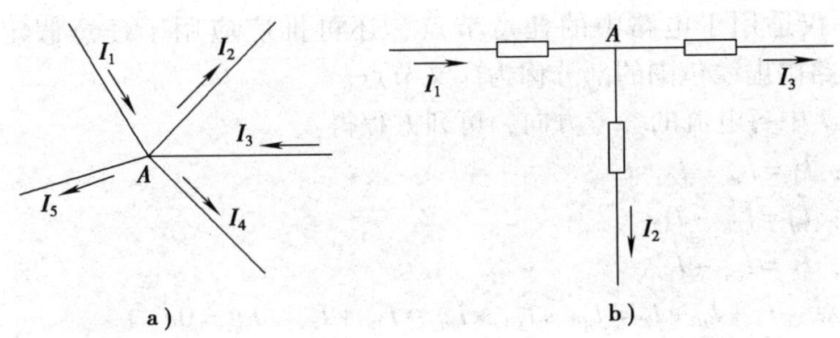

图 2—16 节点

路。一条回路包含若干条支路，并通过若干个节点。在每次所选用的回路中，如果至少包含一条未曾被其他回路选用的新支路，这些回路称为独立回路。例如图 2—15a 所示的 3 个回路中，只有两个独立回路，而在图 2—15b 电路中，回路有很多，但是独立回路只有 3 个。

4. 网孔

在回路中间不框入任何其他支路的回路称为网孔。电路中的网孔数等于独立回路数。在图 2—15a 中，*AEDBA* 回路和 *AFCBA* 是网孔，而回路 *AFCBDEA* 不是网孔。在图 2—15b 电路中，回路Ⅰ、回路Ⅱ和回路Ⅲ都是网孔。

二、基尔霍夫电流定律

基尔霍夫电流定律也称节点电流定律（简称 KCL 定律），是用来确定电路中连接在同一节点上的各条支路电流之间关系的定律，其研究的对象是节点，列出的方程是电流方程。

根据电流的连续性原理，流入某节点的电流之和，等于流出该节点的电流之和，即：

$$\sum I_{入} = \sum I_{出}$$

$$或 \sum I = 0$$

由此，在图 2—15a 电路中，对于节点 A，在图示的各支路电流参考方向下，可列出电流方程式为：

$$I_1 + I_2 = I_3$$

在图 2—15b 电路中，在图示各支路电流参考方向下，可列出各节点电流方程为：

$$节点\ a：I = I_1 + I_4$$

$$节点\ b：I_1 = I_3 + I_G$$

$$节点\ c：I_4 + I_G = I_2$$

$$节点\ d：I_3 + I_2 = I$$

图 2—16a 电路中，对于节点 A，在图示的各支路电流参考方向下，可列出

$$I_1 + I_3 = I_4 + I_2 + I_5$$

$$或\ I_1 + I_3 - I_4 - I_2 - I_5 = 0$$

应用 KCL 定律时，首先必须在电路图上标明电流的参考方向，然后才能利用 KCL 定律列出相应的方程。

KCL 定律不仅适用于电路中的任意节点，还可推广应用于任意假定的封闭面，如图 2—17 所示电路中虚线包围的部分称为广义节点。

根据图 2—17 中各电流的参考方向，可列方程得：

对于节点 A：$I_A = I_{AB} - I_{CA}$

对于节点 B：$I_B = I_{BC} - I_{AB}$

对于节点 C：$I_C = I_{CA} - I_{BC}$

对于广义节点：$I_A + I_B + I_C = I_{AB} - I_{CA} + I_{BC} - I_{AB} + I_{CA} - I_{BC} = 0$

事实上，不论电路怎样复杂，总是通过两根导线与电源连接，而这两根导线是串接在电路中的，所以，流过它们的电流必然相等，如图 2—18 所示。如果将其中的一根导线切断，另一根导线中的电流必为零。根据这个原理，在低压供电系统（中性点接地的系统）中进行带电操作时，只要能做到良好的绝缘，并且在操作时不同时接触两根导线，就不会有电流流过人体。

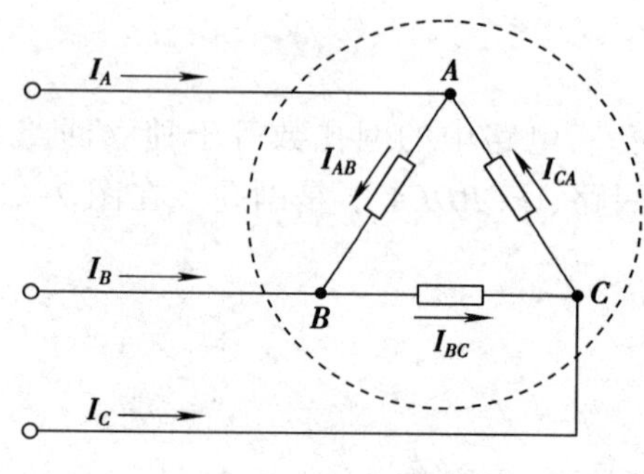

图 2—17　广义节点

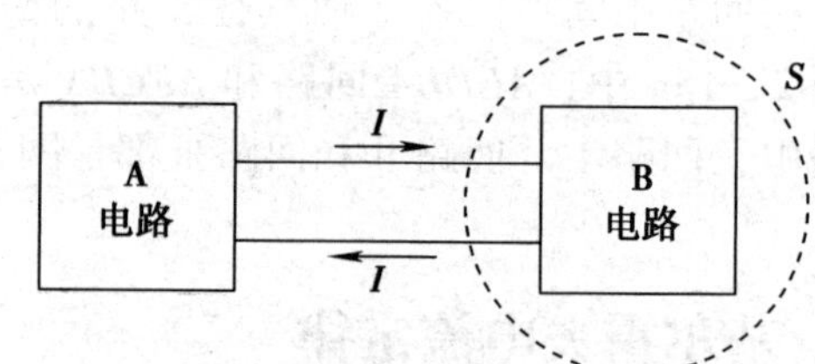

图 2—18　两根导线中电流相等

提示

在分析电路时，如不知道电流的方向，可以先假设各个支路中的电流方向，称为参考方向，并标在电路图中，若计算出的电流值为正值，表明该支路电流的实际方向与参考方向相同，若计算出的电流值为负值，表明该支路电流的实际方向与参考方向相反。

【例 2—7】 如图 2—19 所示电路中，已知 $I_1 = 6$ A，$I_3 = 5$ A，求 I_4。

解：先任意假设未知电流 I_4 的参考方向，如图所示，对于封闭曲面 S，由题意可知，$I_2 = I_1 = 6$ A，对于节点 b，应用 KCL 定律，列出节点电流方程：

$$I_3 = I_2 + I_4$$

得：$I_4 = I_3 - I_2 = 5 - 6 = -1\text{A}$

电流 I_4 为负值，说明电流 I_4 的实际方向与参

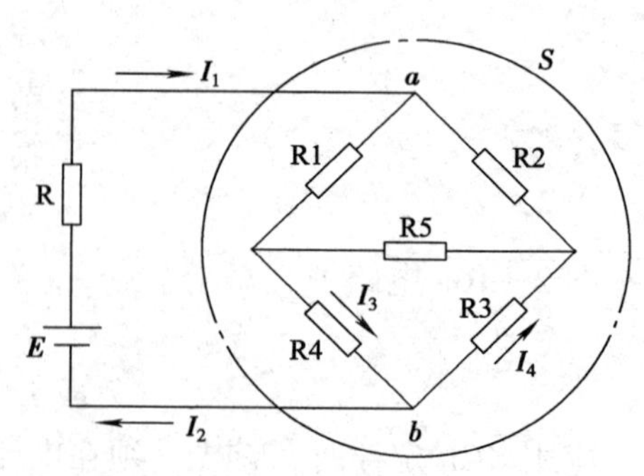

图 2—19　例 2—7 图

考方向相反，所以电流 I_4 的大小为 1 A，实际方向应是流进节点 b。

三、基尔霍夫电压定律

基尔霍夫电压定律，也称回路电压定律（简称 KVL 定律），它反映了在一个回路中各段电压之间的关系。研究的对象是回路，列出的是电压方程。

在直流电路中，参考点选定以后，各点都有一个确定的电位，这也称为电位的单值性。

如图 2—20 所示电路中，当沿着回路 $ABCDA$ 绕行时，在电路中电位有时升高，有时降低，但是从 A 点沿闭合回路绕一周回到 A 点时，起点和终点的电位是一样的。即起点 A 对终点 A 的电位差等于零，即电压为零。而这个电压，又等于回路中各段电压的代数和，所以在电路的任何闭合回路中，各段电压的代数和等于零。这就是基尔霍夫电压定律，用公式表示为：

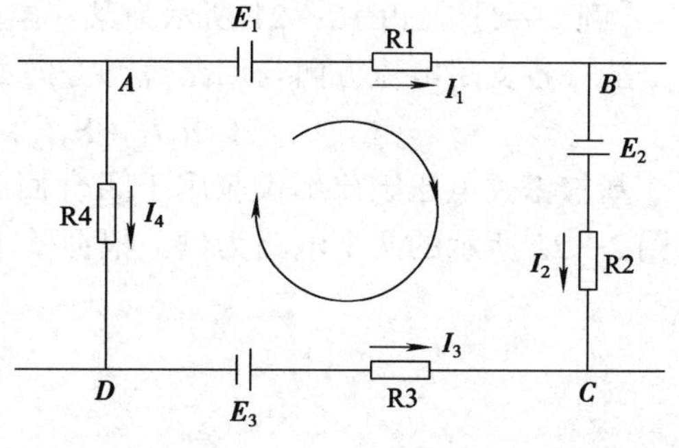

图 2—20 电流回路

$$\sum U = 0$$

在图 2—20 所示电路中，回路 $ABCDA$ 表示电路中的某一个回路（其他回路未在图中画出）。各支路电流的参考方向如图所示，当我们沿 $ABCDA$ 绕行时，（如图中所示顺时针绕行），根据基尔霍夫电压定律可列方程：

$$U_{AB} + U_{BC} + U_{CD} + U_{DA} = 0$$

如果规定电压降低前面取正号，电压升高前面取负号，则在图 2—20 中，各部分电压分别是：

$$U_{AB} = R_1 I_1 - E_1$$
$$U_{BC} = -E_2 + R_2 I_2$$
$$U_{CD} = -R_3 I_3 + E_3$$
$$U_{DA} = -R_4 I_4$$

因此，由基尔霍夫电压定律可知：

$$R_1 I_1 + R_2 I_2 - R_3 I_3 - R_4 I_4 - E_1 - E_2 + E_3 = 0$$

将电动势移到等号右端得：

$$R_1 I_1 + R_2 I_2 - R_3 I_3 - R_4 I_4 = E_1 + E_2 - E_3$$

这样，基尔霍夫电压定律的内容又可叙述为：沿任何一闭合回路绕行一周，各个电阻上电压的代数和等于各个电动势的代数和，即：

$$\sum RI = \sum E$$

若采用上式的形式列回路电压方程时，其步骤如下。

1. 先假设各支路电流的参考方向和回路的绕行方向。

2. 等式的左边为回路中所有电阻上的电压的代数和。若通过电阻的电流方向与绕行方向相同，则该电阻上的电压取正，反之取负。

3. 等式的右边为回路中电动势的代数和，若电动势的方向与绕行方向一致，则取正，反之取负。

例如图 2—15b 所示的电路中，可列出回路方程：

回路Ⅰ：$R_1I_1+R_GI_G-R_4I_4=0$

回路Ⅱ：$R_3I_3-R_2I_2-R_GI_G=0$

回路Ⅲ：$R_4I_4+R_2I_2=E$

【例 2—8】 如图 2—21 所示为某一电路中的一个回路，试列出其回路电压方程。

解： 各支路电流方向与回路绕行方向如图中所示，列回路电压方程为：

$$R_1I_1+R_2I_2-R_3I_3=E_1-E_2+E_3$$

基尔霍夫电压定律不仅应用于闭合回路，也可以把它推广应用于回路的部分电路，现以图 2—22 所示的两个电路为例，根据基尔霍夫电压定律分别列出方程式。

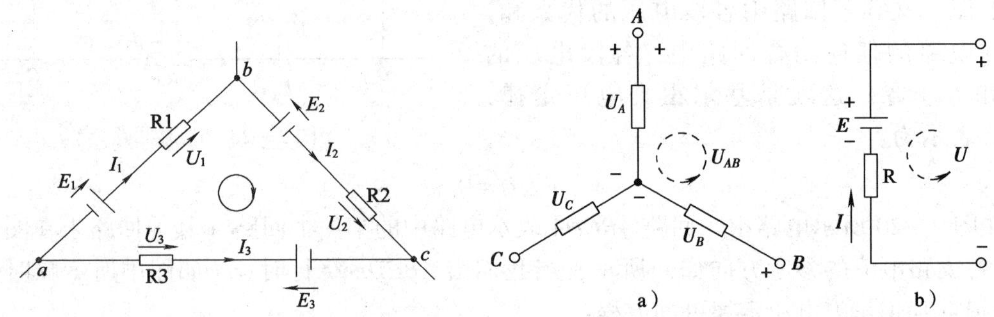

图 2—21　例 2—8 图　　　　图 2—22　回路的部分电路

对如图 2—22a 所示电路，根据图中所标电流及回路方向，可列出方程：

$$\sum U=U_A-U_B-U_{AB}=0$$

$$\text{或 } U_{AB}=U_A-U_B$$

对如图 2—22b 所示电路，根据图中所标电流及回路方向，可列出方程：

$$E-U-RI=0$$

$$\text{或 } U+RI=E$$

四、基尔霍夫定律的应用

利用基尔霍夫定律分析和计算复杂电路的方法有很多，下面介绍用支路电流法和戴维南定理求解电路。

1. 支路电流法

支路电流法是以支路电流为未知量，依据基尔霍夫定律列出方程，然后解方程组得到各支路电流的数值，具体求解步骤如下。

（1）标出各条支路电流的参考方向。

（2）应用 KCL 定律列出独立节点电流方程（如果有 N 个节点，可列出 $N-1$ 个独立的节点方程）。

（3）找出独立回路，并标出其绕行方向。

（4）应用 KVL 定律列出独立回路的电压方程。

（5）联立电流和电压方程，求解各支路电流。

支路电流法的关键在于列出独立方程。如果复杂电路有 M 条支路，N 个节点，那么根据基尔霍夫电流定律可列出（$N-1$）个独立节点电流方程式。根据基尔霍夫电压定律可列出 $M-N+1$ 个独立回路电压方程。

【例 2—9】 如图 2—23 所示电路中，已知两个电源的电动势 $E_1=120\text{ V}$、$E_2=130\text{ V}$，电阻 $R_1=10\ \Omega$，$R_2=2\ \Omega$，$R_3=10\ \Omega$，试用支路法求各支路电流。

解：电路中有 2 个节点，3 个回路，可以列出 1 个独立电流方程和两个独立回路方程（有两个网孔）。

节点 A：$I_1+I_2=I_3$

回路Ⅰ：$R_1I_1-R_2I_2=E_1-E_2$

回路Ⅱ：$R_2I_2+R_3I_3=E_2$

将以上 3 个方程组成方程组，并代入已知数据，可解方程得：

$$I_1=1\text{ A},\ I_2=10\text{ A},\ I_3=11\text{ A}$$

2. 戴维南定理

在实际的电路中，往往并不需要了解所有支路的电流情况，而只要求出其中某一支路的电流，如果电路中的支路较多，仍采用支路电流法求解就不简便了，这时就需要应用戴维南定理。

我们常把电路称为电网络或网络。如果网络具有两个引出端与外电路相连，不管其内部电路如何，这样的网络就称为二端网络。

二端网络内部电路中常常有多个电源和若干个电阻，含有电源的二端网络称为含源二端网络或有源二端网络，不含电源的叫作无源二端网络。

一个由若干个电阻组成的无源二端网络，可以等效成一个电阻，这个电阻称为该二端网络的入端电阻，即从两个端点看进去的总电阻，如图 2—24 所示。

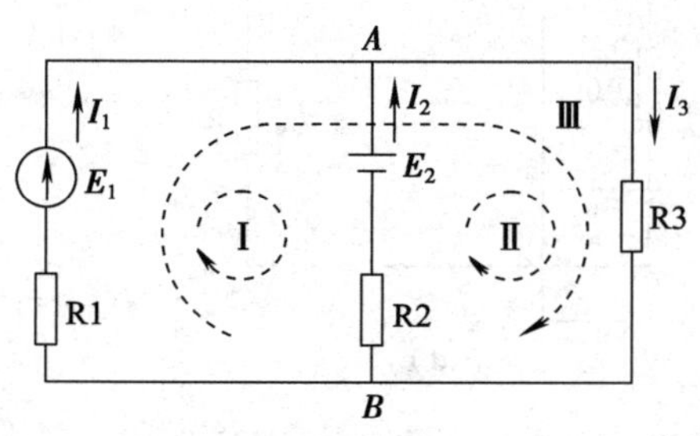

图 2—23　例 2—9 图

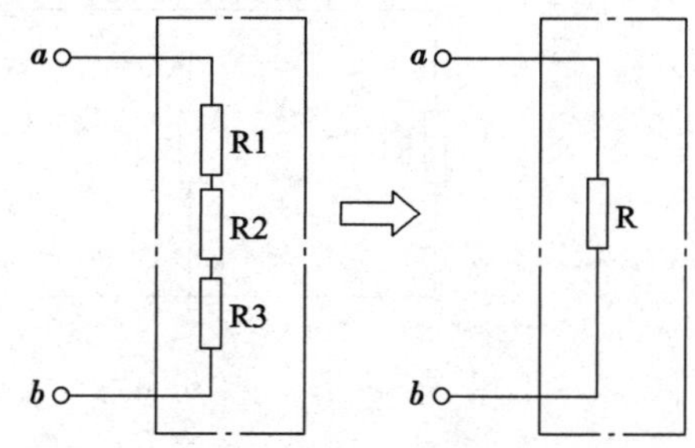

图 2—24　二端网络的等效电阻

一个有源二端网络两端点之间的电压称为该二端网络的开路电压，用 U_0 表示。

一个有源二端网络可以利用戴维南定理来化简，如图 2—25a 所示，点画线框内的部分就是一个含源二端网络，经常可以把它画成图 2—25b 的形式。

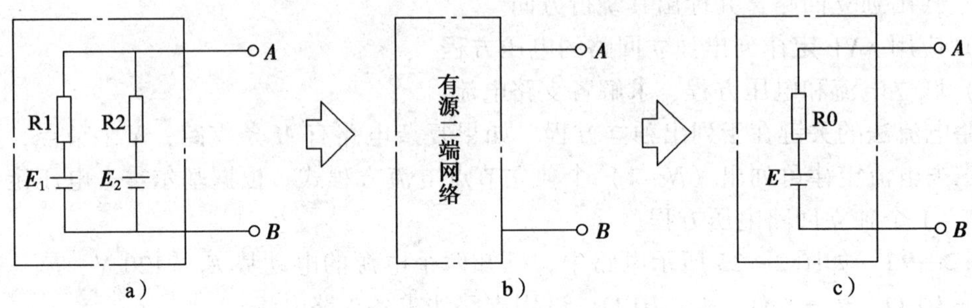

图 2—25　含源二端网络

戴维南定理指出：对外电路来说，任何一个有源二端线性网络都可以用一个电动势为 E 和内阻 R0 串联的电源来等效代替。该电源的电动势 E 等于二端网络的开路电压 U_0，其内阻 R0 等于有源二端网络的入端电阻。

其中，有源二端网络的入端电阻即网络内所有电源短接时，两出线端的等效电阻。据戴维南定理可对一个有源二端网络进行简化，如图 2—25b 可简化成图 2—25c，简化的关键在于正确理解和求出有源二端网络的开路电压和等效电阻。其步骤如下。

（1）把电路分为待求支路和有源二端网络两部分，如图 2—26a 所示，点画线框内为有源二端网络部分，电阻 R 为待求支路，也即是有源二端网络的负载。

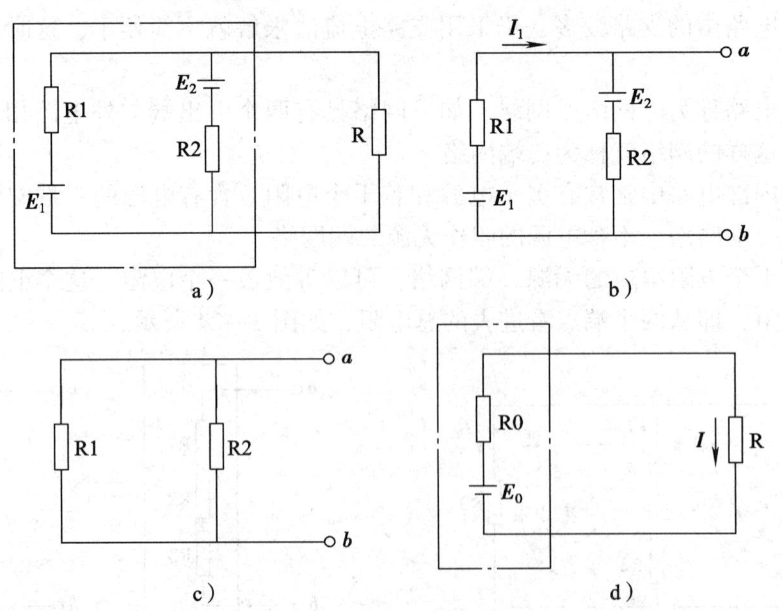

图 2—26　戴维南定理的简化步骤图示

（2）把待求支路断开，求出有源二端网络的开路电压 U_0，如图 2—26b 所示。

（3）将网络内各电源短接，仅保留电源内阻，求出网络两端的等效电阻 R0，如图 2—26c 所示。

（4）画出有源二端网络的等效电路，等效电路中电源的电动势 $E_0 = U_0$，电源的内阻 $R_0 = R_{ab}$，然后在等效电路两端接入待求支路，如图 2—26d 所示。

需要注意的是，代替有源二端网络的电源的极性与开路电压 U_0 一致，如果求得的 U_0 值是负值，则电动势 E_0 的方向与图 2—26d 所示相反。

【例 2—10】 在如图 2—26 所示的电路中，已知电动势 $E_1 = 120$ V、$E_2 = 130$ V，电阻 $R_1 = 10\ \Omega$，$R_2 = 2\ \Omega$，$R = 10\ \Omega$，用戴维南定理求 R 支路的电流。

解：

（1）把电路分为两部分，如图 2—26a 所示。

（2）断开待求支路，求二端网络的开路电压 U_0，如图 2—26b 所示。

$$U_0 = E_2 + R_2 I_1 = E_2 + \frac{E_1 - E_2}{R_1 + R_2} \times 2 = 130 + \frac{120 - 130}{12} \times 2 = 128.3\ \text{V}$$

（3）求出二端网络的等效电阻

$$R_0 = R_1 /\!/ R_2 = 1.67\ \Omega$$

（4）接上待求支路，求出 R 支路上的电流

$$I = \frac{E_0}{R_0 + R} = \frac{128.3}{1.67 + 10} = 11\ \text{A}$$

【例 2—11】 如图 2—27 所示是一电桥电路，已知 $R_1 = R_2 = R_4 = R_5 = 5\ \Omega$，$R_3 = 10\ \Omega$，$E = 6.5$ V，求 R5 所在支路的电流。

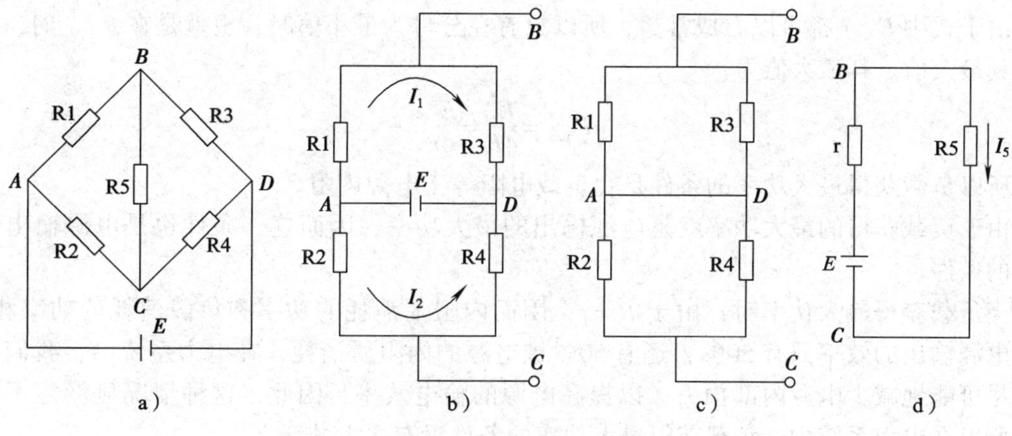

图 2—27 例 2—11 图

解：

（1）把电路分为两部分，并断开待求支路，求二端网络的开路电压 U_0，如图 2—27b 所示。

$$U_0 = U_{BC} = U_{BD} + U_{DC} = U_{BD} - U_{CD} = \frac{E}{R_1 + R_3} \times R_3 - \frac{E}{R_2 + R_4} \times R_4 = 4.33 - 3.25 = 1.08\ \text{V}$$

（2）求出二端网络的等效电阻，如图 2—27c 所示。

$$r = R_{BC} = R_1//R_3 + R_2//R_4 = 5.83\ \Omega$$

(3) 接上待求支路，求出 R5 支路上的电流，如图 2—27d 所示。

$$I_5 = \frac{U_{BC}}{r + R_5} = 0.1\ A$$

3. 负载获得最大功率的条件

在生产和生活中，任何电路都无一例外地进行着由电源到负载的功率传输。由于电源有内阻，所以电源提供的总功率为内阻上消耗的功率与负载上消耗的功率之和。电源发出的功率是一定的，若内阻上消耗的功率增大，则负载上消耗的功率就减小。

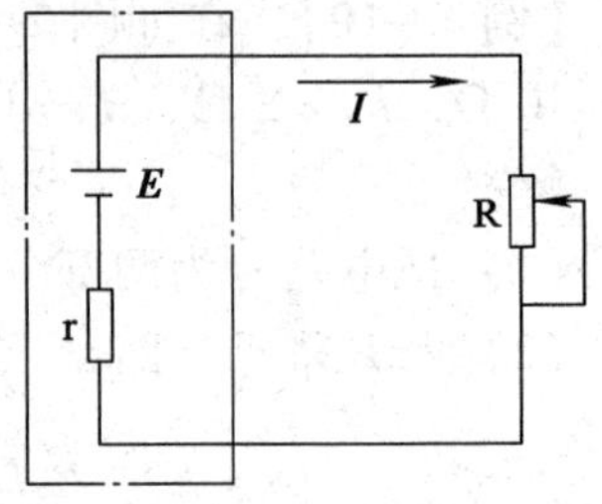

图 2—28 有源负载等效电路

如图 2—28 所示是电源接有负载 R 的闭合电路。图 2－28 中的 R 可以是串联、并联、混联电路及其他电路的等效电阻。由于电源的内阻一般是固定的，因而负载获得的功率和负载电阻 R 的大小有密切关系。那么，在什么条件下负载才能从电源获得最大功率呢？

从前面学过的知识可以知道，负载 R 获得的功率为：

$$P = I^2R = \left(\frac{E}{R+r}\right)^2 R = \frac{RE^2}{(R+r)^2}$$

利用 $(R+r)^2 = (R-r)^2 + 4Rr$，上式可写成

$$P = \frac{RE^2}{(R-r)^2 + 4Rr} = \frac{E^2}{\frac{(R-r)^2}{R} + 4r}$$

由于式中 E、r 都可以看成常量，所以只有在分母为最小值时，也就是在 $R = r$ 时，P 才能达到最大值。其最大值为：

$$P_{max} = \frac{E^2}{4R} = \frac{E^2}{4r}$$

所以负载获得最大功率的条件是：负载电阻等于电源内阻。

由于负载获得的最大功率就是电源输出的最大功率，因而这一条件也是电源输出最大功率的条件。

当负载获得最大功率时，由于 $R = r$，因而内阻上消耗的功率和负载消耗的功率相等，这时电源输出的效率只有 50%，还有 50% 被电源的内阻所消耗，在电力系统中，我们总是希望尽可能地减少电源内部损失，以提高电源的输电效率，因此，这种情况显然是不可行的。所以在电力系统中，负载获得最大功率的条件没有多大的意义。

而在电子技术中，有些电子电路因需要，而将使负载获得最大功率为主要满足的条件，此时效率的高低属次要问题，因而电路总是尽可能工作在 $R = r$ 附近。所以在电子电路中，负载获得最大功率的应用较多。

实验与实训　直流电路故障的检查

一、实验目的

用测电位、测电压和测电阻等方法检查直流电阻电路的故障。

二、实验设备

直流稳压电源 1 台，直流电压表（0～15～30 V）1 只，万用表 1 只，电阻 6 只。

三、实验过程

1. 用直流电压表检查电阻串联电路

（1）按图 2—29 连接电路，接通 9 V 直流电源，测量各点电位和各段电压。数据记入表 2—3 中。

（2）断开任一电阻，重复上述测量，并将数据记入表 2—3 中。

（3）将电阻 R1 短接，重复上述测量，并将数据记入表 2—3 中。

表 2—3　　**用直流电压表检查电阻串联电路**

电路状态	以 *A* 点为参考点测电位值（V）			分段电压（V）		
	U_A	U_B	U_C	U_{AB}	U_{BC}	U_{CA}
正常						
断开故障						
短路故障						

2. 用直流电压表检查电阻混联电路

（1）按图 2—30 连接电路，接通 12 V 直流电源，测量各点电位和各段电压，数据记入表 2—4 中。

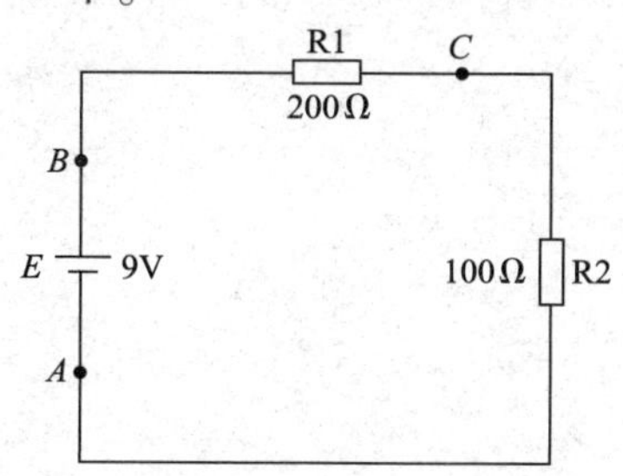

图 2—29　检查电阻串联电路故障

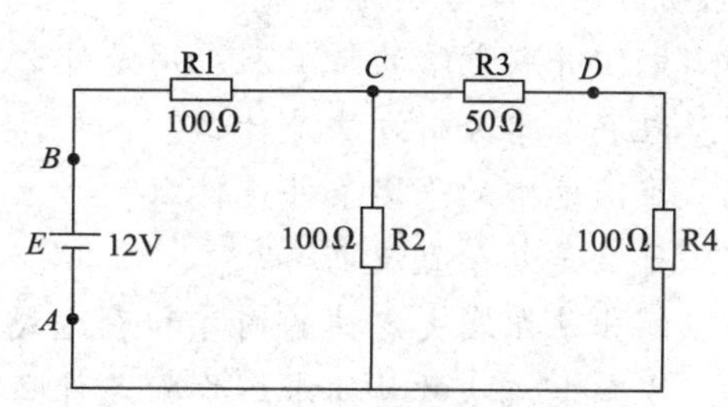

图 2—30　检查电阻混联电路故障

（2）断开并联支路中任一支路，重复上述测量，并将数据记入表 2—4 中。

（3）短接并联支路中任一支路，重复上述测量，并将数据记入表 2—4 中。

表 2—4　　　　　　　　用直流电压表检查电阻混联电路

电路状态	以 A 点为参考点测电位值（V）				分段电压（V）				
	U_A	U_B	U_C	U_D	U_{AB}	U_{BC}	U_{CA}	U_{CD}	U_{DA}
正常									
断开故障									
短路故障									

3. 用万用表测量电阻

断开图 2—30 所示实验电路电源，按表 2—5 步骤用万用表分别测量总电阻和各段电阻，并将数据记录在表 2—5 中。

表 2—5　　　　　　　　用万用表测量电阻

	正常	C 处断开	R1 短路
电路状态	R1 200Ω C B R2 100Ω A	R1 200Ω C B R2 100Ω A	R1 200Ω C B R2 100Ω A
R_{AB}（Ω）			
R_{BC}（Ω）			
R_{CA}（Ω）			

复习思考题

1. 电阻串联电路的特点及应用是什么？

2. 有两个灯泡，一个为“110 V，40 W”，另一个为“110 V，100 W”，串联后接在 220 V 电源上，两个灯泡能否正常工作？

3. 若串联电池组是由 n 个电源电动势都是 E，内阻都是 r 的电池组成，则串联电池组的总电动势及内阻分别为什么？

4. 电阻并联电路的特点及应用是什么？

5. 混联电路分析方法是什么？

6. 直流电桥的平衡条件是什么？

7. 什么是复杂直流电路？

8. 写出基尔霍夫定律的内容和表达式。

9. 支路电流法的具体求解步骤是什么？

10. 负载能从电源获得最大功率的条件是什么？

第三章　交流电路

学习目标

1. 掌握电磁及电磁感应现象规律；
2. 掌握交流电的基本概念，了解正弦交流电的相量表示方法；
3. 掌握 RL 串联电路的分析计算方法，并在此基础上理解阻抗、有功功率、无功功率等基本概念。

现代电力系统供应的电大多是交流电，工农业生产和日常生活的用电设备绝大部分是交流电设备。这是由于交流电与直流电相比，其生产、输送和使用更为方便经济，但交流电的理论比直流电复杂得多。

第一节　电磁现象

电和磁是两种有着内在联系，密不可分的物理现象，“电生磁，磁生电”，电磁相生是对电磁现象形象的描述。交流电的产生、输送和应用都是电磁现象在技术上的应用。

一、磁现象的基本知识

1. 磁场和磁感线

磁体之间有力的作用，每个磁体有两极：N 极（北极）和 S 极（南极），同性磁极间是排斥力，异性磁极间是吸引力。力的传递必须通过物质，磁极之间力的作用是通过存在于磁体之间的磁场实现的，每个磁体周围都存在着磁场。磁极之间作用力的大小决定于磁场的强弱，描述磁场强弱的物理量叫磁感应强度，用 B 表示，单位是特斯拉（T），简称特。

由于磁场看不见，摸不着，所以采用“磁感线”来形象地描述它，磁感线是一条闭合的曲线，其方向在磁体外部是由 N 极指向 S 极，在磁体内部是由 S 极指向 N 极。磁感应强度越大（磁场越强）的地方，磁感线越密集，如图 3—1 所示为部分磁场的磁感线图。

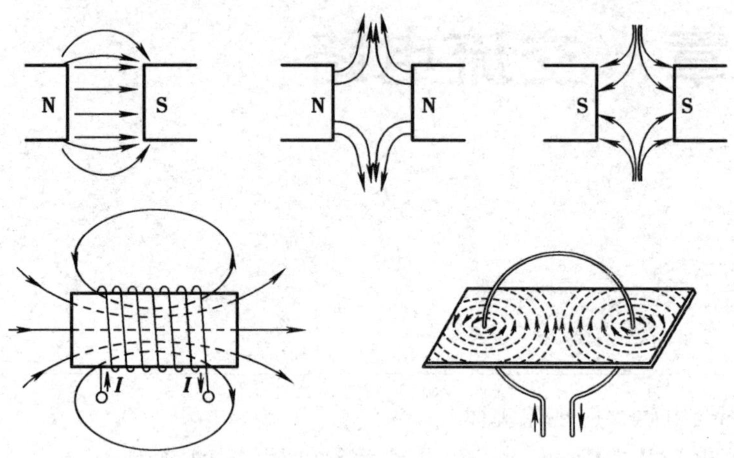

图 3—1　部分磁场的磁感线图示

2. 电流和磁场

通过实验发现，磁铁并不是磁场的唯一来源。我们把一条导线平行地放在磁针的上方，给导线通电，磁针就发生偏转，如图 3—2a 所示。这说明不仅磁铁能产生磁场，电流也能产生磁场，电和磁是有密切联系的。

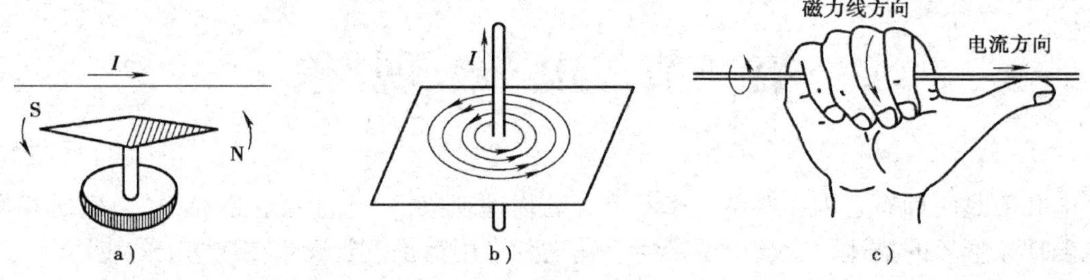

图 3—2　电流和磁场

如图 3—2b 所示是直线电流磁场的磁感线，它是一些以导线为圆心的同心圆，这些同心圆都在与导线垂直的平面上。直线电流的方向跟它的磁感线方向之间的关系可以用安培定则（也叫右手螺旋法则）来判定：用右手握住导线，让伸直的大拇指所指的方向跟电流方向一致，那么弯曲的四指所指的方向就是磁感线的方向，即磁场的方向，如图 3—2c 所示。

一根导线产生的磁场有限，为增大磁场强度，人们把导线一圈圈地密密绕在圆柱形的物体上，制成螺旋线圈，通电后，由于每匝线圈产生的磁场相互叠加，因而在螺旋线圈内部产生较强的磁场，如图 3—3a 所示是通电螺旋线圈的磁场，如图 3—3b 所示是用右手螺旋定则判断通电螺旋线圈产生磁场方向的方法。

通过电流周围存在着磁场的现象，人们发现电和磁的内在联系：电可以生磁。

提示

进一步的研究发现，凡运动电荷的周围都存在着磁场，磁场归根结底都是电荷的运动产生的。

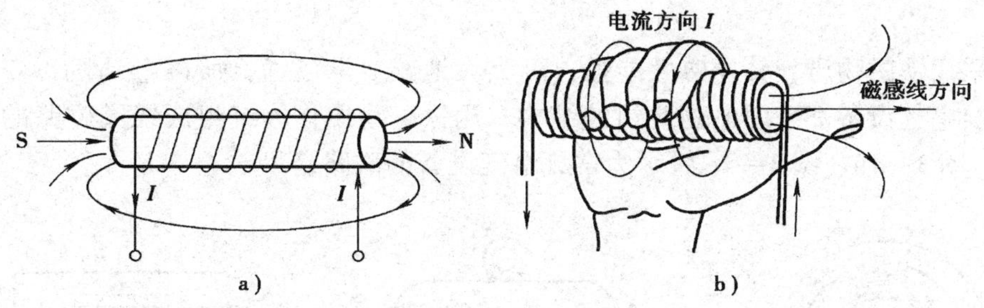

图 3—3　通电螺旋线圈产生的磁场

通电线圈产生磁场的感应强度由下式决定：

$$B=\mu\frac{NI}{L}$$

式中　B——磁感应强度，T；

N——线圈导线匝数；

I——通过导线的电流，A；

L——螺线线圈的长度，m；

μ——物质的磁导率，由构成线圈芯的材料的性质决定，H/m。

磁导率是用来表示物质导磁性能的物理量。磁导率越大，物质的导磁性能就越强。

为了比较不同物质的导磁性能，我们引入相对磁导率的概念：物质的磁导率 μ 与真空磁导率的比值，称为该物质的相对磁导率，它反映了介质的导磁性能。

根据介质相对磁导率的大小，可把物质分为三类：一类叫顺磁物质，如空气、铝、铬、铂等，其相对磁导率略大于 1；另一类叫反磁物质，如氢、铜等，其相对磁导率略小于 1，顺磁物质与反磁物质一般被称为非磁性材料。还有一类叫铁磁物质，如铁、钴、镍、硅钢、坡莫合金、铁氧体等，其相对磁导率可达几百甚至数万以上，且不是一个常数。铁磁物质被广泛应用于电工技术及计算机技术等方面。

3. 磁通和磁路欧姆定律

(1) 磁通

磁感线的疏密与磁感应强度之间存在定量关系，磁感应强度 B 就表示与磁场方向垂直的单位面积上的磁感线数，因此，在电工学中又称磁感应强度为磁通密度。

我们把穿过磁场中某一面积的磁感线的条数，叫作穿过该面积的磁通量，简称磁通。若用字母 Φ 表示磁通，则有：

$$\Phi=BS$$

磁通量是标量，国际单位是韦伯，简称韦，符号为 Wb。

（2）磁路欧姆定律

线圈中通以电流就会产生磁场，磁感应线将分布在线圈周围的整个空间。如果我们把线圈绕在铁芯上，则由于铁磁性物质的优良导磁性能，电流所产生的磁感应线基本上都局限在铁芯内。在同样大小的电流作用下，有铁芯时磁通将大大增加。铁芯起着增加磁通和为磁通规定路线的作用。工程上把这种约束在铁芯及其范围内的磁通路径称为磁路。

由于采用铁磁物质，其导磁性能强，可大大地减少漏磁通，所以电动机、变压器和电磁铁等主要电气设备都采用电磁绕组的结构，用铁磁物质作为绕组或线圈磁路的材料。如图 3—4a、图 3—4b、图 3—4c 所示为常见电气设备的磁路。

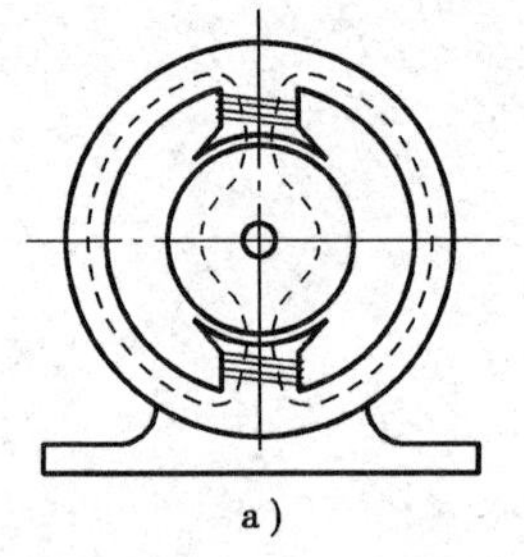
a）

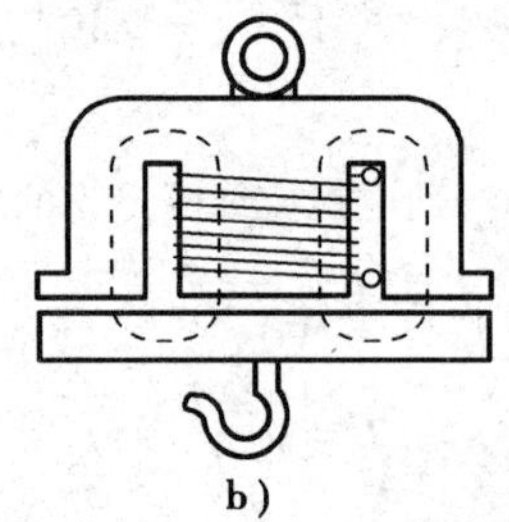
b）

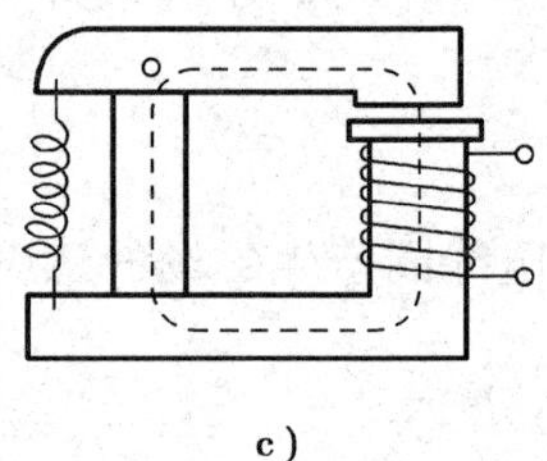
c）

图 3—4　几种典型电气设备的磁路
a）电动机　b）电磁铁　c）继电器

利用铁磁材料可以尽可能地将磁通集中在磁路中，但是与电路比较，磁路的漏磁现象要比电路的漏电现象严重得多。如图 3—5 所示，全部在磁路内部闭合的磁通称主磁通，部分经过磁路周围物质而自成回路的磁通称为漏磁通。

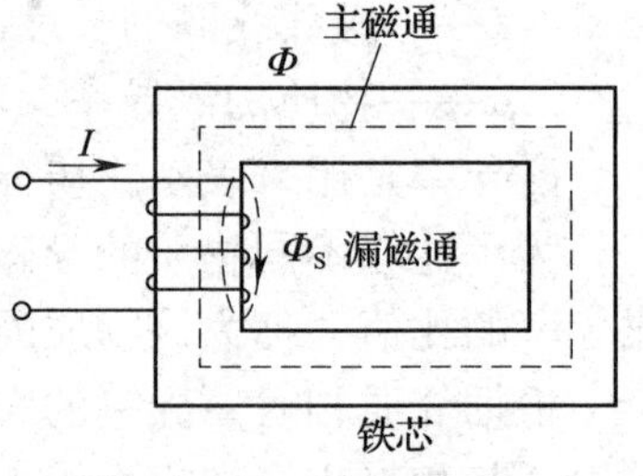

图 3—5　主磁通和漏磁通

1）磁动势

通电线圈的匝数越多，电流越大，磁场越强，磁通也就越多。我们把通过线圈的电流 I 和线圈匝数 N 的乘积称为磁动势，用 F_m 表示，即：

$$F_m = NI$$

磁动势的单位是 A。

2）磁阻

电路中有电阻，磁路中也有磁阻。磁阻就是磁通通过磁路时所受到的阻碍作用，用符号 R_m 表示。与导体的电阻相似，磁路中磁阻的大小与磁路的长度 l 成正比，与磁路的横截面积 S 成反比，并与组成磁路材料的磁导率 μ 有关，其公式为：

$$R_m = \frac{l}{\mu S}$$

式中 μ、l、S 的单位分别为 H/m、m、m^2，磁阻 R_m 的单位为 H^{-1}。

3）磁路欧姆定律

通过磁路的磁通与磁动势成正比，而与磁阻成反比，即：

$$\Phi = \frac{F_m}{R_m}$$

上式与电路的欧姆定律相似，故称磁路欧姆定律，应当指出，式中的磁阻 R_m 是指整个磁路的磁阻，如果磁路中有空气隙，由于空气隙的磁阻远比铁磁材料的磁阻大，整个磁路的磁阻会大大增加，若要有足够的磁通，就必须增大励磁电流或增加线圈的匝数，即增大磁动势。

由于铁磁材料磁导率的非线性，磁阻 R_m 不是常数，所以磁路欧姆定律只能对磁路作定性分析。

二、磁场对载流导体的作用

通常把通电导体在磁场中受到的力称为电磁力。

1. 磁场对载流导体的作用

将通电直导体垂直放置在匀强磁场（磁场各点的磁感应强度相同的磁场）中，导体将受到磁场对它的作用力：

$$F = BIL$$

式中 F——磁场对通电导体的作用力，称电磁力或安培力，N；
B——磁感应强度，T；
I——通过导线的电流强度，A；
L——通电直导体在磁场中的有效长度，m。

载流直导体在磁场中的受力方向，可以用左手定则来判别，如图 3—6 所示，将左手伸平，拇指与四指垂直放在一个平面上，让磁感线垂直穿过手心，四指指向电流方向，则拇指所指方向就是导体的受力方向。

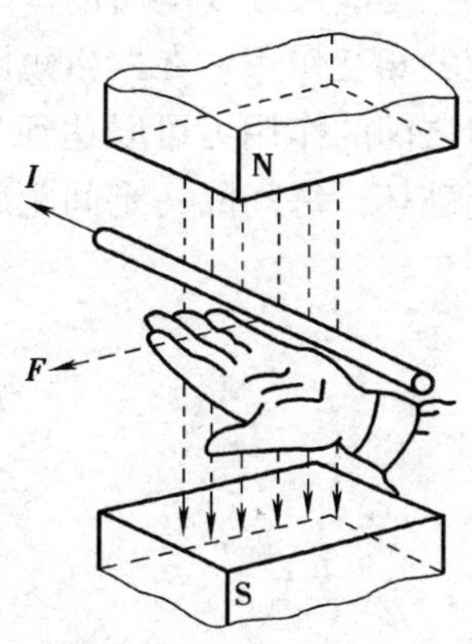

图 3—6 左手定则

磁场对通电导体的作用力是电动机和许多电工仪表的工作基础。

知识链接

电磁继电器

图 3—7 为利用电磁铁制成的电磁继电器。闭合低压控制电路中的开关 SA，电磁铁线圈通电，动触点与静触点（图中常开触点）接触，工作电路闭合，电动机转动。当断开 SA 时，电磁铁磁性消失，在弹簧力作用下，动、静触点脱开，电动机停转。

利用电磁继电器可以用低电压、弱电流的控制电路来控制高电压、强电流的工作电路，并且能实现遥控和生产自动化。

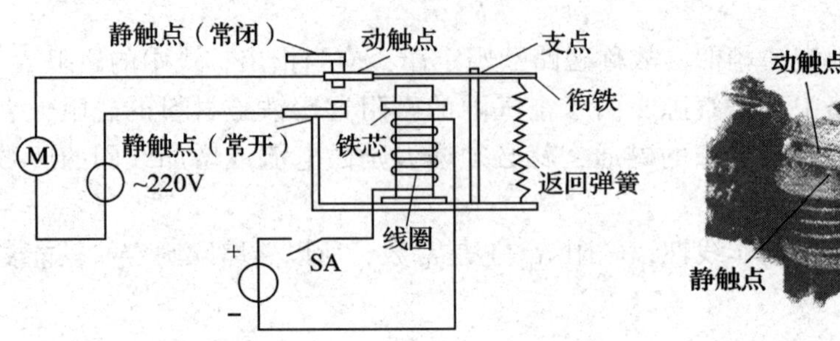

图 3—7　电磁继电器

2. 通电平行直导线间的作用

如图 3—8 所示，两条相距较近且相互平行的直导线，当通以相同方向的电流时，它们相互吸引（图 3—8a）当通以相反方向的电流时，它们相互排斥（图 3—8b）。这是由于每个电流都处在另一个电流的磁场中，因而每个电流都受到电磁力的作用。

发电厂或变电所的母线排就是这种互相平行的载流直导体，它们之间存在着这种电磁力的相互作用。在发生短路事故时，通过母线的电流会骤然增大几十倍，这时两排平行母线之间的作用力可以达到几千牛顿。为了使母线不致因短路所产生的巨大电磁力作用而受到破坏，每间隔一定间距就要安装一个绝缘支柱，以平衡电磁力。

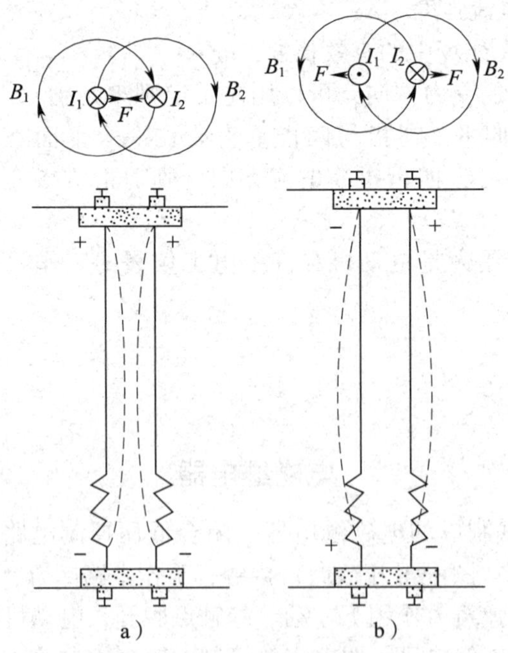

图 3—8　通电平行直导线间的相互作用

a）通入同方向电流的平行导线相互吸引　b）通入反方向电流的平行导线相互排斥

知识链接

霍 尔 元 件

如图 3—9 所示，磁感应强度为 B 的磁场垂直作用于一块矩形半导体薄片，若在 a、b 方向通入电流 I，则在与电流和磁场垂直的方向上便会产生电压 U_H，这种现象称为霍尔效应。若改变 I 或 B，或两者同时改变，均会引起 U_H 的变化，利用这一原理可以将其制成各种传感器。

如图 3—10 所示为利用霍尔元件制成的位置传感器。霍尔元件置于两个相反方向的磁场中，当在 a，b 两端通入控制电流时，霍尔元件左右两半产生的电压 U_{H1} 和 U_{H2} 方向相反，设在初始位置时 $U_{H1}=U_{H2}$，输出电压为零。当霍尔元件相对于磁极作 x 方向位移时，$\Delta U=U_{H1}-U_{H2}$，ΔU_H 的数值正比于位移量 Δx，正负方向取决于 Δx 的方向。所以，这种传感器不仅能测量位移的大小，还能鉴别位移的方向。

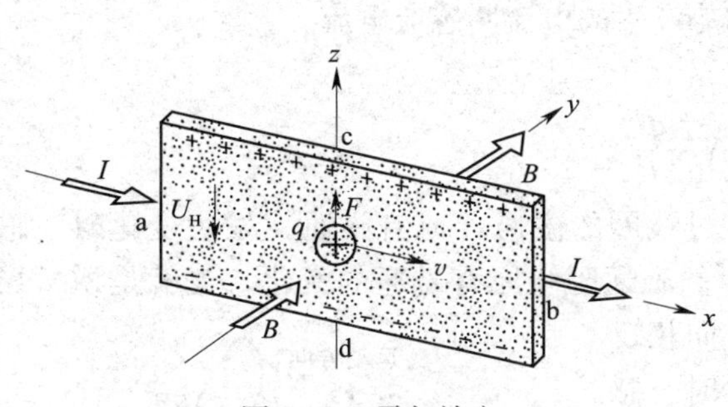

图 3—9　霍尔效应

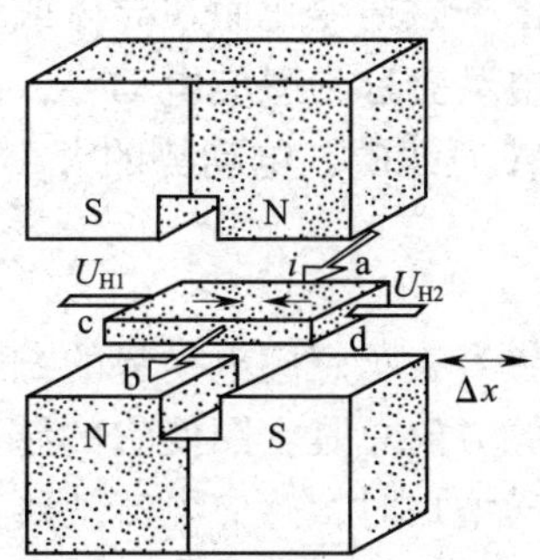

图 3—10　利用霍尔元件制成的位置传感器

三、电磁感应

前述“电生磁”的理论，那么磁是否能生电呢？下面通过实验来说明。

实验一：在如图 3—11 所示的均匀磁场中放置一根导体 AB，导体两端连接一个检流计，当直导体 AB 在磁场中做切割磁感线的运动时，可以明显地观察到检流计指针发生了偏转，这说明在 AB 导线和检流计组成的闭合回路中有电流，也即说明导体 AB 中产生了电动势。另外当使导体平行于磁感线方向运动时，检流计指针不偏转，说明导体回路中不产生电流。

实验二：在如图 3—12 所示的实验电路中，空芯螺旋线圈两端连接检流计。当用一块条形磁铁快速插入线圈时，会观察到检流计指针向一个方向偏转；如果条形磁铁在线圈内静止不动时，检流计指针不偏转；再将条形磁铁由线圈中迅速拔出时，又会观察到检流计指针向另一方向偏转。

上述两实验现象说明：当导体相对于磁场运动而切割磁感线或者线圈中的磁通发生变化时，在导体或线圈中都会产生感应电动势。若导体或线圈构成闭合回路，则导体或线圈中将有电流流过。

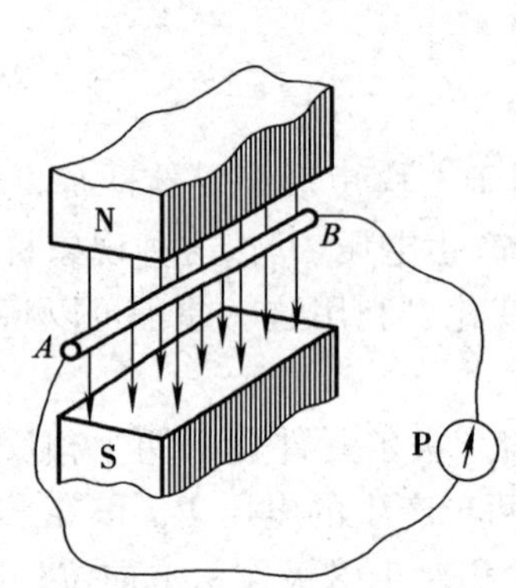

图 3—11　直导体的电磁感应现象

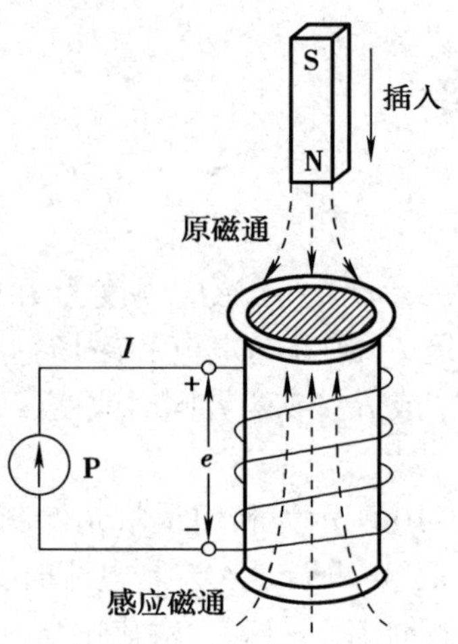

图 3—12　螺旋线圈的电磁感应现象

这种由于磁通变化而在导体或线圈中产生感应电动势的现象称为电磁感应，由电磁感应产生的电动势称为感应电动势，由感应电动势产生的电流叫感应电流。

对于 N 匝线圈，电动势的大小为：

$$e = -N\frac{\Delta \Phi}{\Delta t}$$

式中负号表示感应电动势的方向。即当穿过线圈的磁通（原有磁通）发生变化时，感应电动势的方向总是企图使它的感应电流产生的磁通阻止原有磁通的变化。也就是说，当线圈原磁通增加时，感应电流就要产生与它方向相反的磁通去阻碍它的增加；当线圈中的磁通减少时，感应电流就要产生与它方向相同的磁通去阻碍它的减少。这一定律，称为楞次定律。

直导体中感应电动势的方向，也可用楞次定律来判定，但是用右手定则判定更为简便。具体方法如图 3—13 所示。伸平右手，拇指与其余四指垂直，让磁感线穿过手心，拇指指向导体运动方向，则四指的方向便是感应电动势或感应电流的方向。

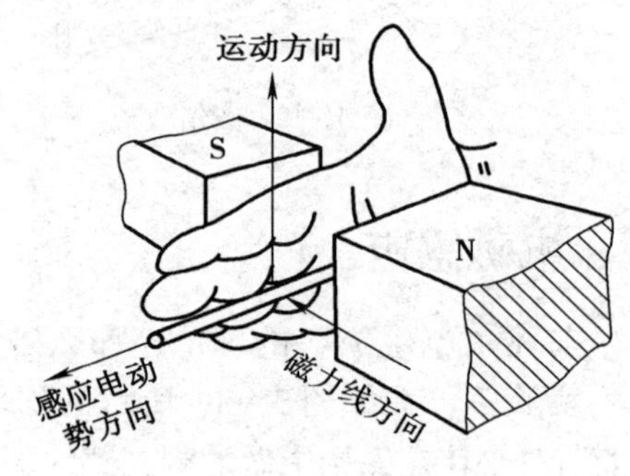

图 3—13　右手定则

提示

电磁感应现象可以形象地说成“磁生电”，前述的电流产生磁场的现象可以形象地说成“电生磁”。“磁电相生”是变压器和交流电动机的工作原理。

1. 自感

(1) 自感现象

当线圈中通过交流电时，根据电磁感应原理，在回路中会产生磁通，我们将通过线圈的磁通与电流的比值叫作自感系数，简称电感，用字母 L 表示，单位亨利，简称亨，用 H 表示。

$$L=\frac{\Phi}{i}$$

线圈的电感是由线圈本身的特性决定的。线圈越长，单位长度上匝数越多，截面积越大，电感越大。有铁芯的线圈，电感要比空芯线圈的电感大得多。由于铁磁材料的磁导率不是一个常数，它是随着磁化电流的不同而变化的量，所以有铁芯的线圈，其电感也不是一个常数，这种电感称为非线性电感。电感为常数的线圈称为线性电感，空芯线圈结构一定时，可近似地看成线性电感。

（2）自感电动势

当线圈中电流发生变化时，线圈本身就会产生感应电动势，感应电动势产生的电流方向总是阻碍原电流的变化。这种由于线圈自身电流的变化而产生的感应电动势的现象称自感现象，简称自感。由自感现象产生的电动势称自感电动势，用 e_L 表示。

$$e_L=L\frac{\Delta i}{\Delta t}$$

（3）自感现象的利弊

在电工技术中，自感现象有利有弊，很多电器都是利用自感现象进行工作的。

1）荧光灯。荧光灯俗称日光灯，它发明于 20 世纪 30 年代。它的灯管被抽成真空，内充有汞，在高速电子轰击下，汞发出紫外线，紫外线照射灯管内表面的荧光粉，产生荧光，所以荧光灯又称气体放电灯。

荧光灯的工作原理电路图如图 3—14 所示。将镇流器（一个带铁芯的线圈）与荧光灯串联，当荧光灯接上电源后，启辉器中的金属片受热断开，在启辉器断电的瞬间，由于通过镇流器线圈的电流发生了变化（减少），镇流器会产生一个很高的且与加在灯管两端的电源电压方向相同的自感电动势，该自感电动势与电源电压一起加在日光灯的两端，使灯管内气体导通而发光。

日光灯点亮后正常工作时，镇流器又起到分压的作用，使灯管的工作电压低于电源电压。

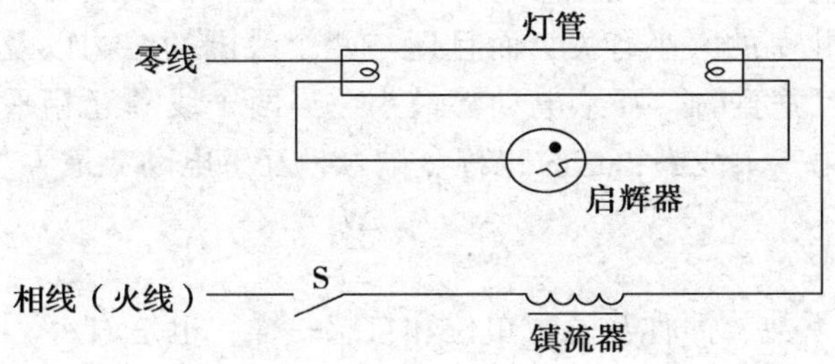

图 3—14　荧光灯电路

2）涡流。在具有铁芯的线圈中通入交流电时，就有感应电流。由于这种电流在铁芯中自成闭合回路，形如旋涡（图 3—15），故称涡流。

在工业生产中可以利用涡流产生高温使金属熔化，这种无接触加热的冶炼方法不仅效率高、速度快，而且可以避免金属在高温下被氧化。

涡流的热效应在电动机和变压器等设备中是有害的。它会使铁芯发热，造成涡流损耗。

此外，涡流还有去磁作用，会削弱原磁场。为了减小涡流损耗，变压器铁芯常由多层组成，并用薄层绝缘材料将各层隔开。

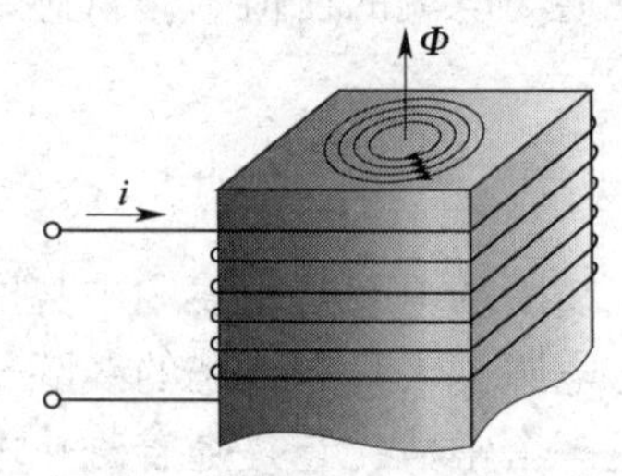

图 3—15 涡流（涡流方向系按 ϕ 增加时画出）

3）灭弧装置。当然，自感现象也有不利的一面，在一些电气设备中，由于自感现象的存在，会造成不必要的过电压、过电流，使电气设备受到危害。如含有大电感的电路在与电源切断的瞬间，由于电流发生了变化，会在电感两端产生很高的自感电动势，使开关的动、静闸刀之间的空气击穿形成电弧，可能烧坏开关，甚至危及操作人员的安全。这些情况在工作中都要尽量避免。所以通常在含有大电感的设备中都装有灭弧装置。

2. 互感

（1）互感现象

图 3—16 的实验电路中，在开关 SA 闭合或断开的瞬间以及改变 RP 的阻值时，检流计的指针都会发生偏转。这是因为，当线圈 A 中的电流发生变化时，通过线圈的磁通也发生变化，该磁通的变化必然又影响线圈 B，使线圈 B 中产生感应电动势和感应电流。

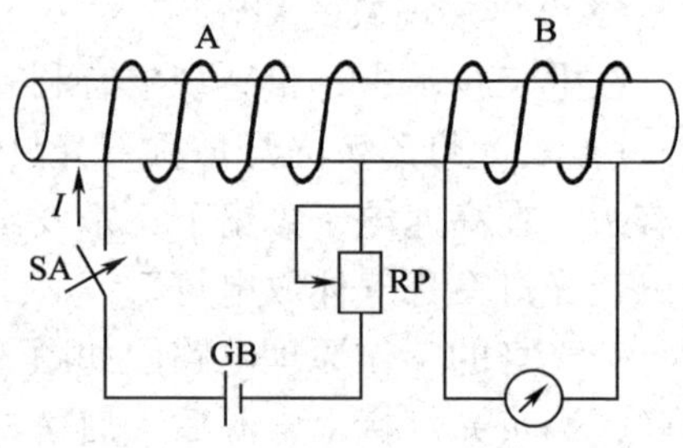

图 3—16 两个线圈间的互感

我们把这种由一个线圈中的电流发生变化而在另一线圈中产生电磁感应的现象称为互感现象，简称互感。

（2）互感电动势

由互感产生的感应电动势称为互感电动势，用 e_M 表示。线圈 B 中互感电动势的大小不仅与线圈 A 中电流变化率的大小有关，而且还与两个线圈的结构以及它们之间的相对位置有关。当两个线圈相互垂直时，互感电动势最小。当两个线圈互相平行，且第一个线圈的磁通变化全部影响到第二个线圈，这时也称全耦合，互感电动势最大。

$$e_{M2} = M\frac{\Delta I_1}{\Delta t}$$

式中 M 称为互感系数，简称互感，单位和自感一样，也是 H。

（3）互感线圈的同名端

应用互感可以很方便地将能量或信号由一个线圈传递到另一个线圈。当两个或两个以上线圈彼此耦合时，常常需要知道互感电动势的极性。当然可用楞次定律来判断，但比较复杂。尤其是对于已经制造好的互感器，从外观上无法知道线圈的绕向，判断互感电动势的极性就更加困难。

利用线圈同名端，可以很容易判断互感电动势的极性，以及了解线圈的绕向。我们把由于线圈绕向一致而产生感应电动势的极性始终保持一致的端子称为线圈的同名端，用“.”或“*”表示。

如图3—17中1、4、5就是一组同名端。下面分析在开关SA闭合瞬间各线圈感应电动势的极性。

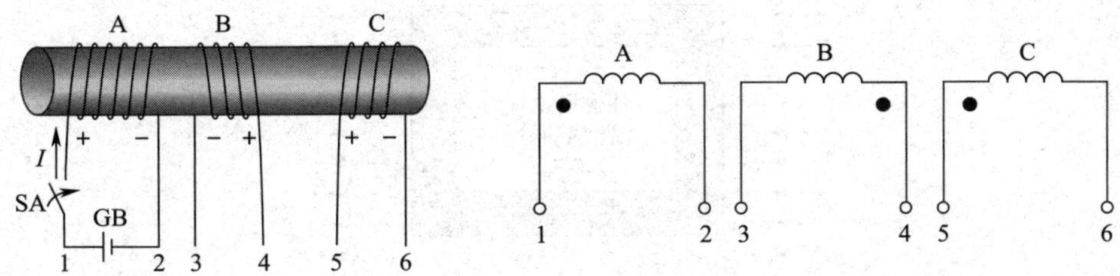

图3—17 互感线圈的同名端

SA闭合瞬间，A线圈有电流I从1端流进，根据楞次定律，在A线圈两端产生自感电动势，极性为左正右负。利用同名端可确定B线圈的4端和C线圈的5端皆为互感电动势的正端。

当线圈的绕向难以确定时，可用如下方法判别两个线圈的同名端。

如图3—18所示，将线圈甲与电阻R及开关SA串联起来，再接上直流电源。线圈乙接直流电压表。合上开关SA的瞬间如果电压表指示为正向电压，则3与1为同名端，否则3与1为异名端。

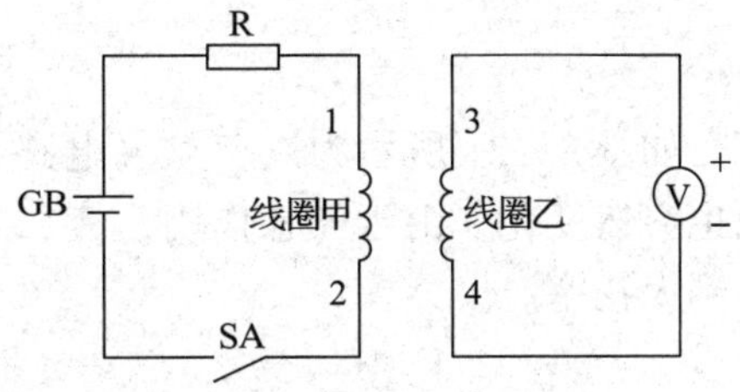

图3—18 同名端判断方法

各种电动机、变压器都是利用互感原理工作的。但对电路来说，互感也有其不利的一面。例如在有些电路中，若线圈的位置安放不当，各线圈产生的磁场就会相互干扰，严重时会使整个电路无法工作。由于受到设备或仪器体积的限制，加大线圈间的距离又往往行不通，这时可采用以下办法。

一是将两个线圈垂直放置，如图3—19所示。

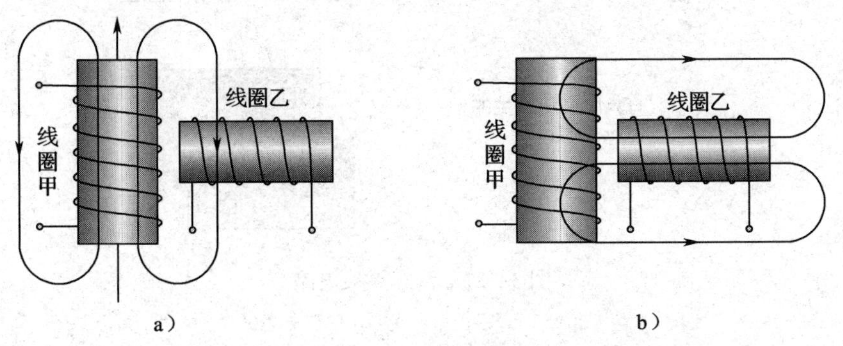

图3—19 垂直放置的线圈可以减小互感

a）线圈甲产生的磁通不能进入线圈乙 b）线圈乙产生的磁通在线圈甲中自行抵消

二是安装磁屏蔽，如图 3—20 所示。屏蔽罩由铁磁材料制成，由于铁磁材料的磁导率比空气的磁导率大得多，所以外磁场的磁通沿铁壁通过，进入空腔的磁通很少，从而起到了磁屏蔽的作用。

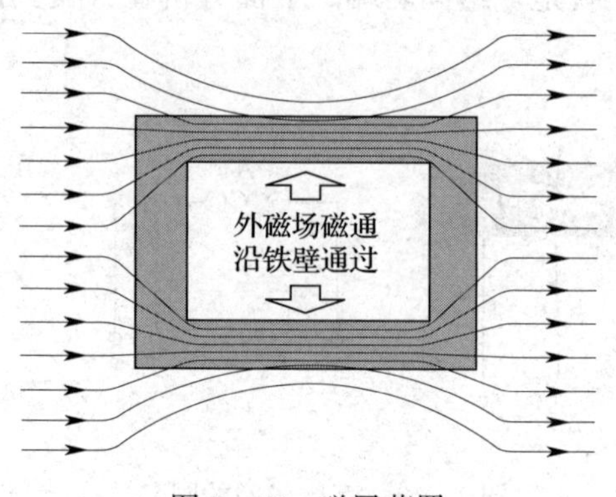

图 3—20　磁屏蔽罩

知识链接

汽车点火电路

如图 3—21 所示为汽车点火电路，点火开关通、断瞬间，一次线圈电流突然变化，磁通也突然变化，由于互感作用，使二次线圈产生 1.5 万 V 以上瞬时高压，再由高压分配器送到火花塞。

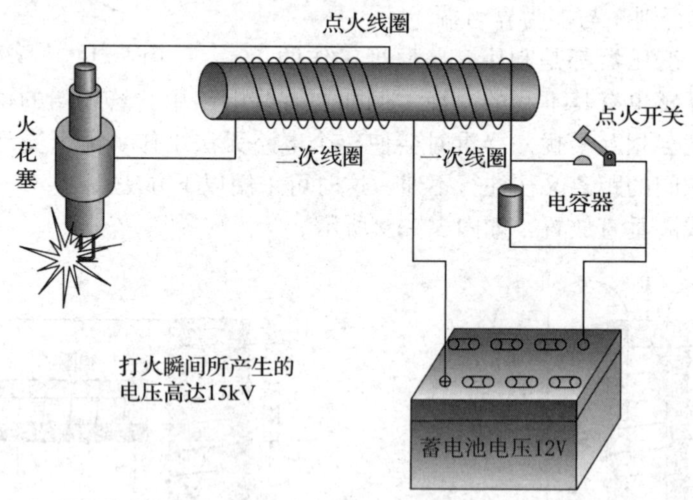

图 3—21　汽车点火电路

第二节　正弦交流电的基本概念

一、交流电概述

大小和方向都随时间的变化而呈周期性变化的电流称为交流电。如图 3—22 所示就是几种常见的交流电。

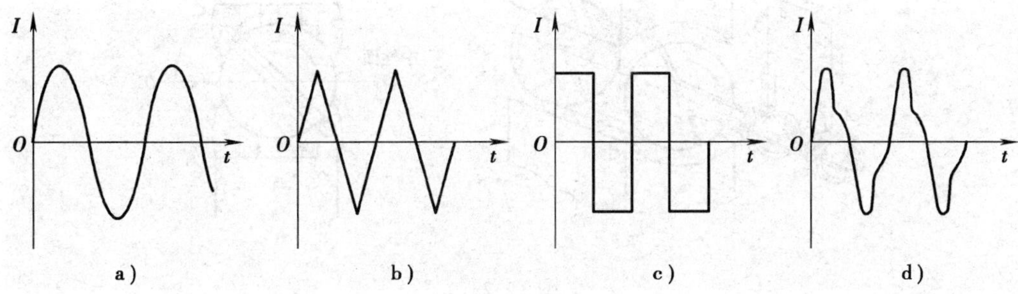

图 3—22　常见交流电波形图

a）正弦波交流电　b）三角波交流电　c）方波交流电　d）任意波交流电

大多数建筑设备采用交流电能供电，只有功率较小且需要随时移动的设备才使用直流电能供电。交流电之所以应用如此广泛，是因为它具有独特的优势：首先，交流电可以利用变压器方便地改变电压，便于输送、分配和使用；其次，交流电动机比同功率的直流电动机性能好，效率高，成本低，且结构简单、使用维护方便；最后，可以应用整流装置，将交流电变换成所需的直流电，例如，用来给手机充电的充电器，就是将交流电变换成直流电的装置。

提示

交流电和直流电有很多相似之处，但交流电有着随时间交变的特点，学习时要注意两者的区别。不能把直流电路中的规律简单套用到交流电路中去。

二、正弦交流电的产生

正弦交流电通常是由交流发电机产生的。如图 3—23a 所示是最简单的交流发电机的构造。在静止的磁极之间，放着一个圆柱形铁芯，其上固定着线圈，铁芯和线圈合称为发电机的电枢。在电动机的驱动下，电枢能以某一恒定转速旋转。线圈的两端分别接在两个铜制的集电环上，集电环固定在轴上，集电环与集电环之间，集电环与轴之间互相绝缘。每一个集电环上安放着一个静止的电刷，作为发电机内外电路之间联系的桥梁。

交流发电机的工作原理是电磁感应，即当有导线在磁场中做切割磁感线运动时，在导线中会产生感生电动势。

通常把磁极做成特定的形状，如图 3—23b 所示，以使电枢表面上的磁感应强度按正弦规律分布。当线圈绕其中心轴旋转时，线圈的上、下边从不同的方向不断地切割磁感线，这样，在线圈的两个端头会产生持续的按正弦规律变化的电动势，从而产生交流电源。把大小和方向随时间按正弦规律做周期性变化的电压和电流称为正弦交流电压和正弦交流电流，统称正弦交流电。

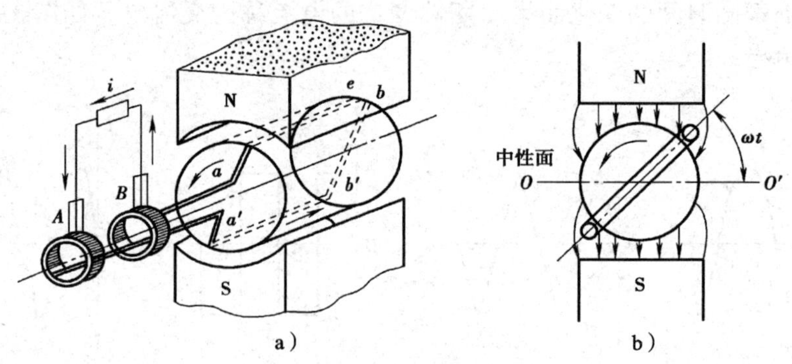

图 3—23

a）交流发电机构造图　b）磁感应分布图

正弦交流电动势、电压、电流的数学表达式（解析式）为：

$$e=E_{\mathrm{m}}\sin\left(\omega t+\varphi_{e}\right)$$

$$u=U_{\mathrm{m}}\sin\left(\omega t+\varphi_{u}\right)$$

$$i=I_{\mathrm{m}}\sin\left(\omega t+\varphi_{i}\right)$$

如图 3—24 所示为正弦交流电的波形图表示方法。

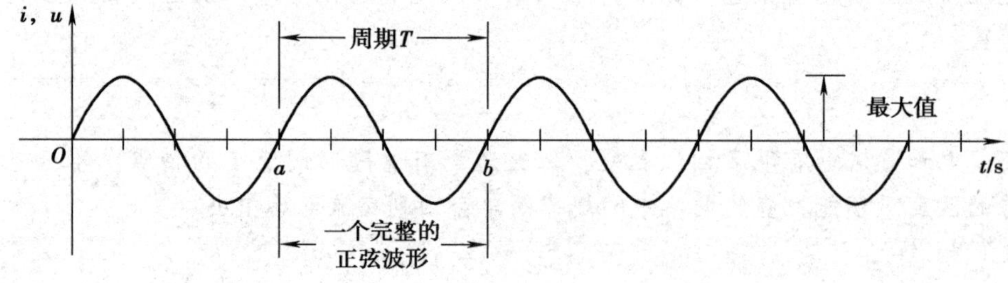

图 3—24　正弦交流电波形

三、正弦交流电的三要素

交流电路的电压、电流和电动势都是按正弦规律变化的，统称这些物理量为正弦量。任何一个正弦量都可以用频率（或周期）、最大值（或有效值）和初相位这三个要素来确定，下面分别介绍这三个物理量。

1. 周期、频率和角频率

交流电流进行一次周期性变化所需要的时间称为交流电的周期，用符号 T 表示，单位是 s，周期较小的单位还有 ms，μs。在图 3—25 中，在横坐标轴上由 O 到 a 或由 b 到 c 的这段时间都可看作一个周期。

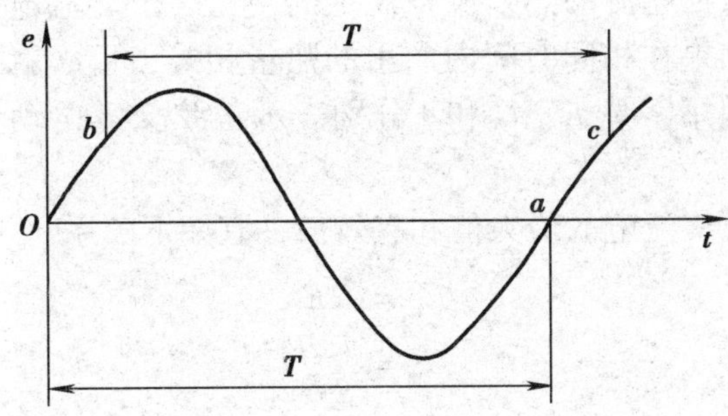

图 3—25　正弦交流电的周期

交流电在 1 s 内完成周期性变化的次数叫作交流电的频率，用符号 f 表示，单位是赫兹，简称赫，用符号 Hz 表示。频率较大的单位还有 kHz 和 MHz。

根据定义可知，周期和频率互为倒数，即：

$$f=\frac{1}{T}\text{或 } T=\frac{1}{f}$$

在电力系统中，我国规定动力和照明用电的频率为 50 Hz，习惯上称为工频，对应的周期是 0.02 s。

周期和频率都是衡量交流电变化快慢的物理量，周期越短或频率越高则表示交流电变化越快。

正弦量变化的快慢除了用周期和频率表示外，还可以用角频率表示。交流电每秒所变化的角度称为交流电的角频率，用符号 ω 表示，单位是弧度/秒（rad/s）。由于正弦交流电一个周期内经历了 2π 弧度，所以角频率与周期、频率的关系可写为：

$$\omega=\frac{2\pi}{T}=2\pi f$$

对于 $f=50$ Hz 的交流电来讲，其角频率为 $\omega=2\pi f=2\pi\times 50\approx 314$ rad/s

2. 最大值和有效值

由于正弦量是随时间按正弦规律变化的，所以在每一时刻的值是不同的。正弦量在任一瞬间的值称为瞬时值。用小写字母表示，如 e、u 及 i 分别表示电动势、电压及电流的瞬时值。

正弦交流电在变化过程中出现的最大瞬时值称为最大值，也称幅值或峰值。电动势、电压和电流分别用 E_m、U_m 和 I_m 表示。最大值是反映交流电在一个周期内所能达到的最大数值，可表示交流电流和电压的强弱或高低，其在实际工程中也很有用：如在交流电路中，电容器的耐压值，就是指通过电容器的电压最大值。当交流电压的最大值超过电容器所能承受的耐压值，电容器就有可能被击穿。

瞬时值和最大值反映的是正弦量的大小，但由于交流电随时间不断变化，所以瞬时值和最大值不能真实地反映交流电在一个周期内做功的实际值，为此，我们引入了有效值的概念。

交流电的有效值是根据电流的热效应来规定的，让一个交流电流和一个直流电流分别通过阻值相同的电阻，如果在相同时间内产生的热量相等，那么就把这一直流电的数值叫作这一交流电的有效值。用字母 E，U 和 I 分别表示正弦交流电动势、电压和电流的有效值。

经过计算表明，正弦交流电的最大值和有效值，有如下关系：

$$E_{\mathrm{m}}=\sqrt{2}E$$

$$U_{\mathrm{m}}=\sqrt{2}U$$

$$I_{\mathrm{m}}=\sqrt{2}I$$

提示

有效值在实际工程中应用广泛，我们通常所说的电动势、电压、电流的值，如没有特别说明，都是指有效值。例如，用交流电工仪表测量出的电流、电压值以及交流电气设备铭牌上所标注的电压、电流的数值都是指有效值。

3. 相位

由正弦交流电动势的表达式 $e=E_{\mathrm{m}}\sin(\omega t+\varphi)$ 可知，电动势的瞬时值还与 $\sin(\omega t+\varphi)$ 有关，$(\omega t+\varphi)$ 称为正弦量的相位角，简称相位。相位是随时间变化的，它决定正弦交流电瞬时值大小和正负。

时间 $t=0$ 时的相位角 φ 称为初相角，简称初相。初相与计时起点有关，决定正弦交流电的初始值（$t=0$ 时的值），所以说初相反映了正弦交流电起始时刻的状态。

交流电的初相可以为正，也可以为负或是零。初相一般用弧度表示，也可以用不大于180°的角度表示。在图3—25中，e_1 和 e_2 表示初相为 +60°和初相为 −75°的两个正弦量的波形。

两个同频率交流电的相位之差叫作相位差，设 $u=U_{\mathrm{m}}\sin(\omega t+\varphi_u)$，$i=I_{\mathrm{m}}\sin(\omega t+\varphi_i)$，则电压和电流的相位差为：

$$\Delta\varphi=(\omega t+\varphi_u)-(\omega t+\varphi_i)=\varphi_u-\varphi_i$$

提示

上式表明，同频率正弦量的相位差不随时间变化，仅由它们的初相位决定。

根据两个同频率交流电的相位差，可以确定两个交流电的相位关系。

如果 $\Delta\varphi=\varphi_u-\varphi_i>0$，那么 u 超前 i，或者说 i 滞后 u。在如图3—26所示电路中，e_1 超

前 $e_2$135°，或者说 e_2 滞后 $e_1$135°。

如果 $\Delta\varphi=\varphi_u-\varphi_i=0$，那么就称这两个交流电同相，在图 3—27 中，$u$ 和 i 同相。

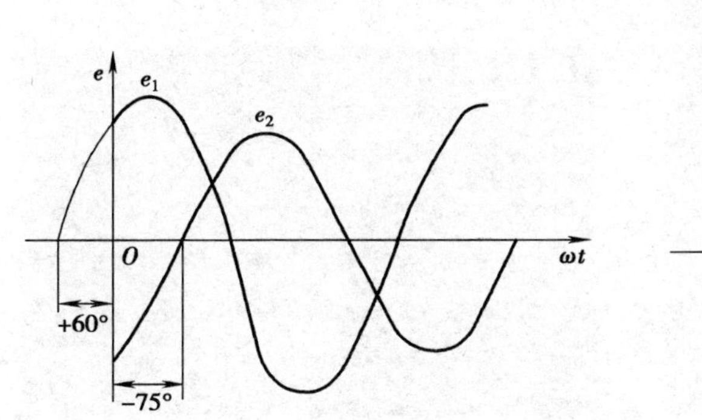

图 3—26　相位和相位差

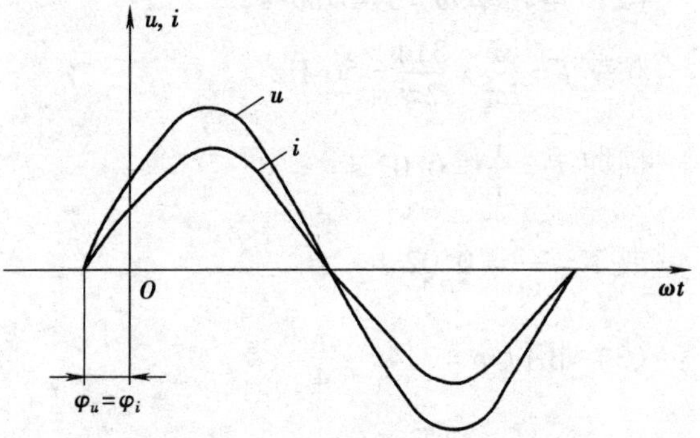

图 3—27　$\varphi=0°$同相

如果 $\Delta\varphi=\varphi_u-\varphi_i=180°$，那么就称这两个交流电反相，在图 3—28 中，$u$ 和 i 反相。

两个频率相同的正弦量计时起点不同时，它们的相位和初相位不同，但它们之间的相位差不变。

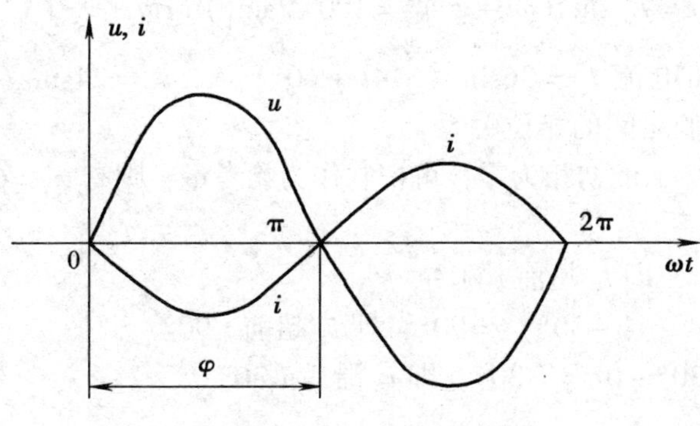

图 3—28　$\varphi=180°$反相

> **提示**
>
> 交流电的相位差实际上反映了两个交流电在时间上谁先达到最大值。

有效值（或最大值），频率（或周期、角频率）和初相位是表征正弦交流电的三个重要物理量，通常称为正弦交流电的三要素。

【例 3—1】　已知正弦交流电压 $U=311\sin\left(314t-\dfrac{\pi}{4}\right)$ V，试求：

（1）最大值和有效值

（2）角频率、频率和周期

（3）相位和初相位

解：（1）最大值 $U_m=311$ V

有效值 $U=\frac{311}{\sqrt{2}}=220\ \text{V}$

（2）角频率 $\omega=314\ \text{rad/s}$

频率 $f=\frac{\omega}{2\pi}=\frac{314}{2\pi}=50\ \text{Hz}$

周期 $T=\frac{1}{f}=0.02\ \text{s}$

或 $T=\frac{2\pi}{\omega}=0.02\ \text{s}$

（3）相位 $\varphi=314t-\frac{\pi}{4}$

初相位 $\varphi=-\frac{\pi}{4}$

【例 3—2】 已知某正弦交流电动势的有效值是100 V，频率是50 Hz，初相是30°，试写出它的瞬时值表达式。

解：交流电动势的瞬时值表达式为：

$$e=E_{m}\sin(\omega t+\varphi_{e})=100\sqrt{2}\sin\left(100\pi t+\frac{\pi}{6}\right)\text{V}$$

【例 3—3】 已知电流 $i_1=36\sin(314t+60°)$ A，$i_2=24\sin(314t-30°)$ A，$i_3=12\sin314t$A，试比较它们之间的相位关系。

解：三个正弦量中，i_3的初相为零，可把它作为参考量，则有 $\varphi_1=60°$，$\varphi_2=-30°$，$\varphi_3=0°$，它们之间的相位关系为：

$\Delta\varphi_1=\varphi_1-\varphi_3=60°$，即 i_1 超前 $i_3$60°

$\Delta\varphi_2=\varphi_1-\varphi_2=60°-(-30°)=90°$，即 i_1 超前 $i_2$90°

$\Delta\varphi_3=\varphi_2-\varphi_3=-30°-0°=-30°$，即 i_2 滞后 $i_3$30°

知识链接

电能的生产

自然界的能源可分为一次能源和二次能源两类，一次能源是指自然界中存在的可直接利用的能源，如煤、石油、天然气、风、水、太阳能、地热等能源；二次能源是指由一次能源加工转换而成的能源，包括电能和燃油等。人类今天利用的所有电能都是由其他形式的能源转换而来的，因此说电能属于二次能源。

电能与其他能量之间的相互转换如图 3—29 所示。

目前电能的生产主要是以下三种方式：火力发电、水力发电、核能发电。此外，还有风力发电、太阳能发电、地热发电和潮汐发电等，见表 3—1。由发电厂发出的电通常都是交流的。目前我国仍以火力发电为主，但随着人们环保意识的增加，国家已开始逐步关闭容量小的火力发电厂。

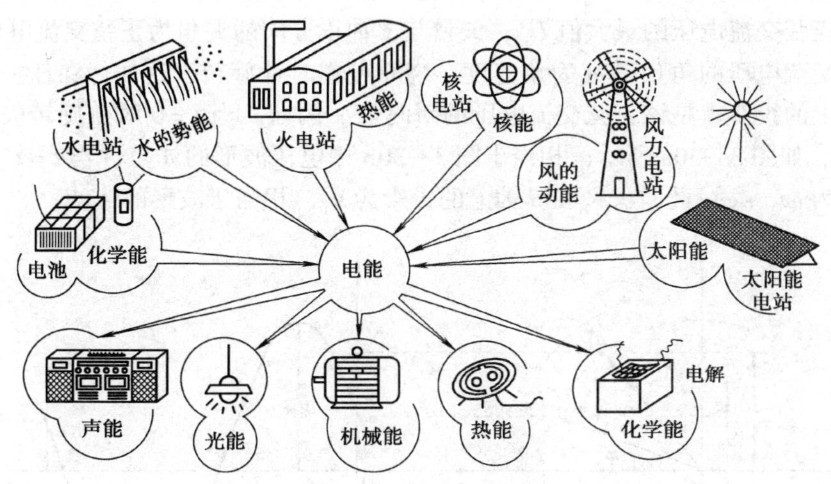

图 3—29　电能与其他能量之间的相互转换

表 3—1　　**电能的生产方式**

类型	原理	优点	缺点
火力发电	通过煤、石油和天然气等燃料燃烧来加热水，产生高温高压蒸汽来推动汽轮机旋转并带动三相交流同步发电机发电	投资较少，建厂速度快	耗能大、发电成本高且对环境污染较严重
水力发电	用水的落差和流量去推动水轮机旋转并带动发电机发电	成本低，环境污染小	受自然条件影响较大，投资较大且建厂速度慢
核能发电	利用核裂变释放出来的巨大能量加热水，产生高温高压蒸汽推动汽轮机从而带动发电机发电	消耗的燃料少，发电的成本较低	技术和各方面条件要求高，投资大，建设周期长

第三节　正弦交流电的相量图表示法

通过对上一节知识的学习，可以知道正弦量能够用波形图和解析式两种方法表示。这两种方法能较直观地看出交流电的变化规律和相互间的关系。但在对同频率的正弦量进行加、减运算以分析和计算正弦交流电路时，采用波形图和解析式两种方法都很麻烦。为此，工程上广泛采用相量表示法来简化交流电路的分析和计算。

所谓相量图表示法，就是用一个在直角坐标系中绕原点旋转的矢量来表示正弦交流电的方法。正弦交流电是时间的函数，旋转矢量的三个特征（长度、转速、与横坐标的夹角）可以分别表示正弦交流电的三个要素（最大值、角频率、初相位），所以可以借助旋转矢量来表示正弦交流电。

设有一正弦电压 $u=U_m\sin(\omega t+\varphi)$，其波形如图 3—30b 所示，以坐标原点做一矢量，使其长度为正弦交流电压的最大值 U_m，矢量与 x 轴正方向的夹角为正弦交流电压的初相 φ，矢量以正弦交流电压的角频率 ω 为角速度，绕原点逆时针旋转，这样，在任一瞬间，旋转矢量在纵轴上的投影就是该正弦交流电压的瞬时值。例如，当 $t=0$ 时，旋转矢量在纵轴上的投影为 u_0，如图 3—30a 所示，相当于图 3—30b 中电压波形的 A 点，当 $t=t_1$ 时，矢量与横轴的夹角为 $\omega t_1+\varphi$，此时矢量在纵轴上的投影为 u_1，相当于波形的 A'点。

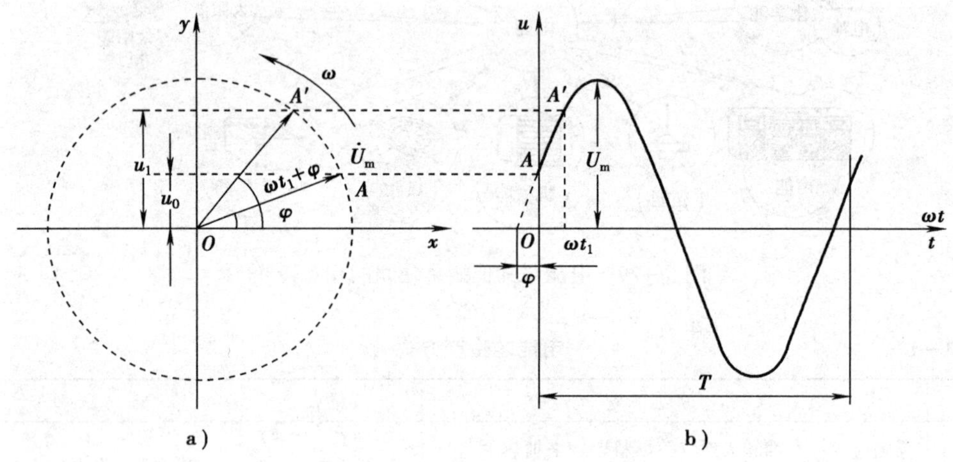

图 3—30　正弦交流电的相量表示法

想一想

比较一下速度、位移、交流电这几个物理量，想一想，交流电是矢量吗？

正弦量可以用一个旋转矢量来表示，但实际上交流电并不是矢量，只是因为它们是时间的函数，所以能用旋转矢量的形式来描述它们。为了加以区别，我们把用旋转矢量表示的正弦交流电称为相量，用 $\dot{E}_m$、$\dot{U}_m$、$\dot{I}_m$ 表示。

在实际应用中也常采用有效值相量图，这样，相量图中每一个相量的长度不再是最大值，而是有效值，有效值相量用 $\dot{E}$、$\dot{U}$、$\dot{I}$ 表示。

用相量表示正弦交流电后，它们的加减计算可以按平行四边形法则进行。

【例 3—4】　已知三个正弦量为：

$$i_1=8\sqrt{2}\sin(\omega t+60°)\ \text{A}$$

$$i_2=6\sqrt{2}\sin(\omega t-30°)\ \text{A}$$

$$i=10\sqrt{2}\sin(\omega t+23°)\ \text{A}$$

画出它们的相量图。

解：三个正弦量的相量图如图 3—31 所示。

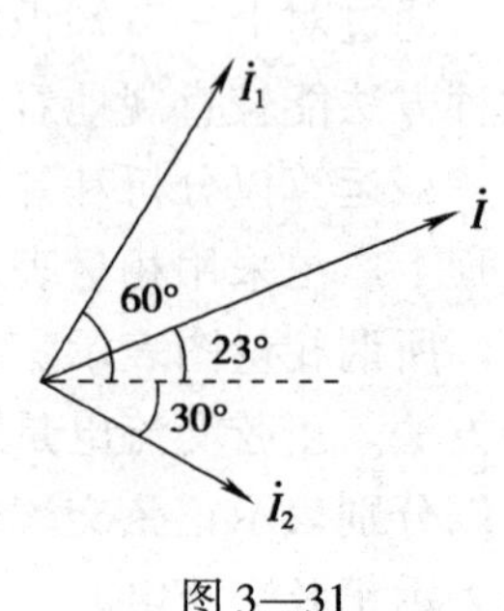

图 3—31

【例 3—5】　已知 $i_1=3\sin(\omega t+120°)$ A，$i_2=4\sin(\omega t+30°)$ A，求 $i=i_1+i_2$。

解：因 $I_{1m}=3A$，$I_{2m}=4A$，i_1 和 i_2 的相位差 $\varphi=\varphi_1-\varphi_2=90°$，因此合成后电流的最大值可以用勾股定理计算。

即 $I_m=\sqrt{I_{1m}^2+I_{2m}^2}=\sqrt{9+15}=5\ A$

i 的初相角可知，$\varphi=\alpha+30°$，$a=\arctan\frac{I_{1m}}{I_{2m}}=\arctan\frac{3}{4}=37°$

所以 $\varphi=37°+30°=67°$

得 $i=i_1+i_2=5\sin\ (\omega t+67°)\ A$

想一想

1. 若所知两个相量的相位差不是90°时，应用什么方法求合成的相量？
2. 若有多个相量相加，如何求总的相量？
3. 请同学们画出例3—5的相量图。

第四节　交流电路的常用负载元件

电路的负载元件实际上就是电路中的各种电气设备。电气设备是由电阻、电容和电感组成的，它们在电路中所起的作用各不相同。

电阻元件在直流和交流电路中的作用相同，在直流电路中已经作了介绍，下面重点介绍电容元件、电感元件。

一、电容元件

1. 电容器

电容器是由两片离得很近而又相互绝缘的金属片（称极板）构成，实际的电容器都是在两片金属极板之间夹上不同的绝缘介质制成，其结构如图3—32所示。

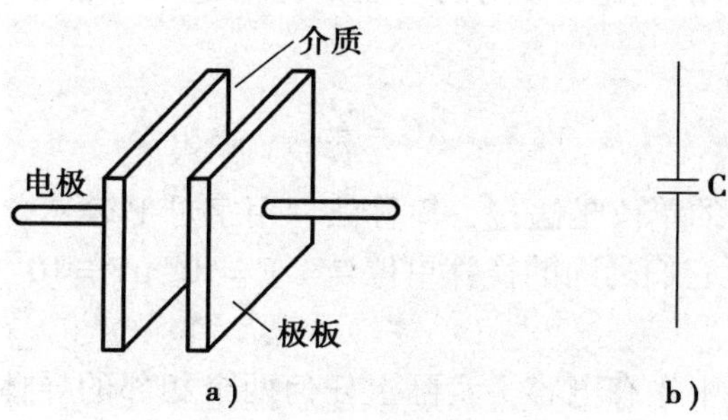

图3—32　电容器及其符号
a）结构示意图　b）一般符号

在电容器的两个极板上加上电压，两个极板上会分别聚集起异性电荷，在两个极板之间的介质中建立起电场，于是电容器就储存有一定的电量和相应的电场能量，这一过程称为电容的充电。充电后的电容器，断开电源后，电荷仍存在于极板上，电场也继续存在，所以也可以将电容器理解为储存电荷的容器。如果在电源移走后，电容器两极板之间另有通路存在，则两极板上正负电荷就会经其通路而中和，其电场逐渐减弱直至为零，这一过程称为电容的放电。如图 3—33 所示为常用电容器的外形。

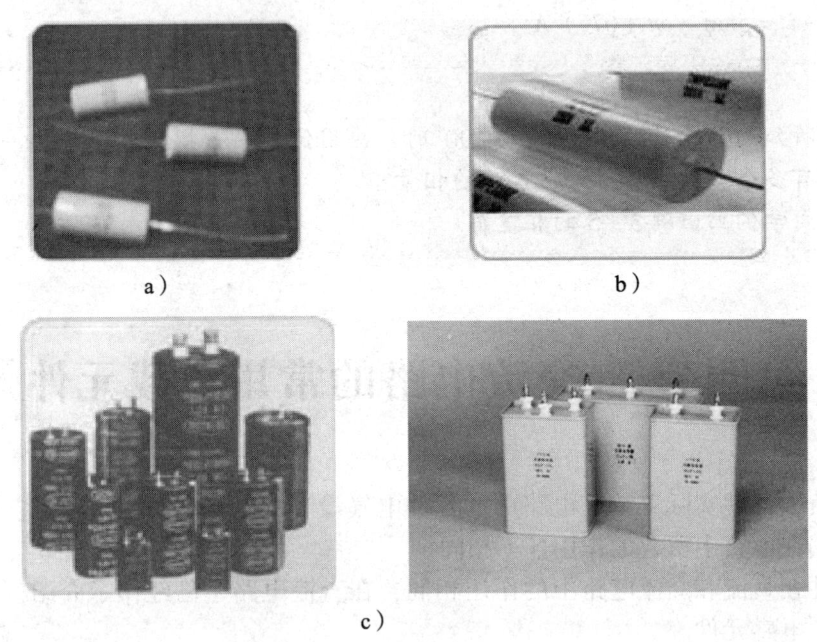

a）　　b）

c）

图 3—33　常用电容器外形

a）固定电容器　b）有机薄膜电容器　c）电解电容器

2. 电容

电容器是一个储能元件，可以储存电荷。实验证明，对于某一电容器来说，当它的介质、几何尺寸确定之后，加在电容器两块极板上的电压越高，极板上储存的电荷就越多。电容器任一极板上的带电量与两极板间的电压的比值是一个常数。这一比值称为电容量，简称电容，用 C 表示。即：

$$C=\frac{Q}{U}$$

在国际单位中，电容的单位是法拉，简称法，用字母 F 表示，常用的较小的单位有微法（μF）和皮法（pF），它们之间的换算单位是 $1\ \mathrm{F}=10^{6}\ \mu\mathrm{F}=10^{12}\ \mathrm{pF}$。电容量是衡量电容器储存电荷本领的物理量。

并不只是成品电容器中才有电容，实际上任何两个相邻的导体间都存在着电容。输电线之间、输电线与大地之间、晶体管各电极之间都存在着电容。这种电容叫作分布电容或寄生电容。虽然它的数值比较小，但有时却可能对线路和设备造成有害的影响。

3. 电容器的主要性能参数

电容器的性能参数主要有标称容量、额定工作电压、绝缘电阻和电容器的损耗等。

（1）标称容量

电容器的电容一般均按国标《电阻器和电容器优先数系》（GB/T 2471—1995）标明标称容量。容量一般在电容器的外壳上标明。

（2）额定工作电压

习惯上称为“耐压”，是指电容器长时间安全工作所能承受的最大电压，一般直接标注在电容器外壳上。

（3）绝缘电阻

电容器的绝缘电阻表示电容器的漏电性能，它在数值上等于加在电容器端的电压除以漏电流。品质优良的电容器绝缘电阻很高，一般都在兆欧级以上，因此电容器的绝缘电阻一般都用 MΩ 表示。

（4）电容器的损耗

电容器在电场作用下，单位时间内因发热而消耗的能量称为电容器的损耗。此损耗主要是在交变电压作用下，介质反复极化引起的能量损耗。损耗与介质的种类和外施电压的频率有关。

二、电感性元件

电感性元件就是由导线绕制而成的具有电磁感应的线圈，其工作原理本章第一节已介绍。在交流电路中电感性元件即电感线圈如图 3—34 所示，一般情况下绕制线圈的导线本身电阻很小可以看作是理想的电感元件；但建筑设备中电感线圈如变压器中的铁芯线圈、荧光灯中的镇流器线圈、电动机中的线圈等都是实际的电感性元件，其本身电阻是不能忽略的，所以实际交流电路中的电感性元件除了有电磁感应的作用外，还会因为其本身电阻的存在会导致设备发热。

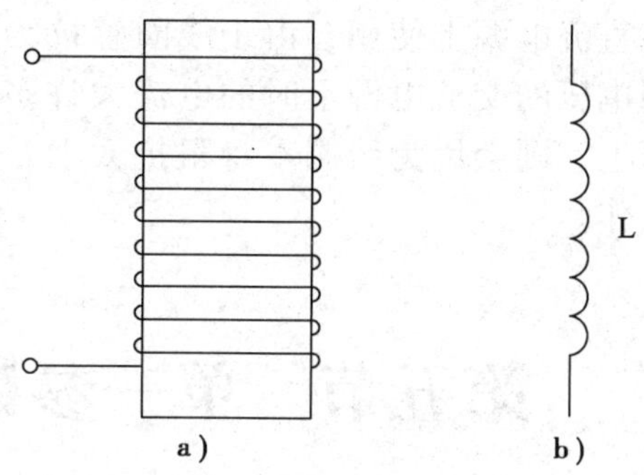

图 3—34　电感线圈及其符号
a）电感线圈的结构　b）符号

知识链接

电　磁　铁

实际应用的电磁铁一般由励磁线圈、铁芯、衔铁三个主要部分组成。电磁铁按励磁电流性质的不同，分为直流电磁铁和交流电磁铁；按用途的不同，又可分为起重电磁铁、控制电磁铁和电磁吸盘等（图 3—35）。

直流电磁铁和交流电磁铁的主要区别见表 3—2。

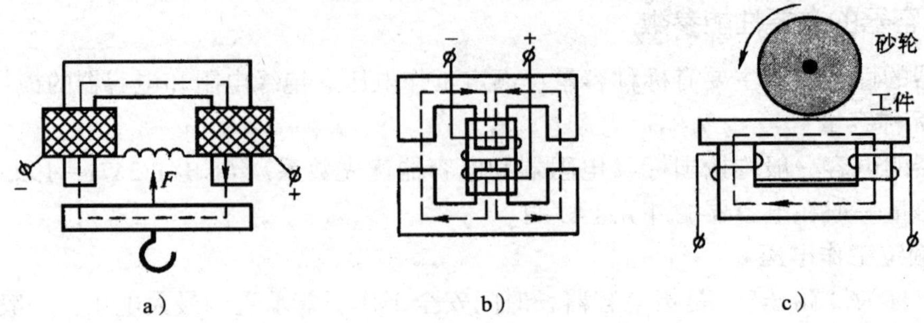

图 3—35　几种形式的电磁铁

a）起重电磁铁　b）控制电磁铁　c）平面磨床吸盘

表 3—2　　直流电磁铁和交流电磁铁的主要区别

	直流电磁铁	交流电磁铁
空气隙对励磁电流的影响	励磁电流恒定不变，与空气隙无关	励磁电流随空气隙的增大而增大
磁滞损耗和涡流损耗	无	有
吸力	恒定不变	脉动变化
铁芯结构	由整块铸钢或工程纯铁制成	由多层彼此绝缘的硅钢片叠成

即使是额定电压相同的交、直流电磁铁，也绝不能互换使用。若将交流电磁铁接在直流电源上使用，由于线圈感抗为零，只有很小的电阻，因此励磁电流要比接在相同电压的交流电源上时的电流大许多倍，从而烧坏线圈。若将直流电磁铁接在交流电源上，则会因为线圈本身阻抗太大，使励磁电流过小而吸力不足，致使衔铁不能正常工作。

第五节　单一参数作用下的正弦交流电路

在实际电路中，电阻、电感、电容三个参数往往同时存在，大多数负载都是由电阻和电感元件组成。为了更好地掌握交流电的运行规律及其计算方法，首先讨论单一参数的正弦交流电路中各电量的关系，然后再循序渐进，由浅入深地分析多参数的电路。

一、纯电阻电路

接在交流电路中的负载，如果对外只呈现纯电阻的特性，则该交流电路都可以看成是纯电阻电路。如在日常生活中常见的白炽灯、电炉、电烙铁等。纯电阻电路图如图 3—36 所示。

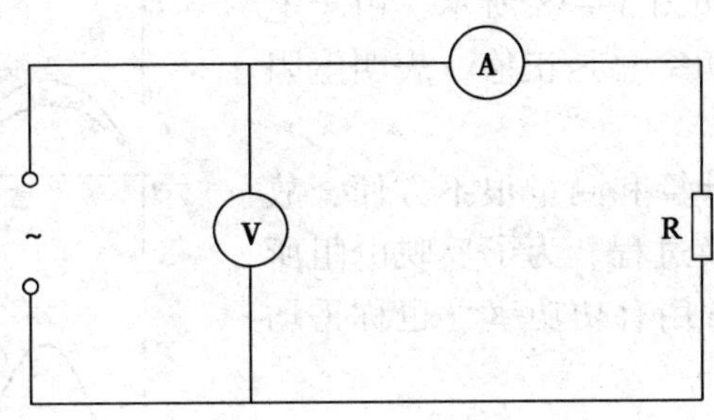

图 3—36 纯电阻电路图

1. 电压与电流的关系

设加在电阻 R 上的正弦交流电压瞬时值为 $u_R = U_{Rm}\sin\omega t$，则通过该电阻的电流瞬时值为：

$$i = \frac{u_R}{R} = \frac{U_{Rm}\sin\omega t}{R} = I_m\sin\omega t$$

可见在纯电阻电路中，电阻与电压、电流的瞬时值之间的关系仍符合欧姆定律。电流 i 和电压 u_R 是同频率、同相位的正弦量。它们的相量图如图 3—37 所示。

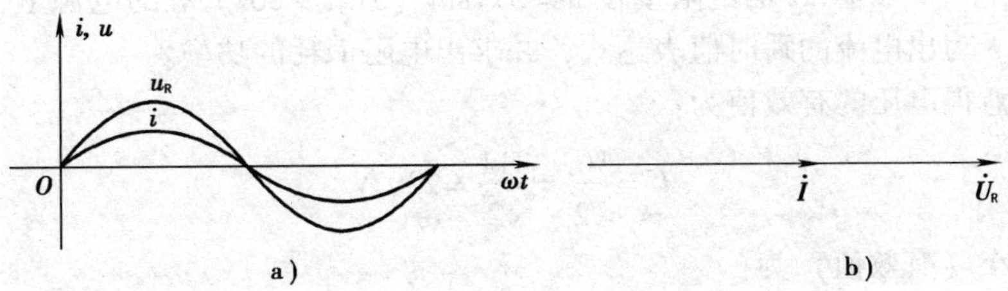

图 3—37 纯电阻电路电压与电流波形图和相量图

在上式中 $I_m = \frac{U_{Rm}}{R}$ 是正弦交流电流的最大值。如果把等式两边同时除以 $\sqrt{2}$，则得：

$$I = \frac{U_R}{R} \text{或} \ U_R = IR$$

这说明在纯电阻正弦交流电路中，电流、电压的瞬时值、最大值及有效值与电阻 R 之间的关系均符合欧姆定律。

2. 电路的功率

在交流电路中，电压和电流是不断变化的，我们把电压瞬时值 u 和电流瞬时值 i 的乘积称为瞬时功率。用小写字母 p 表示，即：

$$p = ui$$

所以，纯电阻正弦交流电路的瞬时功率为：

$$p_R = u_R \cdot i$$

瞬时功率的变化曲线如图 3—38 所示，由于电流与电压同相，所以瞬时功率总是正值，表明电阻总是在消耗功率。

瞬时功率是变化的，计算和测量很不方便，故一般只用于分析能量的转换过程。为了反映电阻所消耗功率的大小，工程上常用有功功率（也称平均功率）表示。

所谓有功功率就是瞬时功率在一个周期内的平均值，用 P 表示，单位是瓦特（W）。

$$P = U_R I$$

或 $P = I^2 R = \dfrac{U_R^2}{R}$

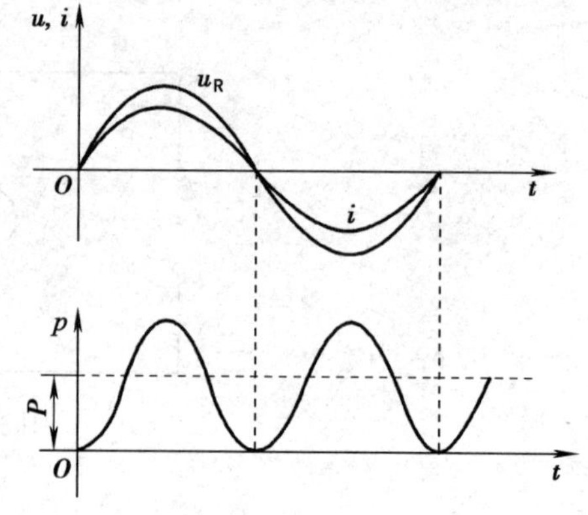

图 3—38　纯电阻电路功率波形图

提示

通常所说的电气设备的功率，例如 40 W 灯泡，75 W 的电烙铁等，都是指有功功率。

【例 3—6】　一个 44 Ω 的电阻接在 $u = 311\sin(314t + 60°)$ V 的电源上，求通过该电阻的电流大小。写出电流的瞬时值表达式，并求出电阻消耗的功率。

解：由题意得电压的有效值为：

$$U = \frac{U_m}{\sqrt{2}} = \frac{311}{\sqrt{2}} = 220 \text{ V}$$

电流的大小（有效值）为：

$$I = \frac{U}{R} = \frac{220}{44} = 5 \text{ A}$$

电流的瞬时值表达式为：

$$i = 5\sqrt{2}\sin(314t + 60°) \text{ A}$$

电阻消耗的有功功率为：

$$P = UI = 220 \times 5 = 1\ 100 \text{ W}$$

二、纯电感电路

在实际的电气工程中，电感元件的应用很广泛，如变压器的绕组、电动机的绕组等都是实际的电感元件。若忽略绕组导线的电阻，就可将该绕组抽象为一个没有电阻的纯电感元件。纯电感电路就是只包含纯电感元件的电路，如图 3—39 所示。

1. 感抗的概念

电磁线圈通以交流电流后，由于是交变电流，会产生自感电动势，自感电动势产生的感

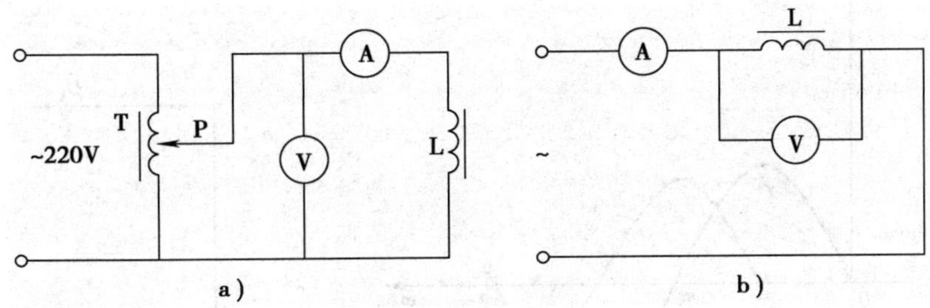

图 3—39　纯电感电路图

应电流总是阻碍原有电流的变化，因此将线圈具有对电流的阻碍作用称为感抗，它是反映电感线圈对交流电流阻碍作用大小的物理量。

感抗用 X_L 表示，单位也是 Ω，其值为：

$$X_L = \omega L = 2\pi f L$$

式中　ω——角频率，rad/s；

L——自感系数，H；

f——电源频率，Hz。

从上式可看出，感抗与频率成正比。

电感线圈具有“通直流，阻交流”，“通低频，阻高频”的特点，用于“通直流，阻交流”的电感线圈叫作低频扼流圈，用于“通低频，阻高频”的电感线圈叫作高频扼流圈。

2．电压与电流的关系

我们通过下面两个实验来说明电压与电流的关系。如图 3—39a 所示实验电路图，其中 T 是调节变压器，用它连续改变输出电压。随着滑动触头 P 位置的改变，电感线圈两端的电压和通过电感线圈的电流也都发生改变。通过对实验数据的分析，可以得出纯电感电路中，电压与电流的关系为：

$$I = \frac{U_L}{X_L}$$

如图 3—39b 所示实验电路中，当给电路通以低频交流电时，可以看到电压表和电流表指针摆动的步调是不相同的。这说明，电感线圈两端的电压和通过电感的电流不是同相位。

通过精确的实验可以证明：在纯电感电路中电感线圈两端的电压的相位超前电流相位 90°，电压、电流的波形图和相量图如图 3—40 所示。

3．电路的功率

纯电感电路中瞬时功率为：

$$p = ui$$

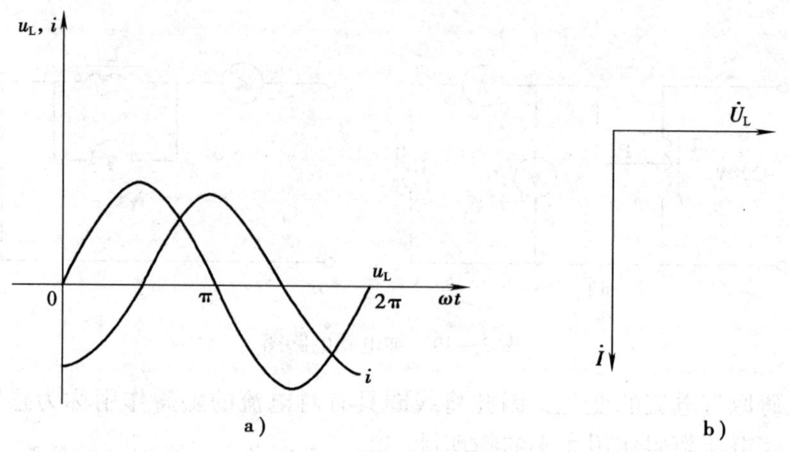

图 3—40　纯电感电路电压与电流波形图和相量图

如图 3—41 所示，纯电感电路的瞬时功率 p 也是按正弦规律变化的，从图中可以看出，在电流变化的一个周期内，瞬时功率变化两周，其频率为电流频率的 2 倍。瞬时功率为正说明纯电感吸收电能，为负说明纯电感释放电能，平均功率为零。也就是说在纯电感线圈中不消耗电能，只是在线圈和电源之间进行能量交换。我们用瞬时功率的最大值来反映这种能量交换的规模。称为无功功率，用 Q 表示，单位是乏（var）。

$$Q_L = U_L I = I^2 X_L = \frac{U_L^2}{X_L}$$

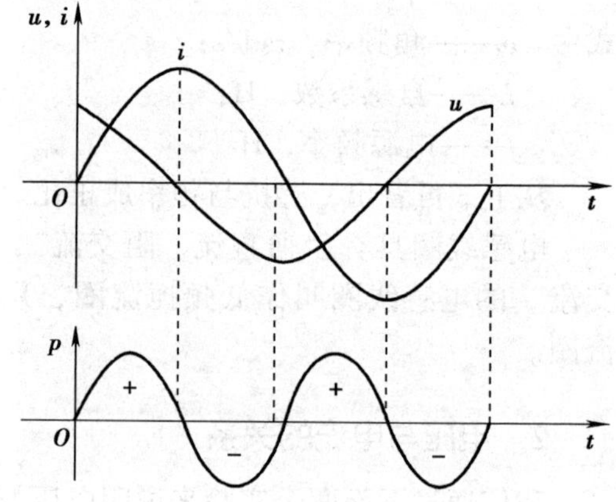

图 3—41　纯电感电路功率波形图

【例 3—7】　已知一电感线圈的感抗是 64 mH，将其接在电压 $u = 50\sqrt{2}\sin(314t + 65°)$ V 的电源两端，求电感线圈的感抗，电路中的电流和无功功率，并写出电流的瞬时值表达式。

解：感抗 $X_L = \omega L = 314 \times 0.064 \approx 20\ \Omega$

电路中的电流 $I = \frac{U_L}{X_L} = \frac{50}{20} = 2.5$ A

电流的瞬时值表达式 $i = 2.5\sqrt{2}\sin(314t - 25°)$ A

电路的无功功率 $Q_L = U_L I = 50 \times 2.5 = 125$ var

三、纯电容电路

在实际的交流电路中，电容的应用也很广泛，如电气工程中的电力电容器，可以调节电网的功率因数。实际的电容器极板的引线等所带来的电阻很小，像这样电阻可以忽略的电容称纯电容元件，只包含纯电容元件的电路称纯电容电路，如图 3—42 所示。

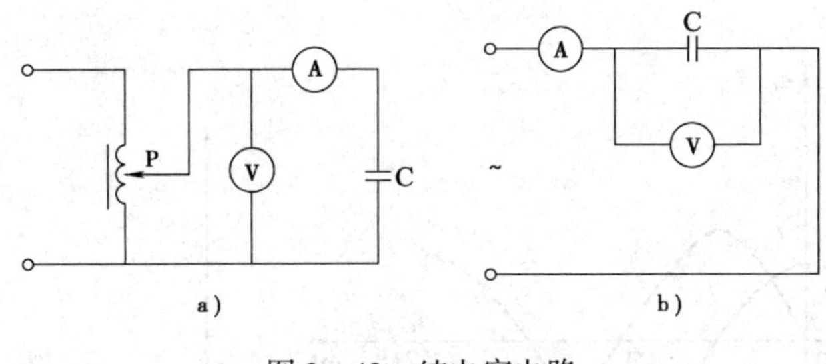

图 3—42　纯电容电路

1. 容抗的概念

通过如图 3—42b 电路的实验得知，把电容器接到直流电源时，电容器将被充电，当充电完毕后，电路中没有电流；但是，把电容器接到正弦交流电路中，由于电流方向不断变化，所以电容器不断被充放电，电路中有电流通过，这就是电容器隔直通交的作用。

通过实验还可以看出，将容量不同的电容器接入交流电路中，电流的变化也不相同，说明电容器对电流有阻碍作用，称为容抗，它是反映电容器对电流的阻碍作用大小的物量。用 X_C 表示，单位也是 Ω，其值为：

$$X_C = \frac{1}{\omega C} = \frac{1}{2\pi f C}$$

式中　X_C——容抗，Ω；

　　　C——电容，F。

从上式可看出，容抗与频率成反比，它具有“隔直流，通交流”，“阻低频，通高频”的特点。电容器在不同电路中的作用不同，在直流电路中可作隔直电容器，在交流电路中可作为滤波和旁路电容器。

2. 电压与电流的关系

通过下面两个实验来说明电压与电流的关系。如图 3—42a 所示实验电路图。当改变滑动触头 P 的位置时，电容器两端电压和流过电路中的电流都会发生变化。

纯电容电路中，电压与电流的关系为：

$$I = \frac{U_C}{X_C}$$

如图 3—41b 所示的实验电路中，当给电路通以低频交流电时，可以看到，电压表和电流表指针摆动的步调是不相同的，这说明，电容器两端的电压和通过电容器的电流不是同相位。通过实验可以证明：在纯电容电路中，电容器两端电压的相位滞后电流相位 90°。电压电流的波形图和向量图如图 3—43 所示。

3. 电路的功率

纯电容电路中瞬时功率为：

$$p = ui$$

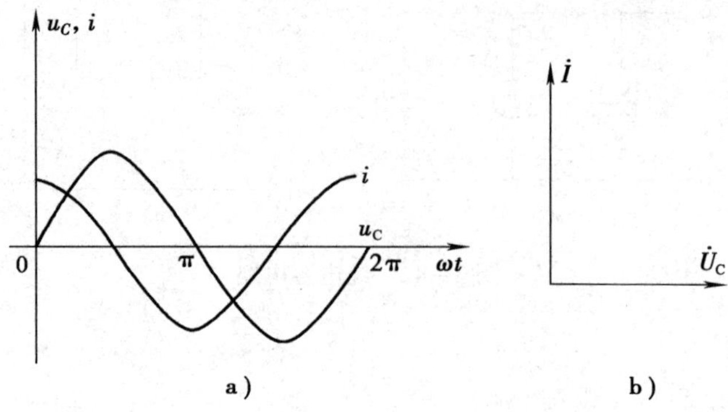

图 3—43　纯电容电路电压与电流波形图和相量图

纯电容电路中的瞬时功率 p 波形图如图3—44所示。

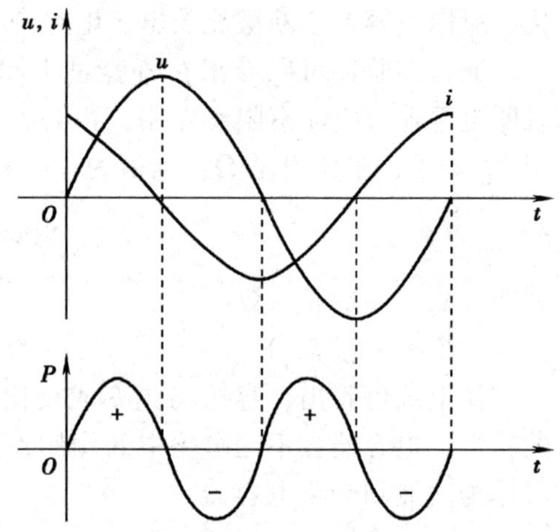

图 3—44　纯电容电路功率波形图

从图 3—44 中可以看出，在电流变化的一个周期内，瞬时功率变化两周，其频率为电流频率的两倍。瞬时功率为正说明纯电容吸收电能，为负说明纯电容释放电能，平均功率为零。也就是说在纯电容中不消耗电能，平均功率为零。只是在电容器和电源之间进行能量交换。同样用无功功率来反映电容元件与电源之间这种能量交换的规模。用 Q 表示，单位是 Var。即：

$$Q_C = U_C I = I^2 X_C = \frac{U_C^2}{X_C}$$

【例 3—8】　已知一电容器的容量为 127 μF，接在电压 $u = 220\sqrt{2}\sin(314t + 20°)$ V 的电源两端，求电容器的容抗大小。电路中的电流和无功功率，并写出电流的瞬时值表达式。

解：电容器的容抗：

$$X_C = \frac{1}{\omega C} = \frac{1}{314 \times 127 \times 10^{-6}} \approx 25\ \Omega$$

电路中的电流：

$$I = \frac{U}{X_C} = \frac{220}{25} = 8.8\ \text{A}$$

电流的瞬时值表达式：

$$i = 8.8\sqrt{2}\sin(314t + 110°)\ \text{A}$$

电路的无功功率：

$$Q_C = U_C I = 220 \times 8.8 = 1\ 936\ \text{var} = 1.936\ \text{kvar}$$

提示

无功功率反映的是储能元件与外界能量交换的规模。“无功”的含义是“交换”，这是相对“有功”的“消耗”而言的。“无功”并非“无用”。实际上电动机，变压器等设备都是根据电磁转换原理，利用无功功率而工作的。

想一想

电感线圈和电容器都是储能元件，它们分别储存的是什么能?

三个单一参数分别接在交流电路下的比较见表3—3。

表3—3　　三个单一参数分别接在交流电路下的比较

	电路中电压与电流的数量关系	电路中电压与电流的相位关系	电路中的功率
纯电阻电路	符合欧姆定律 $I=\frac{U_R}{R}$	电压与电流同相，相量图为： $\dot{I}$ $\dot{U}$	电路中产生有功功率 $P=U_RI=I^2R=\frac{U_R^2}{R}$ 单位是W
纯电感电路	$I=\frac{U_L}{X_L}$ 其中 $X_L=\omega L=2\pi fL$ 称为感抗，单位是Ω	电压超前电流$\frac{\pi}{2}$，相量图为： $\dot{U}_L$ $\dot{I}$	电路中产生无功功率 $Q_L=U_LI=I^2X_L=\frac{U_L^2}{X_L}$ 单位是var
纯电容电路	$I=\frac{U_C}{X_C}$ 其中 $X_C=\frac{1}{\omega C}=\frac{1}{2\pi fC}$ 称为容抗，单位是Ω	电压滞后电流$\frac{\pi}{2}$，相量图为： $\dot{I}$ $\dot{U}_C$	电路中产生无功功率 $Q_C=U_CI=I^2X_C=\frac{U_C}{X_C}$ 单位是var

第六节　电阻、电感串联电路

前面提到，在实际的电路中，大多数负载都是由电阻电感和电容组合构成。例如，带有镇流器的日光灯、变压器、电动机等都可以看成是电阻与电感的串联电路。如图3—45a所示就是一个简单的只含有电阻和电感两个元件的串联电路，下面分析各电量之间的关系。

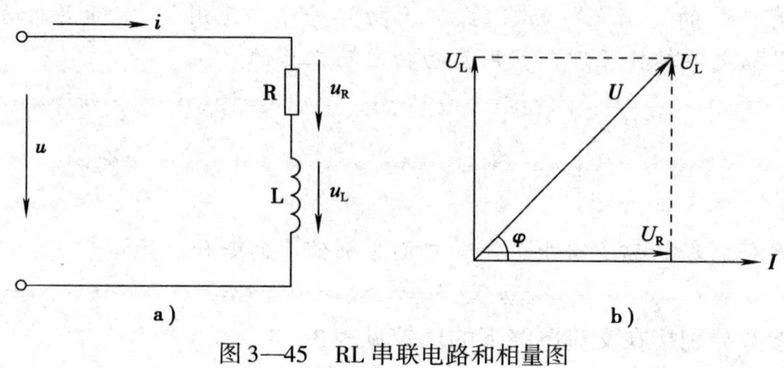

图3—45 RL串联电路和相量图

一、电压、电流的关系

在图3—45a中，因为串联电路中通过各元件的电流相同，所以可取交流电流为参考量，设电流为

$$i=\sqrt{2}I\sin\omega t$$

则电阻两端的电压为：

$$u_R=\sqrt{2}U_R\sin\omega t$$

电感线圈两端的电压为：

$$u_L=\sqrt{2}U_L\sin\left(\omega t+\frac{\pi}{2}\right)$$

为方便计算，我们采用相量图法进行分析，将电压 U_R 和 U_L 分别用$\dot{U}_R$和$\dot{U}_L$相量表示，其相量图如图3—45b 所示，总电压向量：

$$\dot{U}=\dot{U}_R+\dot{U}_L$$

总电压与电阻电压、电感电压的大小关系为：

$$U=\sqrt{U_R^2+U_L^2}=\sqrt{(IR)^2+(LX_L)^2}=I\sqrt{(R+X_L)^2}$$

总电压在相位上比总电流超前一个相位角 φ，

$$\varphi=\arctan\frac{U_L}{U_R}=\arctan\frac{X_L}{R}$$

二、*RL* 串联电路的阻抗

$$Z=\sqrt{R^2+X_L^2}$$

Z 称为 *RL* 串联电路的阻抗，它表示电阻和电感串联电路对交流电流的阻碍作用，阻抗

的单位也是欧姆（Ω）。则：

$$I=\frac{U}{\sqrt{R^2+X_L^2}}=\frac{U}{Z}$$

阻抗 Z 取决于电路的参数 R、L 和电源频率 f 的值，与总电压和总电流的大小无关。电阻 R、电感 X_L 和阻抗 Z 也可以组成一个直角三角形，称阻抗三角形。如图 3—46a 所示。阻抗三角形和功率三角形是相似关系。总电压与总电流的相位差 φ 角也称为阻抗角，其大小由 R、L 两元件的参数所决定。

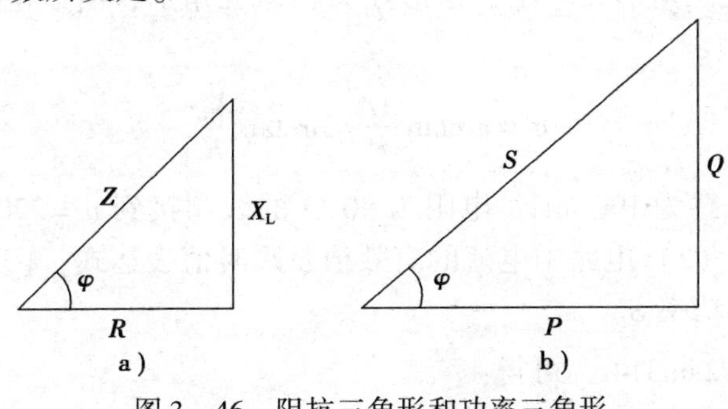

图 3—46　阻抗三角形和功率三角形

a）阻抗三角形　b）功率三角形

三、电路的功率

在 RL 串联电路中，既有耗能元件 R，也有储存磁场能量的元件 L，因此电路中既有能量的消耗（有功功率），也有能量的转换（无功功率）。

1. 有功功率

图 3—45 中的有功功率等于电阻消耗的功率，即：

$$P=U_RI=I^2R=UI\cos\varphi$$

电阻、电感串联电路中，有功功率的大小不仅取决于电压 U 和电流 I 的乘积，还与阻抗角的余弦 $\cos\varphi$ 的大小有关。当电流供给同样大小的电压和电流时，$\cos\varphi$ 大，有功功率大；$\cos\varphi$ 小，有功功率就小。

2. 无功功率

RL 串联电路中储能元件为电感，其本身不消耗功率，但是与电源之间存在能量的交换，这种能量交换的规模就是无功功率，即：

$$Q=U_LI=I^2X_L=UI\sin\varphi$$

3. 视在功率

总电压和总电流的有效值乘积，我们称为视在功率，它表示电流输出的功率，用 S 表示，即：

$$S = UI$$

视在功率的单位为伏安（V·A）或千伏安（kV·A）。

视在功率是指电源发出的功率，电源向负载提供的视在功率可以分成两部分：一部分为有功功率，另一部分为无功功率。三者的关系也可以用一个直角三角形表示，如图3—46b所示，即：

$$S = \sqrt{P^2 + Q^2}$$

功率三角形、阻抗三角形和电压三角形互为相似三角形，所以电源电压和电流的相位差为：

$$\varphi = \arctan \frac{Q}{P} = \arctan \frac{X_L}{R}$$

【例3—9】 将电感为190 mH，电阻为80 Ω的线圈接到$u = 220\sqrt{2}\sin 314t$ V电源上。求：(1) 线圈的阻抗；(2) 电路中电流的有效值及瞬时值表达式；(3) 电路中的有功功率P、无功功率Q和视在功率S。

解： 根据$u = 220\sqrt{2}\sin 314t$，可得：

$$U = 220\ \text{V},\ U_m = 220\sqrt{2}\ \text{V},\ \omega = 314\ \text{rad/s}$$

(1) 线圈的感抗为：

$$X_L = \omega L = 314 \times 190 \times 10^{-3} \approx 60\ \Omega$$

电路的阻抗为：

$$Z = \sqrt{R^2 + X_L^2} = \sqrt{80^2 + 60^2} = 100\ \Omega$$

(2) 电路中电流的有效值为：

$$I = \frac{U}{Z} = \frac{220}{100} = 2.2\ \text{A}$$

阻抗角为：

$$\varphi = \arctan \frac{X_L}{R} = \arctan \frac{60}{80} \approx 37°$$

电路中电流的瞬时值表达式为：

$$i = 2.2\sqrt{2}\sin(314t - 37°)\ \text{A}$$

(3) 电路中的有功功率为：

$$P = UI\cos\varphi = 220 \times 2.2 \times \cos 37° = 387.2\ \text{W}$$

电路中的无功功率为：

$$Q = UI\sin\varphi = 220 \times 2.2 \times \sin 37° = 290.4\ \text{var}$$

电路中的视在功率为：

$$S = UI = 220 \times 2.2 = 484\ \text{V·A}$$

想一想

电压三角形、阻抗三角形及功率三角形间有什么区别和联系？

提示

在 RL 串联电流中，由于阻抗角 $\varphi>0$，电压超前电流 φ 角，电流呈电感性，也称为感性电路。

复习思考题

1. 磁体间作用力的规律是什么？

2. 根据相对磁导率的大小将自然界中物质分为哪三类？

3. 磁路欧姆定律的内容是什么？

4. 两条相距较近且相互平行的直导线，当通以相同方向的电流时，它们相互吸引还是排斥。

5. 什么是电磁感应？

6. 什么叫自感系数，其单位是什么？

7. 两个线圈互感电动势的大小与哪些因素有关？

8. 正弦交流电的三要素是什么？

9. 交流电的相位差实际上反映了什么？

10. 什么叫分布电容？电容器的电容量大小与哪些因素有关？

11. 纯电阻电路有哪些特点？

12. 电感线圈的感抗的大小由哪些因素决定？纯电感线圈对直流电流有阻碍作用吗？

13. 如果交流电磁铁的衔铁在吸合过程中被卡住，会出现什么现象？为什么？应采取什么措施？

第四章　三相交流电路

学习目标

1. 低压供电系统中三相电源及三相负载的连接方式；
2. 低压供电系统的配电方式及负荷等级；
3. 功率因数补偿的方法。

第一节　三相交流电源

一、概述

前面学习了单相交流电的知识，在工程上，大多数建筑设备使用的却是三相电源，个别需要用单相电源供电的设备，也是取三相电源中的一相，如日常生活中用的照明设备。而电能的生产和输送，也采用三相电源，这是因为与单相电源相比，三相电源有以下的优点。

1. 从电能的生产上比较，相同尺寸的三相发电机比单相发电机输出的功率更大，使用维护更方便。

2. 从电能的输送上比较，同样条件下输送相同的功率，特别是远距离输电时，三相输电线路比单相输电线路节约25%左右的材料。

3. 从电能的使用上比较，三相交流电动机比尺寸相同的单相交流电动机输出的功率大，振动小，使用性能更优越。

所以三相电源的应用十分广泛。上一章所学习的单相交流电源也是从三相交流电源中获得的。

二、三相电源的产生

三相电源产生的原理与单相电源相似，只是三相电源由三相交流发电机产生。如图4—1a

所示是一台最简单的三相交流发电机的示意图，它由定子和转子组成。

定子中嵌有三个完全相同的绕组，各绕组的始端分别用 U1、V1、W1 表示，末端用 U2、V2、W2 表示，三个绕组在空间位置上彼此相隔 120°。

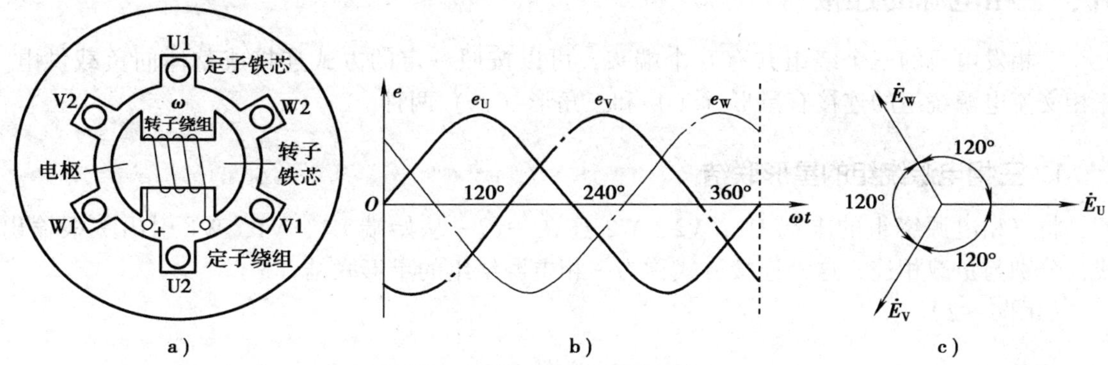

图 4—1　三相交流电源的产生

a）三相交流发电机示意图　b）三相对称电动势的波形图　c）相量图

转子是具有一对磁极的电磁铁。其磁极所产生的磁场按正弦规律分布。转子铁芯上绕有电磁绕组，当转子由电动机带动按逆时针方向匀速转动时，则每相绕组依次切割磁感线，根据电磁感应原理，感应出频率相同，幅值相等，相位互差 120°的三相正弦交流电动势 e_U，e_V，e_W，我们称这样三相电动势为三相对称电动势。

三、三相电源的表示方法

若以 U 相的电动势为参考正弦量，可得到三相对称电动势的瞬时值表达式：

$$e_U = E_m \sin\omega t$$

$$e_V = E_m \sin(\omega t - 120°)$$

$$e_W = E_m \sin(\omega t - 240°) = E_m \sin(\omega t + 120°)$$

三相对称电动势的波形图和相量图分别如图 4—1b、图 4—1c 所示。

四、相序

三相对称电动势达到正的最大值（或零值）的先后次序叫作相序，如在图 4—1b 中，U 相达到最大值先于 V 相 120°，V 相先于 W 相 120°。把达到最大值的先后顺序为 U－V－W－U 的相序称为正序，而将达到最大值的先后顺序为 V－U－W－V 的相序称为负序或者逆序，工程上一般采用的是正序。

混凝土搅拌机是常见的建筑设备。搅拌机在进行混凝土搅拌和吐料时转动的方向是不同的，搅拌时电动机是正转，向外吐料时电动机是反转。可以通过改变混凝土搅拌机电源的相序来实现同一台电动机的正、反转的控制。

从图 4—1c 的相量图中可以看出，对称三相电动势的和等于零，即：

$$\sum \dot{E} = \dot{E}_U + \dot{E}_V + \dot{E}_W = 0$$

五、三相电源的连接

三相发电机的三个绕组共有 6 个端头，可以按照一定的方式连接成整体向负载供电。三相交流电源绕组的连接有星形（Y）和三角形（△）两种。

1. 三相电源绕组的星形联结

将三相电源绕组的末端 U2，V2，W2 连在一起，从始端 U1，V1，W1 引出三根输出线，分别与负载相连，这种连接方式称为三相电源绕组的星形联结（Y）。

如图 4—2 所示。

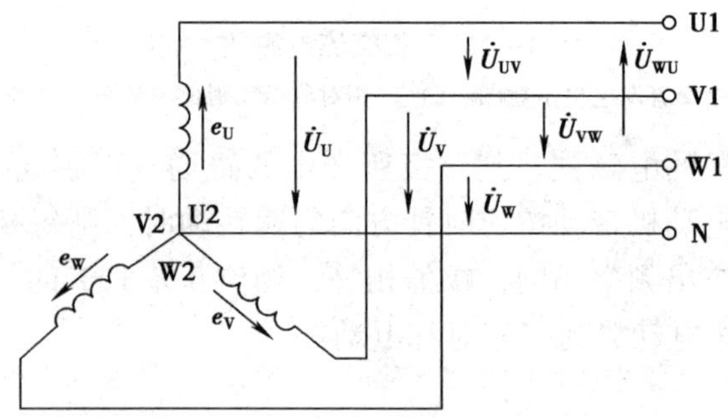

图 4—2　三相电源绕组的星形联结

在图 4—2 中从始端 U1，V1，W1 引出的三根线称为相线或火线，末端连接成的一点称为中性点，简称中点；从中性点引出的一根线称中性线，简称中线，用 N 表示。在低压供电系统中，由于中性点直接接地，故把中性点称为零点，所以把中性线称为零线。

在工程中，U，V，W 三相分别用黄、绿、红颜色表示。

在图 4—2 中，由三根相线和一根中线构成的供电系统称为三相四线制供电系统，通常多在低压配电中采用；不引出中线仅由三根相线所组成的输电方式称为三相三线制，通常多在中、高压输配电中采用。

由图 4—2 可以看出，三相四线制电源可以提供两种电压：相电压和线电压。

每相绕组两端的电压称为电源的相电压（即相线与中性线间的电压），分别用 U_U，U_V，U_W 表示。相电压的参考方向规定为始端指向末端。由于三相电动势 e_U，e_V，e_W 是对称的，所以三相的相电压也是对称的，所以相电压也可表示为：

$$U_U = E_m \sin\omega t$$

$$U_V = E_m \sin(\omega t - 120°)$$

$$U_W = E_m \sin(\omega t + 120°)$$

把相线与相线之间的电压称为线电压，分别用 U_{UV}、U_{VW}、U_{WU} 表示。规定线电压的参考方向是自 U 相指向 V 相，V 相指向 W 相，W 相指向 U 相。

根据基尔霍夫定律，可得线电压和相电压之间的关系：

$$\dot{U}_{UV}=\dot{U}_U-\dot{U}_V$$
$$\dot{U}_{VW}=\dot{U}_V-\dot{U}_W$$
$$\dot{U}_{WU}=\dot{U}_W-\dot{U}_U$$

线电压与相电压的相量图，如图4—3所示，从图中可以计算出：在数值上线电压为相电压的$\sqrt{3}$倍，相位上线电压超前相电压30°。又因为相电压是对称的，所以线电压也是对称的，即各线电压之间的相位差也都是120°。

如果用U_P表示相电压，U_L表示线电压，则：

$$U_L=\sqrt{3}U_P$$
$$\varphi_{L-P}=30°$$

2. 三相电源绕组的三角形联结

将一相电源绕组的末端与另一相绕组的始端依次相连，构成一个闭合的三角形，并从三个连接点引出三根输电导线，这种连接方式称三相电源的三角形（△）联结。如图4—4所示。

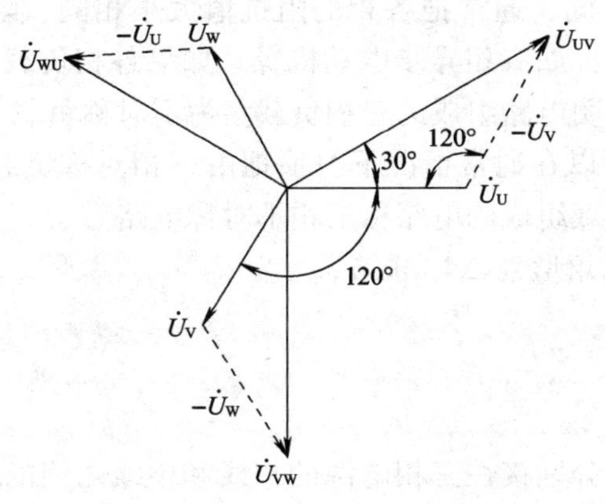

图4—3　线电压与相电压的相量图

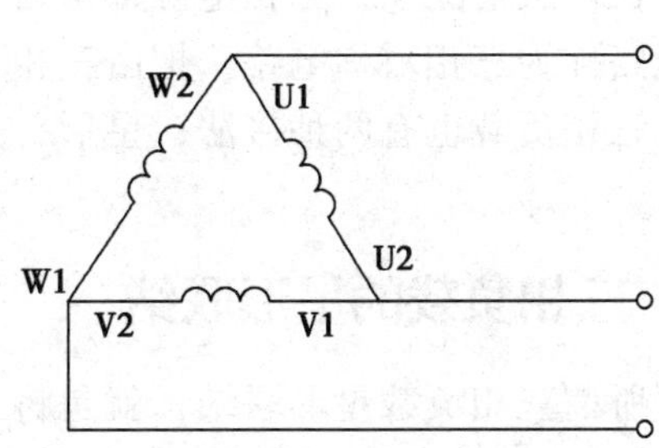

图4—4　三相对称电源的三角形联结

显然，从图中可以看出，三相电源作三角形联结时，线电压就是相电压，即：

$$U_L=U_P$$

如果三相电动势对称，则三角形联结中闭合回路的总电动势为零，即：

$$\sum\dot{E}=\dot{E}_U+\dot{E}_V+\dot{E}_W=0$$

当总电动势为零时，电源绕组内部不存在环流。但若是三相电动势不对称，则闭合回路的总电动势不为零，就会在闭合回路内产生环流。由于各相绕组本身的阻抗较小，产生的环流会使绕组过热，甚至烧毁。

提示

在实际应用中，三相交流发电机绕组一般不采用三角形联结而采用星形联结。而三相变压器绕组两种接法都有，但在连接前必须检查三相绕组的对称性及接线顺序。

想一想

如果采用三角形联结的发电机绕组，请用相量图分析，如果有一相绕组接反了，后果会如何？

第二节　三 相 负 载

习惯上，把用电设备统称为负载，接在三相交流电路中的负载一般分为两类：一类是单相用电设备，如在日常生活中常见的各种照明器具、电视机、空调等，称为单相负载，这类负载接在相电压下工作；另一类是三相用电设备，如三相交流异步电动机，大功率三相电炉等，称为三相负载，这类负载需接在线电压下工作。

三相电路中的三相负载可能相同也可能不同，通常把各相的阻抗值大小相同、阻抗角相等、性质相同的三相负载称为三相对称负载，如三相异步电动机等。如果各相负载不同，就称作三相不对称负载，例如，由三个单相照明电路组成的三相负载多为不对称负载。

在一般情况下，三相电源都是对称的，所以在通常情况下习惯把由三相对称负载组成的电路称为三相对称电路，把由三相不对称负载组成的电路称三相不对称电路。

三相负载也有两种接法，星形（Y）和三角形（△）联结。

一、三相负载的星形联结

所谓三相负载星形联结，就是将三相负载分别接在三相电源的相线和中线之间的接法。如图 4—5 所示。从图 4—5 中可以看出，若忽略输电线上的电压，各相负载的相电压就等于电源的相电压。即：

$$U_{PY} = U_P = \frac{U_L}{\sqrt{3}}$$

式中　U_{PY}——负载作星形联结时的相电压，V。

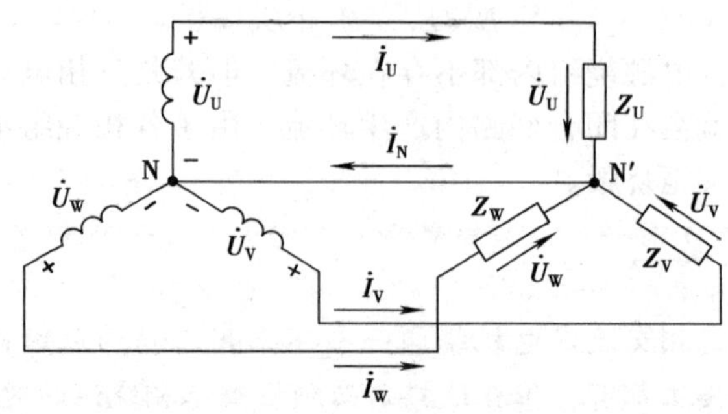

图 4—5　三相负载的星形联结

当接上负载时，电路中就会有电流产生，把流过相线的电流称为线电流，统一用 I_{LY} 表示，流过负载的电流称为相电流，统一用 I_{PY} 表示，I_N 为流经中线的电流，称中性线电流。从图 4—5 中可以看出，当三相对称负载作星形联结时，线电流就等于相电流，即：

$$I_{LY} = I_{PY}$$

电路中电流的参考方向如图 4—5 所示，根据基尔霍夫定律可得：

$$\dot{I}_N = \dot{I}_U + \dot{I}_V + \dot{I}_W$$

在对称三相电路中，由于电源三相负载都对称，所以中线电流为零，此时中线可以去掉，但是如果三相负载不对称，中线上就会有电流 I_N 通过，此时如果将中线去掉，会造成负载上三相电压不对称，从而使用电设备不能正常工作。

提示

在实际的应用中，常见的照明电路就是不对称负载，所以在照明电路中，一定要接中线。

下面通过一个例子来说明中线在三相不对称电路中的作用。

【例 4—1】　如图 4—6 所示三相四线制电路中接有三相不对称照明负载。已知 U 相上接有 5 个灯泡，V 相上接有 3 个灯泡，W 相上接有 2 个灯泡，每个灯泡的电阻均为 R，电源线电压 $U_L = 380$ V，相电压 $U_P = 220$ V，试分析：

（1）在有中线的情况下，当 V 相负载短路或开路时，其他两相灯泡所承受的电压是多少？

（2）在无中线的情况下，当 V 相负载短路或开路时，其他两相灯泡所承受的电压又是多少？

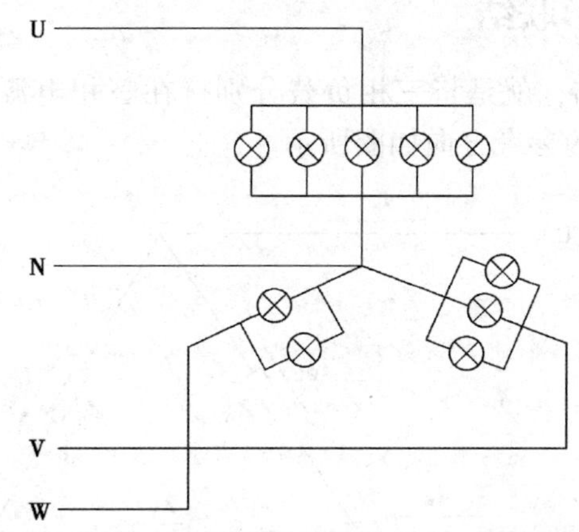

图 4—6　三相四线制电路中接三相不对称照明负载

解： 灯泡是并联连接在电路中，计算出各相灯泡总电阻为：$R_U = \frac{R}{5}$，$R_V = \frac{R}{3}$，$R_W = \frac{R}{2}$

（1）不对称负载有中线的情况下，每相电压成为一个独立的供电系统，灯泡承受的电压是电源的相电压，为 220 V，此时所有灯泡均能正常工作。

当 V 相负载短路（或开路）时，由于有中性线，所以其他两相的灯泡仍承受 220 V 的相电压，所以仍能正常工作。可见，在三相四线制供电系统中，一相发生故障并不影响其他两相的正常工作。

（2）不对称负载没有中线的情况下

1）当 V 相负载短路时，此时 U 相和 W 相灯泡承受的电压为 380 V 线电压，V 相和 W 相灯泡将烧毁。

2）当 V 相负载开路时，U 相和 W 相负载串联后接在 380 V 的线电压上，根据串联电路的分压作用，两相灯泡所承受的电压分别为：

U 相：$U_U = \frac{R_U}{R_U + R_W} U_L = \frac{2}{7} \times 380 \approx 108.6$ V

W 相：$U_W = \frac{R_W}{R_U + R_W} U_L = \frac{5}{7} \times 380 \approx 271.4$ V

从计算结果看出，U 相灯泡承受电压远低于其额定电压，不能正常发光，W 相灯泡承受电压远高于其额定电压，灯泡烧毁。故 U、W 相上的灯泡均不能正常工作。

可见当负载不对称时，若无中线，只要有一相电路发生故障，就会影响其他两相的正常工作。

提示

在三相四线制供电系统中，若三相负载不对称，中性线不可省略，其作用在于使不对称负载的相电压保持对称，为此，在中性线上不能装设熔断器和开关。

二、三相负载的三角形联结

三相负载的三角形联结，就是将三相负载分别接在三相电源的每两根相线之间，如图 4—7 所示，其电压、电流的参考方向如图所示。

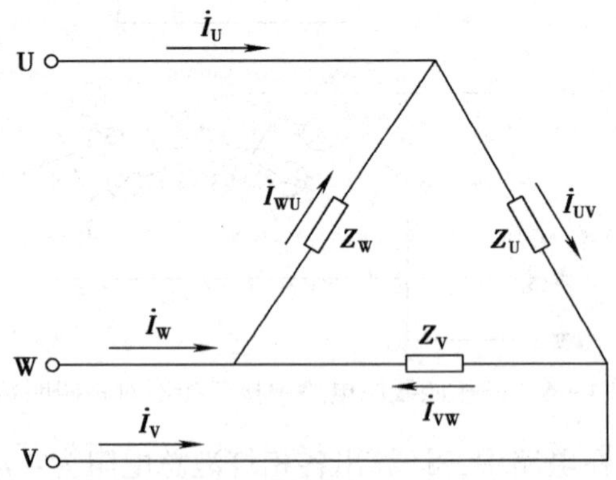

图 4—7　三相负载的三角形联结

从图中可以看出，忽略输电线上的电压降，三相负载三角形联结时负载在的相电压（即负载的额定电压）就是等于电路的线电压。即：

$$U_{P\triangle}=U_L$$

根据基尔霍夫定律，通过相量图求出，三角形联结的对称负载的线电流是相电流的$\sqrt{3}$倍，且在相位上滞后与之对应的相电流 30°。即：

$$I_{L\triangle}=\sqrt{3}I_{P\triangle}$$
$$\varphi I_{L\triangle}-\varphi I_{P\triangle}=-30°$$

【例 4—2】　有一三相对称负载，每相负载的电阻为 8 Ω，感抗为 6 Ω，试求：将负载分别连接成星形和三角形，接入线电压为 380 V 的三相对称电源上，各相负载两端的相电压及线电流和相电流各是多少？

解：由于三相对称电路电源对称，三相负载也对称，所以负载的相电压，相电流及线电流均对称。

（1）三相负载作星形联结

相电压：$U_{PY}=\dfrac{U_L}{\sqrt{3}}=220\ \text{V}$

每相负载的阻抗为：$Z=\sqrt{R^2+X_L^2}=\sqrt{8^2+6^2}=10\ \Omega$

相电流：$I_{LY}=\dfrac{U_{PY}}{Z}=\dfrac{220}{10}=22\ \text{A}$

线电流：$I_{LY}=I_{PY}=22\ \text{A}$

（2）三相负载作三角形联结

相电压：$U_{P\triangle}=U_L=380\ \text{V}$

每相负载的阻抗为：$Z=\sqrt{R^2+X_L^2}=\sqrt{8^2+6^2}=10\ \Omega$

相电流：$I_{P\triangle}=\dfrac{U_{P\triangle}}{Z}=\dfrac{U_L}{Z}=\dfrac{380}{10}=38\ \text{A}$

线电流：$I_{L\triangle}=\sqrt{3}I_{L\triangle}=38\sqrt{3}\ \text{A}$

从上例中可以得知：在三相对称电源下，三相对称负载以不同的连接方式接入电路时，每相负载所承受的相电压是不同的。负载作三角形联结时的相电压是作星形联结时的相电压的$\sqrt{3}$倍。因此三相负载接到三相电源中，作三角形还是星形联结，应根据三相负载的额定电压而定。

若各相负载的额定电压等于电源电压的 $1/\sqrt{3}$倍，则该三相负载应作星形联结；若各相负载的额定电压等于电源的线电压，则该三相负载应作三角形联结。

提示

在实际应用中，三相电动机的负载既可作三角形联结也可作星形联结，而照明负载的额定电压都为 220 V，故照明电路一般接成星形联结，如图 4—8 所示。

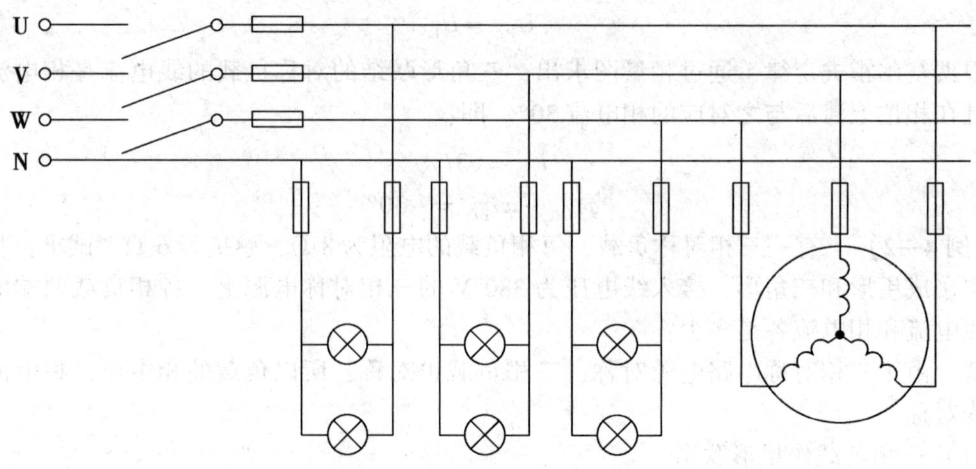

图 4—8　电灯与三相电动机的星形联结

从上例中还可以得出：在同一个三相对称电源下，三相对称负载接成三角形联结的相电流是接成星形联结时相电流的$\sqrt{3}$倍，接成三角形联结时的线电流是接成星形连接时线电流的 3 倍，所以，在实际应用中，为减少电动机启动时线路上的电流过大而引起的压降，在正常工作时接成三角形联结的大型三相电动机启动时，往往将电动机接成星形，达到正常转速后改为三角形联结，这种减压启动的方法称Y—△减压启动。

想一想

当额定电压为 380 V 的电动机，如果成星形联结到电源上，会产生什么后果？

第三节　三相电路的功率

在三相交流电路中，三相负载无论采取何种联结方式，三相电路的总有功功率等于各相有功功率之和，即：

$$P = P_U + P_V + P_W = U_U I_U \cos\varphi_U + U_V I_V \cos\varphi_V + U_W I_W \cos\varphi_W$$

式中　U_U、U_V、U_W——各相电压；

I_U、I_V、I_W——各相电流；

φ_U、φ_V、φ_W——各相的阻抗角。

在三相对称电路中，各相电压、相电流的有效值相同，阻抗角相等，所以各相有功功率相等，则总有功功率为一相有功功率的 3 倍，即：

$$P = 3U_{相} I_{相} \cos\varphi_{相} = 3P_{相}$$

在实际工作中，测量线电流和线电压要比测量相电流、相电压方便，例如：在作三角形联结的三相电动机中，如要测量相电流，就必须把绕组的端部拆开。所以，三相有功率的计算常用线电压、线电流来表示。

对于接成星形联结的负载：

$$P_{Y}=3U_{Y相}I_{Y相}\cos\varphi=3\times\frac{U_{线}}{\sqrt{3}}\times I_{Y线}\cos\varphi=\sqrt{3}U_{Y线}I_{Y线}\cos\varphi$$

对于接成三角形联结的负载：

$$P_{\triangle}=3U_{\triangle相}I_{\triangle相}\cos\varphi=3\times\frac{U_{线}}{\sqrt{3}}\times I_{\triangle线}\cos\varphi=\sqrt{3}U_{\triangle线}I_{\triangle线}\cos\varphi$$

由此可见，当三相负载对称时，不论是何种接法，三相总功率的公式都是相同的，即：

$$P=\sqrt{3}U_{线}\ I_{线}\ \cos\varphi$$

提示

上式中，φ 角仍是负载相电压与相电流之间的相位差，即负载的阻抗角。

同理，我们可以得到对称三相负载的无功功率和视在功率的表达式：

$$Q=\sqrt{3}U_{线}\ I_{线}\ \sin\varphi$$

$$S=\sqrt{3}U_{线}\ I_{线}$$

一般情况下，在三相设备如三相电动机的铭牌上标注的额定功率均是指三相有功功率。

【例4—3】 有一对称三相负载，每相的电阻为8 Ω、感抗为6 Ω，电源线电压为380 V，试计算负载星形联结和三角形联结时的有功功率。

解：每相阻抗均为：$Z=\sqrt{6^2+8^2}=10\ \Omega$

$\cos\varphi=\frac{R}{Z}=\frac{8}{10}=0.8$

（1）负载作星形联结时：

相电压：$U_{PY}=\frac{U_L}{\sqrt{3}}=\frac{380}{\sqrt{3}}=220\ \text{V}$

线电流：$I_{LY}=I_{PY}=\frac{U_{PY}}{Z}=\frac{220}{10}=22\ \text{A}$

有功功率：$P_Y=\sqrt{3}U_LI_{LY}\cos\varphi=11.58\ \text{kW}$

（2）负载作三角形联结时：

相电压：$U_{P\triangle}=U_L=380\ \text{V}$

线电流：$I_{L\triangle}=\sqrt{3}I_{P\triangle}=\sqrt{3}\frac{U_{P\triangle}}{Z}=66\ \text{A}$

有功功率：$P_{\triangle}=\sqrt{3}U_LI_{L\triangle}\cos\varphi=34.75\ \text{kW}$

从上面的计算可见，在相同的线电压下，负载作三角形联结的有功功率是作星形联结的有功功率的3倍。无功功率和视在功率结论也相同。

第四节　低压配电系统

一、电力系统简介

生活和工作中，使用的电源一般都是交流电源，而且在配电之前一般都是三相交流电源。

为了充分、合理利用资源，降低发电成本，火力发电厂一般都建在燃料资源产地，水力发电厂建在有水力资源的地方。所以，这些发电厂往往离用电中心很远，为此，必须进行远距离输电。

从输电的角度来说，电压越高，则输送的距离越远，传输的容量就越大，电能的消耗也越小。但从用电角度来说，为了人身安全，降低用电设备的制造成本（设备和导线的绝缘要求降低），则希望电压低一些好。

发电厂发出的交流电一般为 30 ~ 50 kV，为此，大中型发电厂发出的电都要经过升压，然后由输电线送到用电区域，再进行降压后分配给用户。即采用高压输电、低压配电的方式。我们将发电、输电、配电和用户组成的系统称为电力系统，如图 4—9 所示。

在建筑电气中，接触最多的是低压配电系统，一般将交流 1 000 V 以下的线路称为低压配电线路。

二、低压变电所

大多数民用用电设备只能使用 380/220 V 的低压交流电，按我国有关规定，用户设备容量在 250 kW 或所需变压器容量在 160 kV · A 以下时，应采用低压供电，即由低压配电网直接供给 380/220 V 的低压电，这样的用户称为低压用户。而我国用户区的进线电压一般为 35 kV 或 10 kV，所以要由低压变电所进行变、配电，然后输送给低压用户。

低压配电系统的额定电压为 380/220 V，这是指输送到用电设备处的电压，实际上从低压配电所到用电设备的线路上还将发生一定的电压降，所以低压配电所的二次输出电压值确定为 0. 4 kV。

低压变电所由 10 kV 的高压供电系统、10/0. 4 kV 降压变压器和低压配电系统组成，低压变电所有露天、半室内和室内三种形式，如图 4—10 所示为一露天低压变电所的结构和系统图，从图中可见低压变电所的一般结构。

发电厂
发电站
升压变电站
330kV
降压变电站
高压用户
10kV
低压用户
380/220V
配电变压器
a）
10kV
T1
220kV
G
1
G
2
T2
35kV或10kV
G
3
T3
发电机
升压变压器
高压输电线
降压变压器
用电区
b）

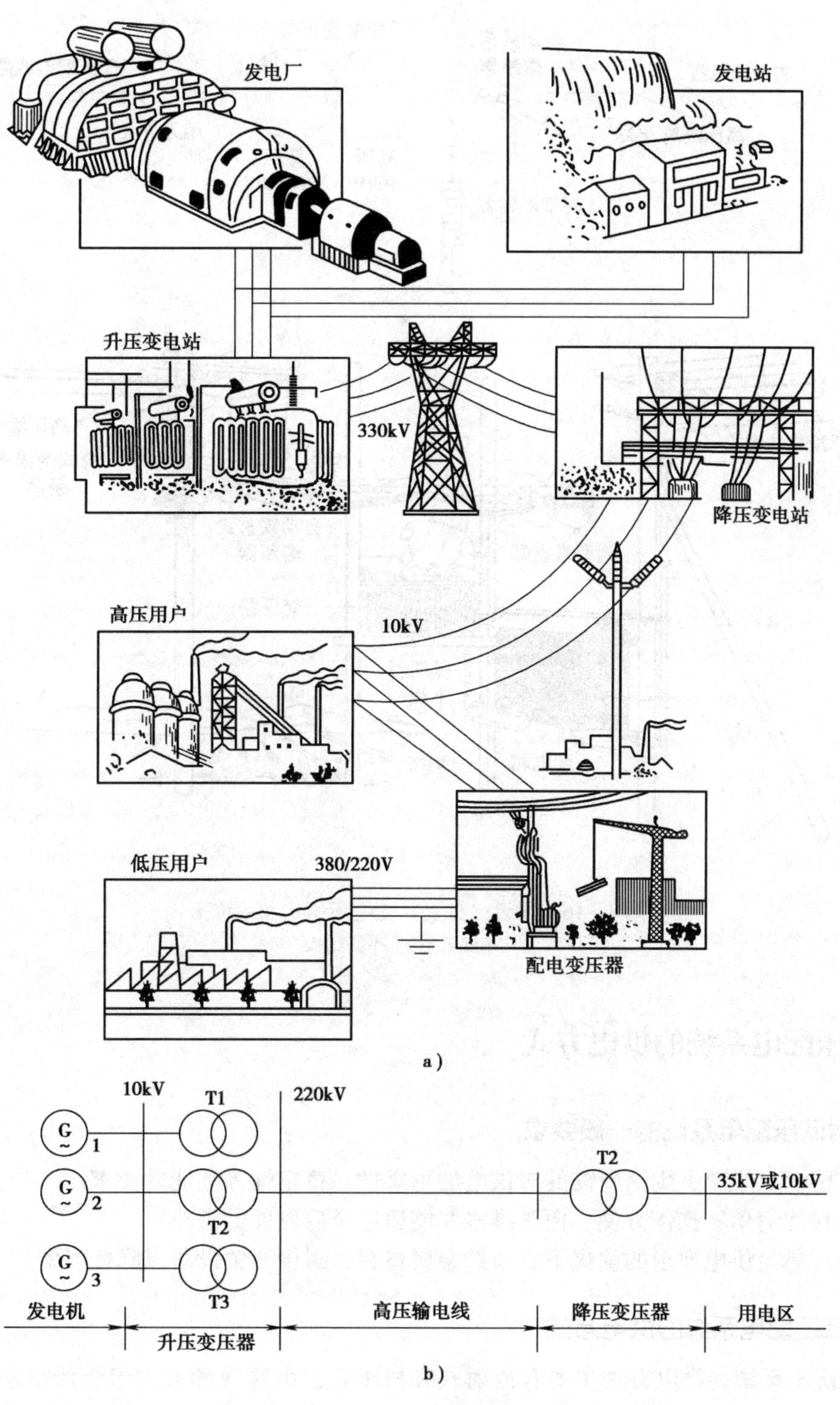

图4—9　电力系统

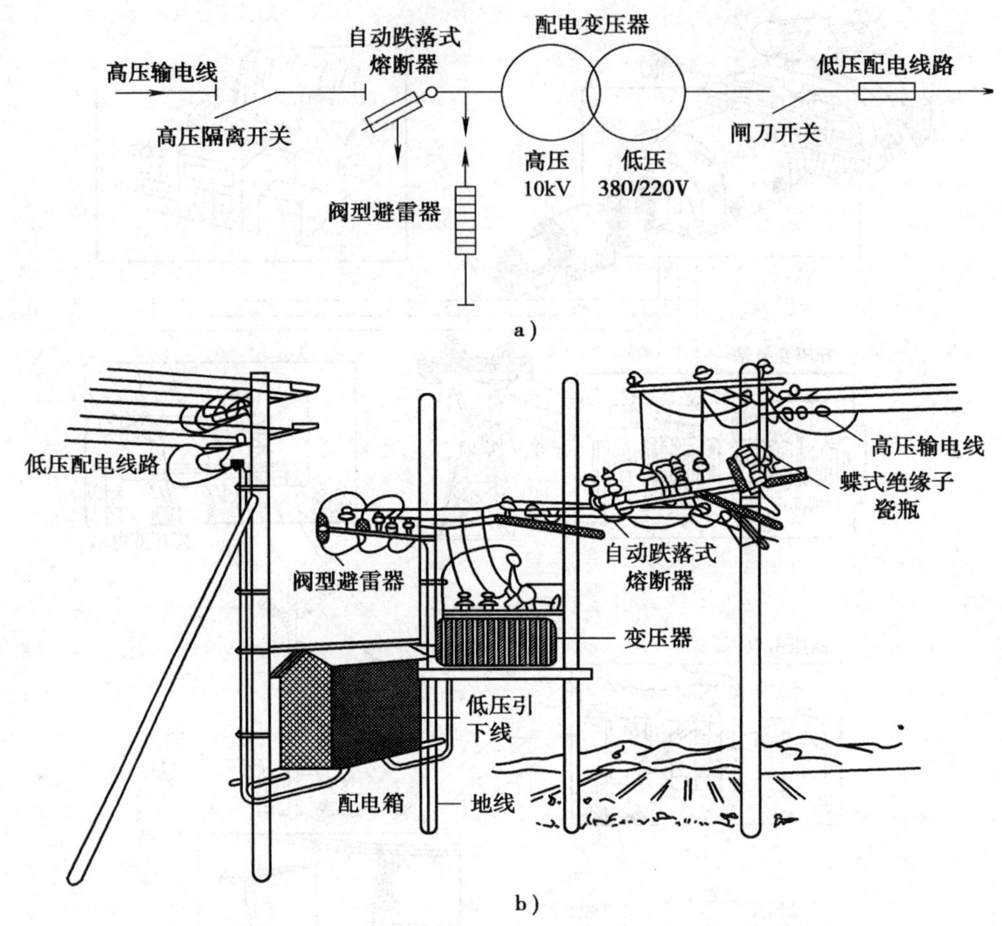

图 4—10　露天（杆上）变电所结构和系统图

a）单线系统图　b）结构

三、低压配电系统的供电方式

1. 对低压配电系统的一般要求

（1）能满足生产、生活所需的对供电的可靠性、稳定性等性能的要求。

（2）接线简单、操作方便、便于维修并能适应今后发展的需要。

（3）在满足供电要求的前提下，节约金属材料、减少开关设备以降低投资。

2. 低压配电系统的供电方式

低压配电系统的供电方式主要有放射式和树干式，由这两种方式组合派生出的供电方式还有混合式、链接式等。表 4—1 列出了几种常见配电方式及其特点。

表 4—1 几种常见配电方式比较

配电方式	示图	特点
放射式	分配电箱 总配电箱	由变配电所（或总配电箱）单独为每台配电箱、电气设备供电的方式 其特点是：每台配电箱或设备都有单独线路配电，当某条线路或设备发生故障时，不影响其他配电箱或设备的正常工作，供电可靠性高。但由于所用的开关设备较多，有色金属耗量较大，所以投资费用高 多用于设备容量较大或对供电可靠性要求较高的场所
树干式		由电源引出一条干线，沿途向数个配电箱或电气设备供电的方式 其特点是：总投资费用少，供电形式灵活，但当干线上发生故障时，干线总开关跳闸，所带负载全部停电，影响范围较大，所以供电可靠性不高 多用于工厂的机加工、工具、机修车间、普通住宅楼和建筑施工临时用电
混合式		由放射式和树干式混合使用的一种供电方式 混合式供电吸取了两种供电方式的优点，兼顾了供电的可靠性和经济性。是一种目前较多采用的供电方式
链接式		该种供电方式是树干式供电的变形。其特点与树干式相同，但链式供电中所连接的设备一般不宜超出 5 台 此方式适用于距离配电所较远，而彼此间相距又比较近的不重要的小容量照明设备的供电

四、民用建筑中的负荷分级

民用建筑的三相用电负荷，根据用户的重要性或其用电设备对供电可靠性的要求及中断供电将造成的人身伤害、社会影响、经济损失程度，并考虑电力系统的管理及供电措施，将用户和用电设备分为一级负荷、二级负荷或三级负荷。住宅建筑主要用电负荷的分级见表4—2。

表 4—2　　住宅建筑主要用电负荷的分级

建筑规模	主要用电负荷名称	负荷等级
建筑高度为 100 m 或 35 层及以上的住宅建筑	消防用电负荷、应急照明、航空障碍照明、走道照明、值班照明、安防系统、电子信息设备机房、客梯、排污泵、生活水泵	一级
建筑高度为 50 ~ 100 m 或 19 ~ 34 层一类高层住宅建筑	消防用电负荷、应急照明、航空障碍照明、走道照明、值班照明、安防系统、客梯、排污泵、生活水泵	
10 ~ 18 层的二类高层住宅建筑	消防用电负荷、应急照明、走道照明、值班照明、安防系统、客梯、排污泵、生活水泵	二级

一级负荷应由双路电源供电，当一路电源发生故障时，另一路电源不应同时受到损坏。

二级负荷的供电系统，宜由两回线路供电。在负荷较小或地区供电条件困难时，二级负荷可由一路 6 kV 及以上专用的架空线路供电。

一级负荷中特别重要的负荷供电，还应符合下列要求：除应由双路电源供电外，还要有与电网不并列的、独立的应急电源供电，并严禁将其他负荷接入应急供电系统；设备的供电电源的切换时间，应满足设备允许中断供电的要求。

独立于正常电源的发电机组、供电网络中独立于正常电源的专用的馈电线路、蓄电池、干电池等均可作为应急电源。允许中断供电时间为 15 s 以上的供电，可选用快速自启动的发电机组；自投装置的动作时间能满足允许中断供电时间的，可选用带有自动投入装置的独立于正常电源之外的专用馈电线路；允许中断供电时间为毫秒级的供电，可选用蓄电池静止型不间断供电装置或柴油机不间断供电装置。应急电源的供电时间，应按生产技术上要求的允许停止运行过程时间确定。各级负荷的备用电源设置可根据用电需要确定。备用电源的负荷严禁接入应急供电系统。

五、TN 系统

我国建筑内配电普遍采用 380/220 V 低压系统，中性点直接接地，而且引出有中性线

（N）和保护线（PE），通常称为 TN 系统，其中第一个字母 T 表示电源中性点直接接地，第二个字母表示电气装置的外露可导电部分与低压供电系统的接地点进行连接，如图 4—11 所示。该系统中，为确保 PE 线或 PEN 线安全可靠，除在电源中性点处进行直接接地外，对 PE 线和 PEN 线还必须进行必要的重复接地。

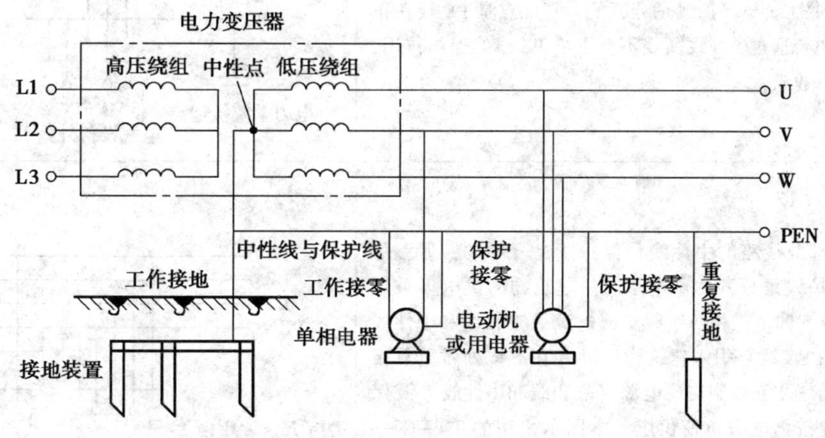

图 4—11　TN 系统

中性线（N）的作用是：引出 220 V 电压，用来接用相电压的单相设备；传导三相系统中的不平衡电流和单相电流，可减少负荷中性点电位偏移。

保护线（PE）的作用：保障人身安全，防止发生触电事故。通过 PE 线将设备外露可导电部分连接到电源的接地点去，当系统发生一相接地故障时，即形成单相短路，使设备或系统的保护装置动作。由于单相短路电流很大，故称此种系统为大接地电流系统。

根据中性线（N）和保护线（PE）引出方式不同，TN 系统又可分为 TN—C 系统、TN—S 系统、TN—C—S 系统等。TN—后面的字母表示中性线与保护线的组合情况，S——表示分开的；C——表示公用的；C—S——表示部分是公共的。表 4—3 为几种 TN 系统的特点。

表 4—3　　TN 系统的特点

接地方式	图示
TN—C（俗称三相四线制） 整个系统的中性线与保护线是合一的供电系统，优点是节省一条导线，但三相负荷不平衡或保护中性线断开时会使所有用电设备的金属外壳带上危险电压	变压器 中性点 高压侧 低压侧 L1 L2 L3 U V W 零线 PEN 工作接地 保护接零 接地装置 电动机或用电器

续表

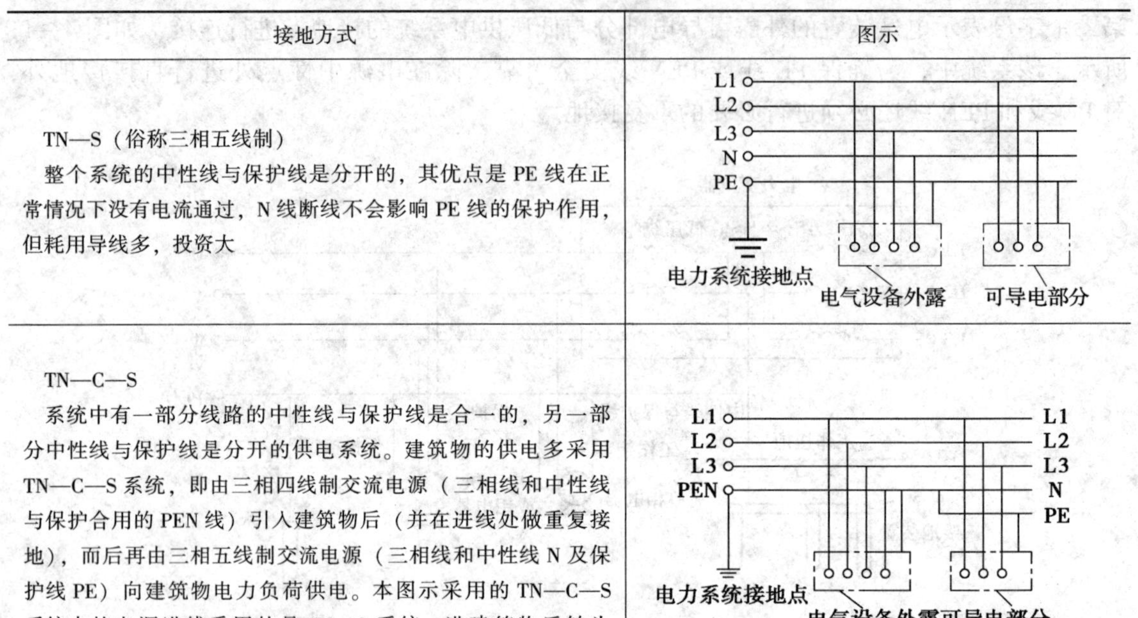

接地方式	图示
TN—S（俗称三相五线制） 整个系统的中性线与保护线是分开的，其优点是 PE 线在正常情况下没有电流通过，N 线断线不会影响 PE 线的保护作用，但耗用导线多，投资大	L1 L2 L3 N PE 电力系统接地点 电气设备外露 可导电部分
TN—C—S 系统中有一部分线路的中性线与保护线是合一的，另一部分中性线与保护线是分开的供电系统。建筑物的供电多采用 TN—C—S 系统，即由三相四线制交流电源（三相线和中性线与保护合用的 PEN 线）引入建筑物后（并在进线处做重复接地），而后再由三相五线制交流电源（三相线和中性线 N 及保护线 PE）向建筑物电力负荷供电。本图示采用的 TN—C—S 系统中的电源进线采用的是 TN—C 系统，进建筑物后转为 TN—S 系统	L1 L2 L3 PEN L1 L2 L3 N PE 电力系统接地点 电气设备外露可导电部分

第五节　电路的功率因数

一、功率因数的概念

把有功功率与视在功率的比值叫作功率因数，用 $\cos\varphi$ 表示。

$$\cos\varphi = \frac{P}{S}$$

φ 角称功率因数角，也就是阻抗角。

电路的功率因数决定于负载的性质，它反映了供电设备的容量利用率。

企业所用交流设备多数为感性负载，如电动机、变压器、感应加热炉、电磁铁、带镇流器的荧光灯、高压汞灯、高压钠灯等。计算它们的有功功率应用下式：

$$P = UI\cos\varphi$$

式中 $\cos\varphi$ 为功率因数，它是用电设备的一个重要指标。对于纯电阻负载，$\cos\varphi = 1$，感性负载的功率因数 $\cos\varphi < 1$，这就意味着在感性电路中，有功功率只占电源容量的一部分，还有一部分能量并没有消耗在负载上，而是与电源之间反复进行交换，这就是无功功率，它占用了电源的部分容量。

只有纯电阻性负载（如白炽灯、电炉等）的功率因数等于1，一般电感性负载的功率因数小于1，如交流异步电动机空载时功率因数为0.2~0.3，满载运行时为0.7~0.85。

二、提高功率因数的意义

提高用户的功率因数，对于提高电网运行的经济效益和节约电能都具有重要意义。提高功率因数的意义主要表现在以下几个方面。

1. 可以提高供电设备的利用率

如果一个电源的额定电压为 U_N，额定电流为 I_N，那么它的额定容量即额定视在功率

$$S_N = U_N I_N$$

设电源容量为 $S_N = 40$ kV·A，可带40 W（$\cos\varphi = 0.4$）的荧光灯400盏，如果是带40 W（$\cos\varphi = 1$）的白炽灯，就能带1000盏。

又如，某用户所需有功功率为100 kW. 当功率因数为0.5时，需220 kV·A的变压器；如果将功率因数提高到0.9，变压器的容量只要稍大于110 kV·A就行了。

提示

在电路的视在功率一定的情况下，负载的功率因数越高，电源输出的有功功率就越大，供电设备的利用率就越高。

2. 减少线路的功率损耗

当电源的额定电压 U 和用电设备需求的有功功率一定时，发电机输出的电流（即线路上的电流）为：

$$I = \frac{P}{U\cos\varphi}$$

电流与功率因数成反比。若线路电阻为 r，则输电线路的功率损耗为：

$$P = I^2 r$$

在电源电压一定的情况下，对于相同功率的负载，功率因数越低，电流越大，供电线路上电压降和功率损耗也越大。

例如，220 V/40 W的白炽灯电流为0.18 A；而220 V/40 W的荧光灯，因其 $\cos\varphi = 0.4$，所以电流为0.455 A，比前者大得多，显然，经过线路电阻带来的电压降和功率损耗也要大得多。

3. 减少线路电压损失，提高用户供电质量

当电流流过输电导线时，由于有电阻存在会在线路上产生电压降（电压损失）为：

$$\Delta U = IR$$

而用户得到的电压等于电路端电压减去线路损失的电压，即：

$$U_2 = U_1 - \Delta U$$

所以，当线路电阻为定值时，线路功率因数越高，电流就越小，线路电压损失就越小，输送到用户端的电压也越稳定，因而保证了供电质量。

三、提高功率因数的方法

1. 提高负载自身的功率因数（自然功率因数）

用电设备本身的功率因数又称自然功率因数。异步电动机和变压器是占用无功功率最多的电气设备，当电动机实际负荷比其额定容量低许多时，功率因数将急剧下降，造成电能的浪费。要提高功率因数就要合理选用电动机，使其容量与被拖动的机械负载配套，避免“大马拖小车”的现象。

此外，应尽量不要让电动机空转；对于负载有变化且经常处于轻载运行状态的电动机，在运行过程中，采用提高电路的功率因数的措施。

2. 采用并联电容法提高功率因数

由于电网的大多数负载（如电动机）都是电感性负载，因此通常采用在电路中并联电容器的方法来提高电路的功率因数，如图 4—12a 所示。

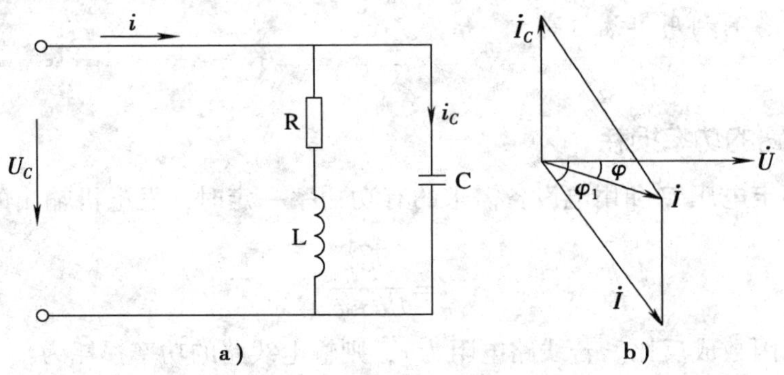

图 4—12　并联补偿电容提高功率因数

a）电路图　b）相量图

电感性负载并联补偿电容后，电感性负载所需的无功功率被补偿电容提供的无功功率补偿了一部分。并联上补偿电容的相量如图 4—12b 所示。图中 φ 为补偿后的功率因数角，由于 $\varphi < \varphi_1$，所以 $\cos\varphi > \cos\varphi_1$，功率因数得以提高。

并联补偿电容后，由于电压不变，所以通过电感性负载的电流及负载的功率因数均未改变。而是用补偿电容去补偿所需要的无功功率，使电源与电感性负载之间能量交换的规模减少，使包括电容在内的整个电路的功率因数提高了（大部分放在电感性负载和电容器之间进行），即无功功率减少。

并联补偿电容的电容量为：

$$C=\frac{P}{\omega U^2}\ (\tan\varphi_1-\tan\varphi)$$

式中 C——并联补偿电容器的容量，F；

P——电路中的有功功率，W；

φ_1——并联补偿前的功率因数角，°；

φ——并联补偿后的功率因数角，°。

并联电容补偿法简单易行，损耗小，是目前采用较多的一种补偿方法。

【例 4—4】 已知某电动机接于 $U=220$ V，$f=50$ Hz 的交流电源上，消耗的功率为 10 kW，功率因数为 0.65，现要求把功率因数提高到 0.9，求：所需并联电容大小。同时比较并联电容器前后的线路电流。

解：（1）由 $\cos\varphi_1=0.65$　$\cos\varphi=0.9$ 可得：

$$\varphi_1=49.5,\ \varphi=25.8$$

$$\tan\varphi_1=1.171,\ \tan\varphi=0.484$$

则 $C=\frac{P}{\omega U^2}\ (\tan\varphi_1-\tan\varphi)\ =\frac{P}{2\pi fU^2}\ (\tan\varphi_1-\tan\varphi)$

$=\frac{10\ 000}{220^2\times 2\times 3.14\times 50}\ (1.171-0.484)\ =452\ \mu F$

（2）并联前线路电流：

$$I_1=\frac{P}{U\cos\varphi}=\frac{10\ 000}{220\times 0.65}=69.93\ \text{A}$$

并联后线路电流：

$$I_2=\frac{P}{U\cos\varphi_1}=\frac{10\ 000}{220\times 0.9}=50.51\ \text{A}$$

可见，并联电容器后，线路中电流变小了。

在工厂供配电系统中，可采用个别补偿、分组补偿、集中补偿（见图 4—13）等不同的补偿方式。电力电容器并联补偿有星形联结和三角形联结两种方式。如果电容器的额定电压与电网电压相同，应采用三角形接法（见图 4—14）。

图 4—13　并接电容器补偿

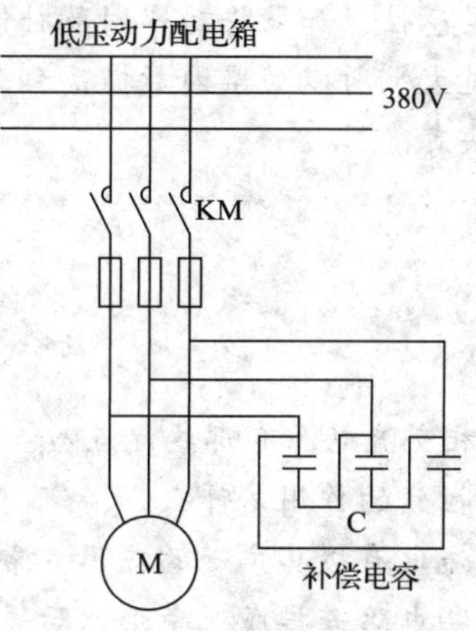

图 4—14　补偿电容的三角形接法

并接电容器的容量越大，功率因数提高越多。但并不要求把功率因数补偿到1，一般达到0.9以上即可。如果用过大的电容器，造成过补偿，致使电路成为容性，功率因数 $\cos\varphi$ 反而会降低了。目前，已有采用微机控制的设备，可根据无功功率的变化情况，自动控制投入的电容器数量，以实现最佳控制。

知识链接

月平均功率因数

《全国供用电规则》规定，新建或扩建的电力用户，月平均功率因数不得低于0.9。若功率因数低于0.7，则不予供电。此外，还实行按功率因数调整电价的制度。方法是安装有功电能表和无功电能表，每月得出累计数后，按下式计算月平均功率因数，即电度数（kvar · h）

$$月平均功率因数 = \cos\varphi\arctan\frac{月无功电度数（kvar\cdot h）}{月有功电度数（kW\cdot h）}$$

凡受电容量在160 kV · A以上的高压供电用户，月平均功率因数标准为0.9，高于标准者减收电费，低于标准者增收电费。

想一想

1. 能否用串联电容器的方法来提高线路的功率因数？

2. 采用并联电容器进行无功功率补偿，提高的是电路的功率因数还是负载的功率因数？

提示

在实际生产中，一般只要求将功率因数补偿到0.9～0.95即可，即补偿后仍使整个电路呈感性，如果将功率因数补偿到1，则需要并联的电容器较大，这样就会使设备的投资过大。所以功率因数提高到什么程度合适，只有在做具体的技术经济指标比较后再做决定。

复习思考题

1. 三相交流电源有哪些优点？
2. 中性线的作用是什么
3. 交流电有极其广泛的应用，常采用的高压输电、低压配电有哪些好处？
4. 照明电路若接成三角形，后果会怎样？
5. 居民家中使用的均是单相用电器，为什么向小区或居民楼中送的电源常是三相五线制？

6. 一般情况下，在三相设备如三相电动机的铭牌上标注的额定功率均是指三相有功功率还是无功功率？

7. 在相同的线电压下，负载作三角形联结的有功功率是作星形联结的有功功率的几倍？

8. 按我国有关规定，用户设备容量在250 kW或所需变压器容量在160 kV·A以下时，应采用高压还是低压供电？

9. 低压配电系统的供电方式有哪几种，各有什么特点？

10. TN系统的特点是什么？

11. 提高用户功率因数的意义及方法是什么？

第五章　变压器和电动机

学习目标

1. 掌握变压器的工作原理；
2. 了解特殊用途变压器；
3. 掌握电动机工作原理。

第一节　变压器工作原理

一、变压器的基本结构

在日常生产和生活中，常需要用到不同的交流电压的设备，如三相异步电动机，常见的额定电压为380 V，照明电路和家用电器的额定电压为220 V，而一些机床照明和用于特殊场所的安全照明需要36 V以下的电压，而在给手机充电时需要的电压只有3 V左右。我们不可能用输出不同电压的发电机来分别给这些设备供电。所以要通过变压器来变换电压，以向有不同要求的设备供电。

变压器是利用电磁感应原理，将输入的交流电压升高（或降低）为同频率的交流输出电压，以实现高压送电、低压配电及其他用途的设备。变压器除了可以变换电压外，还具有变换电流和变换阻抗的作用，如电流互感器和电子电路中的输入输出变压器；还可以改变相位，如脉冲变压器。特殊结构的变压器还应具有稳压特性或陡降特性等。所以说变压器在电工、电子技术中具有非常广泛的用途。

想一想

变压器能否变换直流电压？

从基本工作原理上来讲，变压器主要由铁芯和线圈（也称绕组）两部分组成。铁芯是变压器的磁路部分，构成了电磁感应所需要的主磁路；为了提高磁路的导磁性能，减小涡流损耗，铁芯常采用0.35 mm或0.5 mm厚的相互绝缘的硅钢片叠压而成。绕组是变压器的电路部分，绕组通常是用绝缘良好的铜线（大型变压器中用）或漆包线（小型变压器中用）绕制而成；其中与电源相连的称为一次绕组，与负载相连的绕组称为二次绕组。

根据铁芯和绕组相对位置的不同，常见的结构形成又分成芯式和壳式两种，如图5—1所示。

芯式结构由于其构造简单，绕组安装容易、绝缘好，多用于容量较大的变压器中。壳式结构则由于散热和绝缘没有芯式效果好，多用于小容量的变压器中。

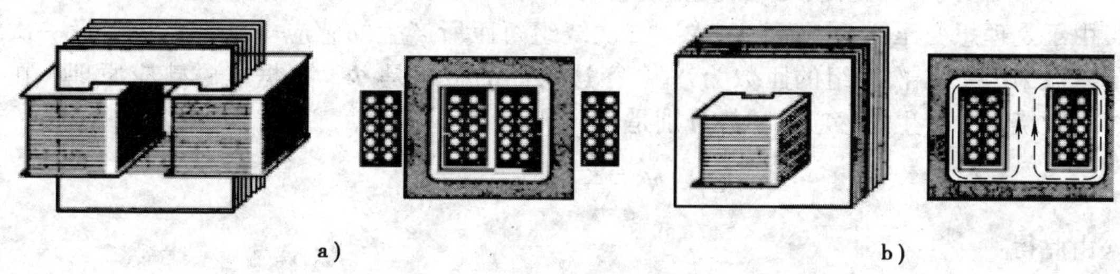

a）　　b）

图5—1　芯式和壳式变压器
a）芯式　b）壳式

二、变压器的基本工作原理

变压器是根据电磁感应原理工作的，把变压器的一次绕组接在交流电源上，在一次绕组中就有交流电流流过，根据电生磁的原理，交变电流将在铁芯中产生交变磁通，该磁通经过闭合磁路同时穿过二次绕组。根据电磁感应原理，交变磁通将在一次绕组中产生自感电动势，在二次绕组中也产生互感电动势，如图5—2所示。如果在二次绕组上接上用电设备，那么电能将通过用电设备转换成其他形式的能。

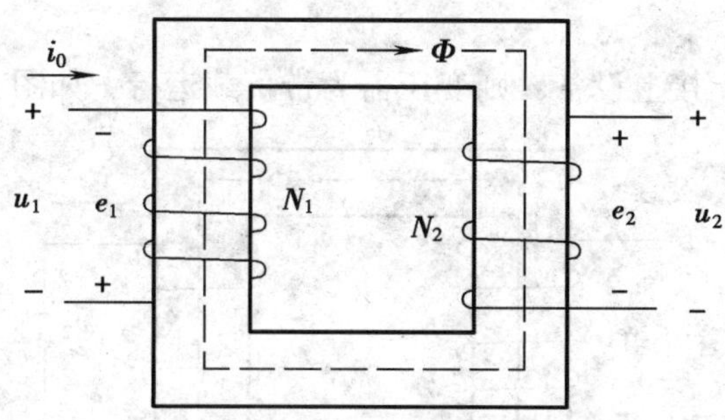

图5—2　变压器空载运行原理

在一般情况下，由于变压器的损耗和漏磁通都是很小的，因此在分析工作原理时，可将变压器视为理想变压器（即变压器的损耗忽略不计）。为方便分析问题，做如下规定：凡与一次绕组有关的量在其符号下角标1，而与二次绕组有关的量都在其符号下角标2。如一次、二次绕组的电压、电流及功率等分别用 U_1、U_2、I_1、I_2 及 P_1、P_2 表示。

下面讨论变压器在理想状态下的工作原理。

1. 变换交流电压

当变压器二次侧开路时，称为变压器空载运行，如图 5—2 所示。

此时，一次绕组接上交流电压 u_1，二次绕组中的电流 $i_2 = 0$，开路电压为 u_2。一次绕组通过的电流称为变压器的空载电流 i_0，图 5—2 中各电量的参考方向之间符合右手螺旋定则。

当变压器的一次绕组接上交流电压后，在一次、二次绕组中就会产生交变的自感电动势，由于是理想变压器，因而在一次、二次绕组每匝所产生的感应电动势相等。设一次绕组的匝数为 N_1，二次绕组的匝数为 N_2，穿过它们的磁通是 Φ，根据电磁感应原理，在一次、二次绕组中产生的感应电动势分别是：

$$E_1 = N_1 \frac{\Delta\Phi}{\Delta t},\ E_2 = N_2 \frac{\Delta\Phi}{\Delta t}$$

由此得：

$$\frac{E_1}{E_2} = \frac{N_1}{N_2}$$

若忽略不计一次、二次绕组的电阻，则可以认为一次、二次绕组两端的电压 U_1、U_2 与 E_1、E_2 近似相等。即 $U_1 \approx E_1$，$U_2 \approx E_2$，因此可得：

$$\frac{U_1}{U_2} \approx \frac{E_1}{E_2} = K$$

式中　K——变压器的一次、二次绕组匝数比，称为变比。

从上式可以得出：

当 $K > 1$ 时（即 $U_1 > U_2$），此时，变压器使电压降低，这种变压器称降压变压器。

当 $K < 1$ 时（即 $U_1 < U_2$），此时，变压器使电压升高，这种变压器称升压变压器。

2. 变换交流电流

当变压器二次绕组上接上设备，则变压器为带负载运行，如图 5—3 所示。

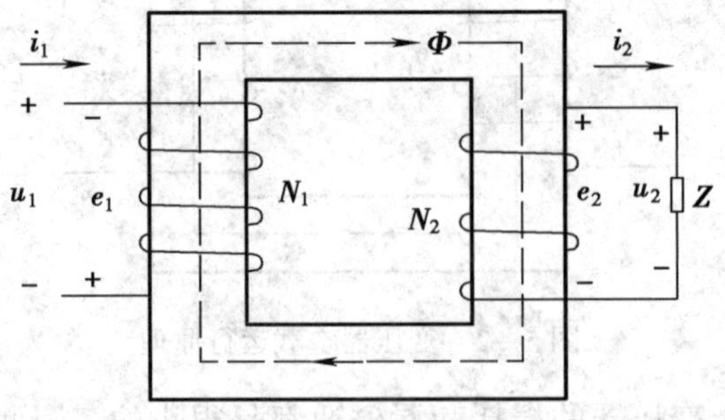

图 5—3　变压器负载运行

当二次绕组上接上用电设备，在电动势 e_2 的作用下，二次绕组电路产生电流 i_2，二次绕组向负载输出电能，这些电能是由一次绕组将电源中的电能变为磁场能，通过主磁通的桥梁作用，再在二次绕组中将磁场能变换为电能输出。二次绕组向负载输出的电能越多，一次绕组从电源输入的电能也就越多。在电源电压 U_1 保持不变的情况下，输入变压器的能量增加了，一次侧电流就必然增大，由原来的空载电流 i_0 增大为 i_1。此时，变压器铁芯中的主磁通是由一次、二次绕组的磁通势共同作用产生的。

从以上分析中可知道，变压器从电网中获得能量，并利用电磁感应原理进行能量变换，将电能输送给用电设备。那么，在不计变压器内部损耗的情况下，根据能量守恒定律，可得 $P_1=P_2$，即变压器从电网中获得的功率 P_1 等于其输出的功率 P_2，又根据 $P_1=U_1I_1\cos\varphi_1$，$P_2=U_2I_2\cos\varphi_2$（$\cos\varphi_1\approx\cos\varphi_2$）可得：

$$U_1I_1\approx U_2I_2$$

即 $\dfrac{I_1}{I_2}\approx\dfrac{U_2}{U_1}\approx\dfrac{N_2}{N_1}=\dfrac{1}{K}$

由上式可以看出变压器在工作时，一次、二次绕组中的电流跟绕组的匝数成反比。若变压器的一次、二次绕组匝数比固定不变，当二次侧负载越大，即电流 I_2 越大，输出功率越大时，一次侧电流 I_1 也随之增大，一次侧向电源吸收的功率也越大。

提示

一次、二次绕组中的电流跟绕组的匝数成反比。一次侧电流 I_1 的大小由负载电流 I_2 所决定。

3. 变换交流阻抗

变压器除了能变换交流电压和交流电流以外，还有变换阻抗的作用，电子线路中，为了提高信号的传送功率，我们希望负载获得最大功率，而负载获得最大功率的条件是负载阻抗等于信号源的阻抗。但是在实际的工作中，负载的阻抗与信号源的阻抗往往是不相等的，所以，把负载直接接到信号源上就不能获得最大功率。为此，就需要用变压器将负载阻抗变换成适当的数值，使之与信号源的阻抗相等，从而使负载获得最大的功率，这种做法称为阻抗匹配。

如图 5—4 所示。变压器的一次侧接电源 u_1，二次侧的负载阻抗值为 Z_L，对于电源而言，图中点画线框内的电路可以用另一个阻抗值为 Z'_L 来等效代替。如果忽略变压器的漏磁和损耗，其等效阻抗值可以由下式求得：

$$Z'_L=\frac{U_1}{I_1}=\frac{\dfrac{N_1}{N_2}U_2}{\dfrac{N_2}{N_1}I_2}=\left(\frac{N_1}{N_2}\right)^2Z_L=K^2Z_L$$

式中，$Z_L=U_2/I_2$ 是变压器二次侧的负载阻抗，变压器把负载阻抗 Z_L 变换为在电源上直接接了一个 $Z'_L=K^2Z_L$ 的阻抗。或者可以这样说，对于电源来说，经过变压器接入的阻抗 Z_L，相当于不用变压器而把阻抗 $Z'_L=K^2Z_L$ 直接接入电源，即两者是等效的。

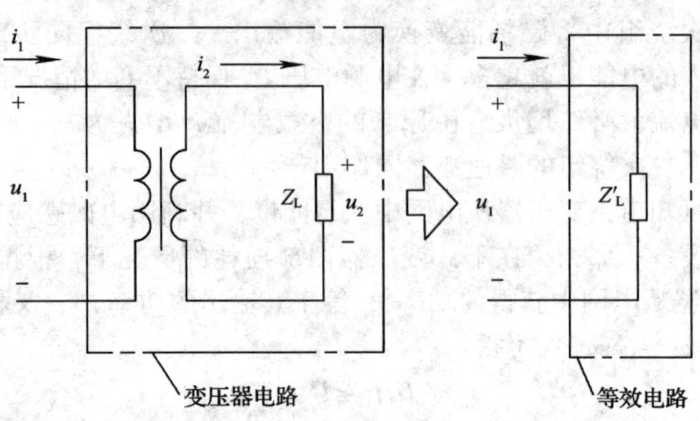

图 5—4　变压器的阻抗变换

变压器的阻抗变换作用在电子技术中是经常用到的，例如，在扩音机设备中的线间变压器，为了获得最大的功率输出，要求负载阻抗和输出级的内阻抗相等，而作为负载的扬声器的阻抗很小，直接接入时会使大部分功率消耗在输出级的内阻抗上，扬声器获得的功率很小而声音微弱。如果接入变比为 $K=\sqrt{\frac{Z'_L}{Z_L}}$ 的线间变压器，使扬声器的阻抗变换成要求的阻抗，则可以达到输出功率最大的要求。

【例 5—1】　若电压比为 220/110 V，如果在二次侧接上 55 Ω 的电阻时，求变压器一次侧的输入阻抗。

解：(1) 根据已知条件求出二次侧电流

$$I_2=\frac{U_2}{Z_2}=\frac{110}{55}=2\ \text{A}$$

因 $K=\frac{N_1}{N_2}=\frac{U_1}{U_2}=\frac{220}{110}=2$

$$I_1=\frac{1}{K}I_2=\frac{1}{2}\times 2=1\ \text{A}$$

得变压器的输入阻抗为：

$$Z_1=\frac{U_1}{I_1}=\frac{220}{1}=220\ \Omega$$

(2) 根据已知条件可得：

$$K=\frac{U_1}{U_2}=\frac{220}{110}=2$$

$$Z_1=K^2Z_2=4\times 55=220\ \Omega$$

三、变压器的外特性

对电力系统的负载来说，变压器相当于一个电源。当负荷变化时，变压器的二次电压也会发生变化。在电源电压 U_1 和负载的功率因数不变的情况下，U_2 和 I_2 的变化关系 $U_2 = f(I_2)$ 称为变压器的外特性，如图 5—5 所示。

变压器的外特性曲线既与负载的大小和性质有关，又和变压器本身的性质有关。

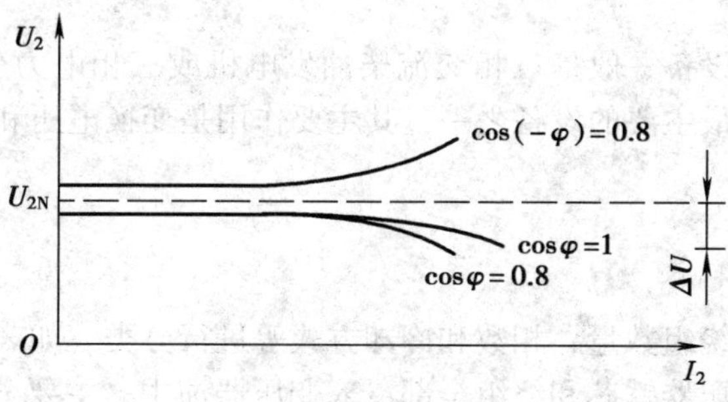

图 5—5　变压器外特性曲线

对电阻或电感性负载来说，变压器的外特性是一条向下倾斜的曲线。对电容性负载来说，变压器的外特性是一条向上倾斜的曲线。外特性曲线倾斜的程度随负载功率因数不同而不同。

提示

功率因数越低，曲线越陡。

我们用电压变化率或电压调整率来表示变压器从空载到额定负载时二次绕组电压的变化程度，即：

$$\Delta U = \frac{U_{2N} - U_2}{U_{2N}} \times 100\%$$

式中　U_{2N}——空载时二次电压；

U_2——有额定负载时二次电压。

【例 5—2】　某单相变压器的额定电压为 10 000/230 V，接在 10 000 V 的交流电源上向一电感性负载供电，电压调整率为 0.03，求变压器的变比及空载和满载时的二次电压？

解：$K = \frac{U_1}{U_2} = \frac{10\ 000}{230} = 43.5$

由题意知，空载电压为 230 V，满载电压：

$$U_2 = U_{2N}\ (1 - \Delta U)\ = 230 \times\ (1 - 0.03)\ = 223\ \text{V}$$

【例 5—3】　在例 5—2 中的变压器中，当负载 $Z = 0.966\ \Omega$ 时，变压器正好满载，求该变压器的一次侧电流？

解：根据已知条件可得：$I_2 = \frac{U_2}{Z} = \frac{223}{0.966} = 224\ \text{A}$

所以，$I_1 = \frac{I_2}{K} = \frac{224}{43.5} = 5.15\ \text{A}$

第二节　电力变压器

在建筑电气中电源设备一般是三相交流柴油发电机或三相电力变压器。三相电力变压器是供电、配电系统中最主要的设备之一，其主要作用是变换电压和传递电能。

一、变压器的类型

变压器可按用途、绕组数量、相数和冷却方式等进行分类。如表 5—1 所示。

油浸式变压器。变压器铁芯和绕组全部浸入变压器油中，主要分为油浸式自冷变压器、油浸式风冷变压器和油浸强迫油循环变压器。

干式变压器。变压器铁芯和绕组全部敞露在空气中，用自然流通的空气或风扇对铁芯和绕组进行直接冷却。

图 5—6 为两种不同冷却方式的电力变压器。

表 5—1　　**变压器的分类**

按用途分类	按绕组数量分类	按相数	按冷却方式
电力变压器	单绕组变压器（自耦变压器）	单相变压器	油浸式变压器
调压变压器	双绕组变压器	三相变压器	干式变压器
电压互感器和电流互感器	三绕组变压器	多相变压器（如六相整流变压器）	充气式变压器
	多绕组变压器（如小型电源变压器和控制变压器）		

a）

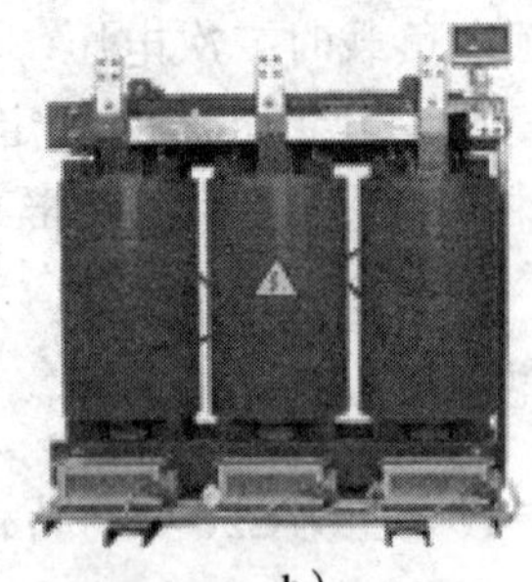

b）

图 5—6　两种常用变压器外形

a）油浸式电力变压器　b）干式电力变压器

二、电力变压器的基本结构

变压器主要由铁芯、绕组和其他辅助部件等组成，如图 5—7 所示为油浸式变压器外形及基本结构。

1. 变压器铁芯

铁芯是变压器的磁路部分，为变压器提供尽可能小的闭合磁路。变压器铁芯材料一般由 0.5 mm 左右的冷轧硅钢片等高导磁材料叠装而成，其目的是减少变压器铁芯的发热。

2. 变压器绕组

绕组是变压器的电路部分。绕组材料一般采用纱包或纸包的绝缘铜（铝）导线或铜箔，截面有圆形和矩形等。小容量的变压器绕组多采用高强度漆包线。

3. 变压器其他部件

（1）油箱

油箱又称变压器箱体，一般由钢板制作，箱体上装设散热器（散热管），内置变压器油，铁芯和绕组浸入其中。变压器油既起绕组的绝缘作用，又起循环散热作用。

（2）油枕

油枕与变压器器身相连，起储油作用（所以又称储油箱和储油柜）。变压器在运行时为密封状态，当油温变化使油位改变时提供容器。

（3）散热器

散热器一般由圆钢管或扁钢管制作，给变压器提供散热条件。

（4）绝缘套管

当高低压绕组进出线端引出和引入变压器箱体时，作为绕组和变压器外部进出线的连接部件，使变压器箱体与外部进出线绝缘。

（5）分接开关

在变压器绕组中一般有 5% 的抽头，用分接开关进行调节；即改变变压器的变比，达到调节电压目的，以满足电压变化时的需要。

（6）安全保护装置

如瓦斯保护装置：一般在油枕与油箱的连接管中装设瓦斯继电器，当变压器内部故障时，产生的瓦斯气体使其动作，通过控制回路切断变压器电源。

上述部件很多是油浸式变压器专用的，如油箱、油枕、安全保护的瓦斯保护装置。干式变压器还有温控器和温显器等部件。

4. 干式变压器温控器

干式变压器的安全运行和使用寿命，很大程度上取决于变压器绕组绝缘的安全可靠，而绕组温度超过绝缘耐受温度使绝缘破坏，是导致变压器不能正常工作的主要原因之一。

温控系统通过预埋在低压绕组中的测温元件测取温度信号。并根据绕组温度，控制冷却风机的运行，发出超温报警信号直至超温跳闸信号。

当绕组温度大于 100℃时，系统自动启动风机冷却，当温度低于 80℃时，自动停止风机。若温度继续升高，大于130℃时，输出超温报警信号。

温控器、温显器可以安装在离变压器一定距离内。温控原理如图5—8所示。

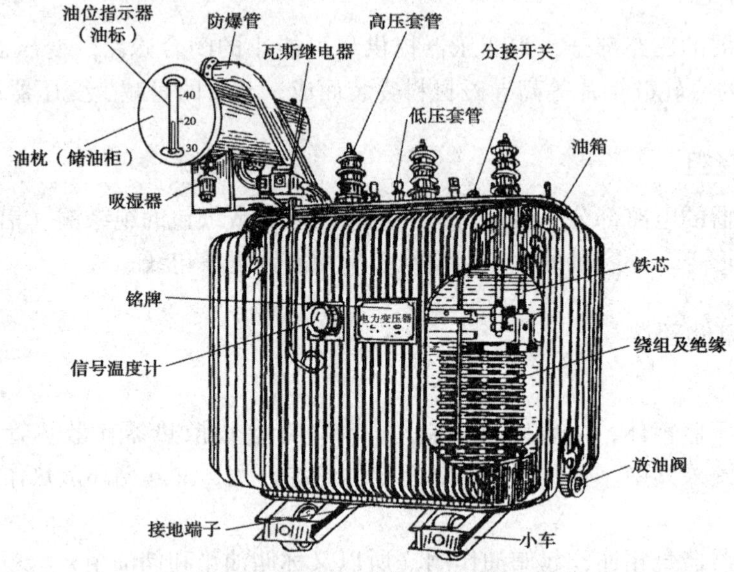

图5—7　油浸式电力变压器外形及结构

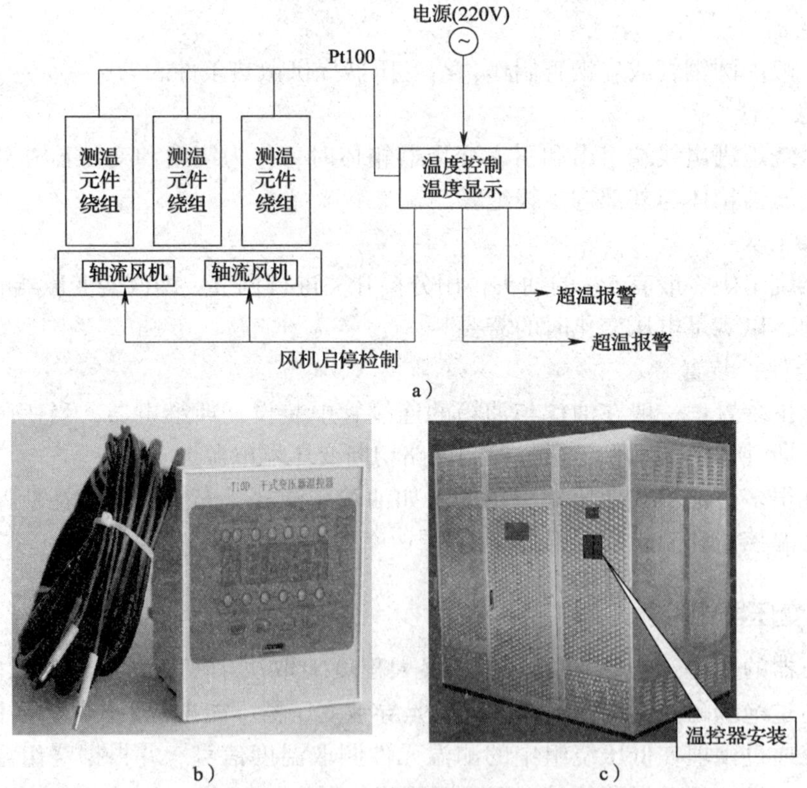

图5—8　干式变压器温控温显器及外壳

a）温控原理　b）温控器　c）干式变压器外壳

三、变压器的型号与铭牌数据

1. 变压器型号

变压器的型号标示出了变压器的主要参数和性能特征，其格式如下：

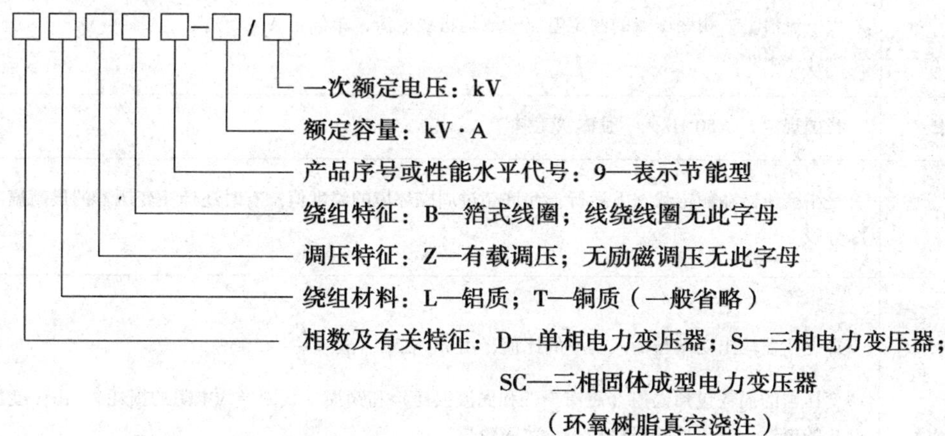

例如：S_9—100/10 型变压器表示是额定容量为 100 kV · A，高压侧额定电压为 10 kV、绕组导体为铜质的节能型三相电力变压器；如 SCB_9—500/10 型变压器表示是额定容量为 500 kV · A，高压侧额定电压为 10 kV 的固体铜箔式线圈干式三相电力变压器。

2. 变压器的铭牌数据

为保证变压器的安全运行和经济运行，在变压器器身上均标有变压器铭牌，并在铭牌上标注变压器的主要额定参数，以规定变压器的额定运行状态，在运行中不得超过。变压器的主要额定参数见表 5—2。

表 5—2　　变压器的主要额定参数

参数名称	说　明
额定容量	额定容量 S_N 表示在额定使用条件下变压器的最大输出能力，一般用视在功率表示，单位是千伏安（kV · A） 单相变压器的额定容量：$S_N = U_{2N}I_{2N}$ 三相变压器的额定容量：$S_N = \sqrt{3}U_{2N}I_{2N}$
额定电压	一次绕组的额定电压 U_{1N}，指变压器在正常运行时，一次绕组上所加的电压值，单位是 kV 它是根据变压器的绝缘强度和允许发热等条件所规定的。变压器所承受的外加电压与额定值的偏差不得超过 ±5% 额定值。这是变压器额定运行的基本条件 二次绕组的额定电压 U_{2N}，是指当变压器在空载运行时，一次绕组加上额定电压 U_{1N} 后，二次绕组两端的空载电压值。变压器带负载后，二次输出电压将有所下降。为了保证供电质量，输出电压与额定电压的偏差不得超过供电电压允许的偏差。在三相变压器中额定电压都是指线电压，单位是 kV

续表

参数名称	说　明
额定电流	一次绕组的额定电流 I_{1N} 是根据允许发热条件，变压器在长时期运行过程中一次绕组允许通过的最大电流值 二次绕组的额定电流 I_{2N} 是根据允许发热条件，变压器在长时期运行过程中二次绕组允许通过的最大电流值。三相变压器的额定电流一般均指线电流，单位是 A
额定频率	我国规定 $f_N = 50$ Hz，一般称“工频”
额定温升	是指变压器在额定状态下运行，允许超过周围环境的温度值。有时还标注变压器的最高温度或绝缘等级
额定效率	即变压器输出功率与输入功率的比值，用 η_N 表示，$\eta_N = \frac{P_2}{P_1} \times 100\%$ 变压器的损耗包括铁损（磁滞损耗和涡流损耗）和铜损（线圈导线电阻的损耗），由于变压器是静止的电器。变压器的损耗较小，效率较高
接线组别	变压器一次、二次绕组的不同接线方式，标示出变压器一次、二次侧对应的线电压间的相位差，一般用时钟表示法表示。如 D，ynll（△/$\curlyvee_{N-11}$）表示高压绕组为三角形（△形）联结、低压绕组为星形（$\curlyvee$形）联结，nll 表示有中性点接地和“11 点”接线组别（表示一次、二次侧对应的线电压间的相位差为330°）的三相变压器

【例 5—4】 一变压器容量为 10 kV·A，铁损为 200 W，满载时铜损是 300 W，求该变压器在满载情况下向功率因数为 0.8 的负载供电时，输入和输出的有功功率及变压器的效率？

解：如果忽略电压的变化，则：

$$P_2 = S_N \cos\varphi = 10 \times 0.8 = 8 \text{ kW}$$

$$P_{损} = P_{铁损} + P_{铜损} = 200 + 300 = 500 \text{ W}$$

$$P_1 = P_2 + P_{损} = 8 + 0.5 = 8.5 \text{ kW}$$

$$\eta_N = \frac{P_2}{P_1} \times 100\% = \frac{8}{8.5} \times 100\% = 94\%$$

想一想

满载时变压器的电流等于额定电流，这时二次侧电压是否也等于额定电压？

知识链接

变压器的选择

《住宅建筑电气设计规范》（JGJ 242—2011）

4.3.1　住宅建筑应选用节能型变压器。变压器的结线宜采用 D，yn11，变压器的负载率不宜大于 85%。

4.3.2　设置在住宅建筑内的变压器，应选择干式、气体绝缘或非可燃性液体绝缘的变压器。

4.3.3　当变压器低压侧电压为 0.4 kV 时，配变电所中单台变压器容量不宜大于 1 600 kV·A，预装式变电站中单台变压器容量不宜大于 800 kV·A。

第三节　特殊用途的变压器

特殊变压器是在特定场合使用及有特殊用途的变压器，主要有自耦变压器、仪用互感器、电焊变压器（电焊机）、整流变压器等。

一、自耦变压器

自耦变压器与普通的双绕组变压器的不同之处在于自耦变压器的闭合铁芯上只绕有一个绕组，这个绕组既是一次绕组，也是二次绕组。也就是说一次、二次绕组共用一套绕组，即二次绕组是一次绕组的一部分。所以，自耦变压器的一次侧和二次侧除了有磁的联系外，还有电的联系。如图 5—9 所示，其一次、二次电压之比和电流之比同普通双绕组变压器一样：

$$\frac{U_1}{U_2}=\frac{N_1}{N_2}=K$$

$$\frac{I_1}{I_2}=\frac{N_2}{N_1}=\frac{1}{K}$$

自耦变压器既可以降压，也可以作为升压变压器使用。实验室常用的调压器就是一种可以改变二次绕组匝数的单相自耦变压器，其外形和电路原理如图 5—10 所示。

自耦变压器也可以做成三相自耦变压器，如图 5—11 所示，其工作原理与单相变压器相同，三相自耦变压器常用做星形联结。调压器也有单相和三相两种。

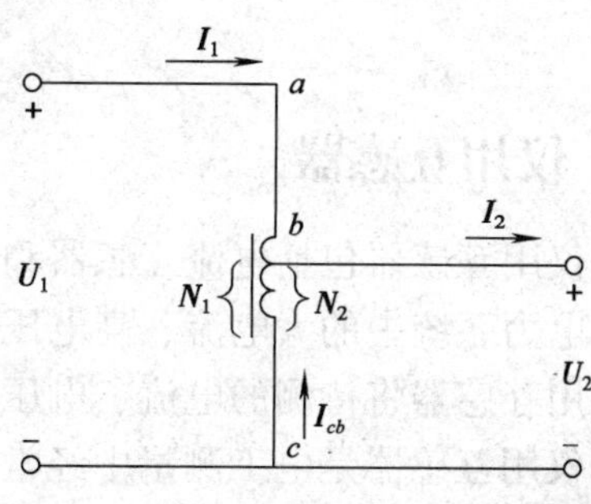

图 5—9　自耦变压器的工作原理图

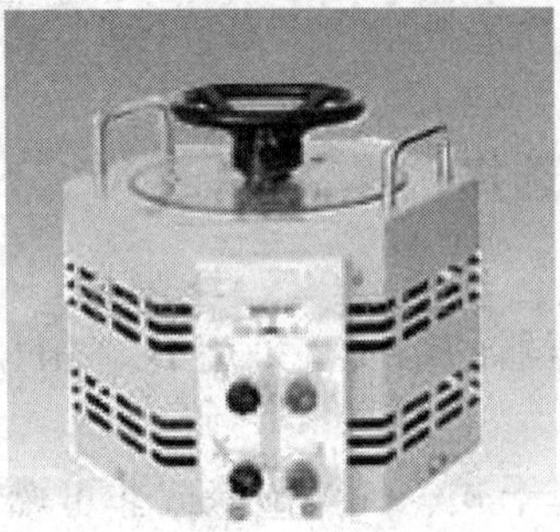

a）

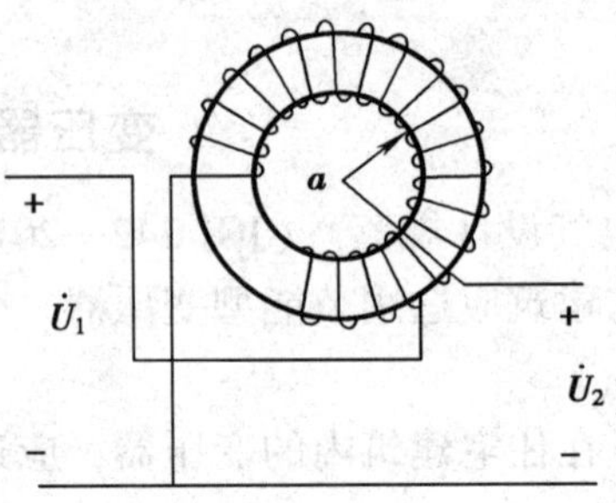

$\dot{U}_1$ + − a + $\dot{U}_2$ −

b）

图 5—10　单相自耦变压器

a）外形　b）原理图

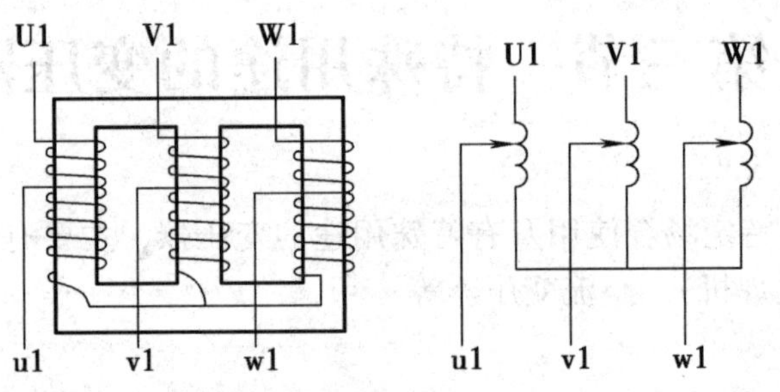

图 5—11　三相自耦变压器

与普通的双绕组变压器相比，自耦变压器具有结构简单、材料节省、体积小、质量轻、占地少、损耗小等优点。但是由于自耦变压器的一次、二次绕组的电路直接连在一起，当高压绕组的绝缘损坏时，高电压会直接传到低压绕组。

提示

自耦变压器不准作为安全照明变压器使用。而且，在使用自耦变压器时，接在低压侧的电气设备必须有防止高电压的措施，要求接线正确，外壳必须接地。

二、仪用互感器

仪用互感器包括电流互感器和电压互感器，它们属于测量装置。

电力系统中的大电流、高电压有时无法直接用普通的电流表和电压表来测量，必须通过仪用互感器将待测的电流、电压变换成小电流、低电压后才能测量。

仪用互感器是电工测量中经常使用的一种双绕组变压器，其作用一是扩大测量仪表的量程；二是通过仪用互感器将仪表与高电压电路隔离，保证仪表及人身安全。

1. 电流互感器

电流互感器的工作原理、主要结构与普通双绕组变压器相似，也是主要由铁芯和一次、二次绕组组成。其不同点在于：电流互感器一次绕组的导线截面积大，匝数很少（一般为1~10匝），与被测电流电路中的负载串联，二次绕组导线截面小，匝数多，与阻抗较小的仪表（电流表、功率表的电流线圈）连接构成闭合回路。

电流互感器运行时相当于二次侧短路的变压器，一次侧、二次侧电流关系满足：

$$\frac{I_1}{I_2}=\frac{N_2}{N_1}=k_i$$

其中，k_i 是电流互感器的额定电流比。当 N_2 远大于 N_1 时，k_i 很大，I_1 远大于 I_2，即被测电流很大，可用小量程的电流表来测量大电流。电流互感器二次绕组的额定电流一般都设计成5 A。若电流表与电流互感器固定连接，使用时，从电流表刻度上可以直接读出被测大电流的数值。

如图5—12所示为电流互感器的外形和原理接线图。

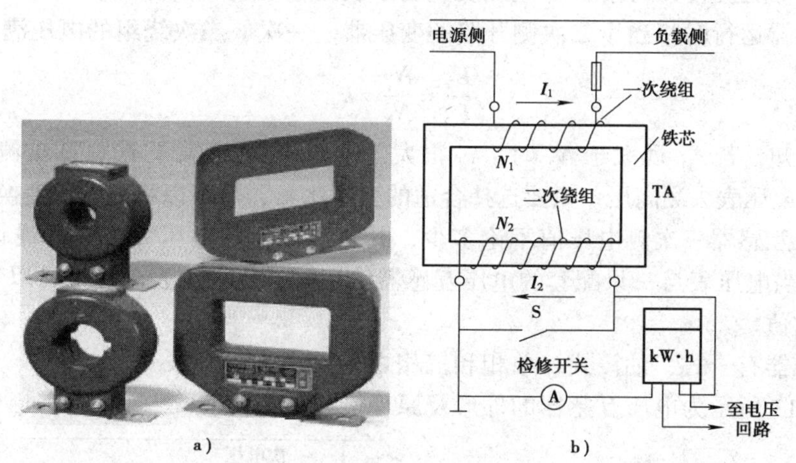

图5—12 电流互感器
a）外形 b）原理接线图

提示

电流互感器在使用时的注意事项见表5—3。

表5—3 电流互感器使用时的注意事项

注意事项	原因
二次侧绝对不允许开路。在一次侧电路工作时，如需要检修和拆换电流表或功率表的电流线圈，必须先将互感器的二次侧短路	二次侧开路时，电流互感器空载运行，此时一次侧被测电流全部为励磁电流，使铁芯中磁通密度明显增大。一方面将使铁芯损耗急剧增加，铁芯过热甚至烧毁绕组；另一方面将使二次侧感应出很高的电压，造成绝缘击穿，危及工作人员和其他设备的安全

续表

注意事项	原因
二次侧要可靠接地	一旦绝缘击穿，电力系统的高电压危及二次侧回路中的设备和操作人员的安全
在选择仪表时，二次侧仪表的阻抗要小于要求的阻抗值，并保证电流互感器的准确度等级比仪表的高两级	保证测量的准确度
电流互感器二次侧接功率表或电度表的电流线圈时，注意连接极性	保证连接极性正确，避免出现事故

2. 电压互感器

电压互感器是一种专用的降压变压器，其工作原理和结构与双绕组变压器相同。电压互感器的一次绕组的线圈匝数较多，与被测的高压电网并联；二次绕组的线圈匝数较少（1～10 匝），与阻抗较大的仪表（电压表、功率表的电压线圈）并联。

电压互感器运行时相当于二次侧开路的变压器。一次、二次绕组的电压满足：

$$\frac{U_1}{U_2}=\frac{N_1}{N_2}=k_u$$

由上式可知，若 N_1 远大于 N_2 时，k_u 很大，而 U_1 则远远大于 U_2，即被测电压值很大，可用低量程的电压表去测高压。只要选择合适的变压比 k_u，就可以将高电压变换成低电压。

通常电压互感器一次侧电压值不论多少，其二次侧额定电压大多数都设计成统一的标准值 100 V，当电压表与一只配套的电压互感器使用时，从电压表刻度上可以直接读出一次绕组电压的数值。

电压互感器有干式、油浸式、单相和三相之分。

如图 5—13 所示为电压互感器的外形及原理接线图。

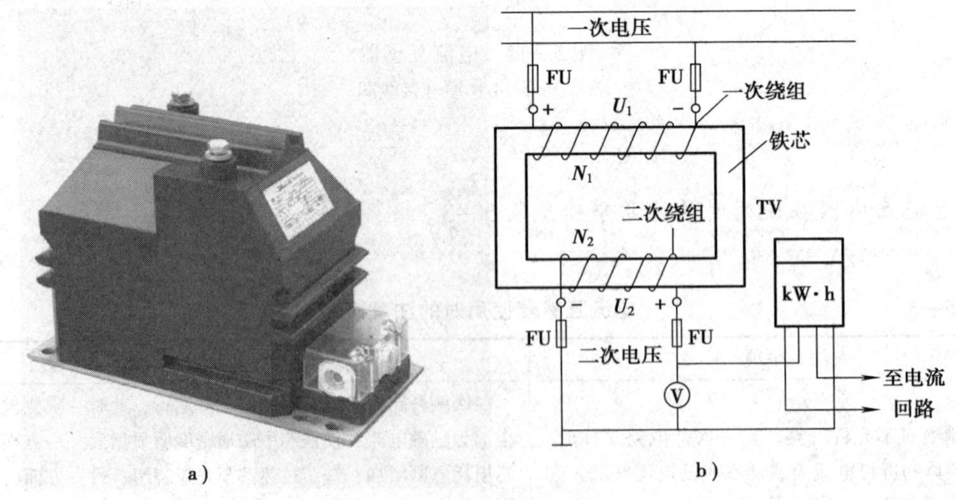

图 5—13 电压互感器
a）外形 b）原理接线图

提示

电压互感器在使用时的注意事项见表 5—4。

表 5—4　电压互感器使用时的注意事项

注意事项	原因
二次侧不允许短路。一次、二次侧绕组中应串联熔断器，作短路保护	电压互感器正常运行时接近空载，如二次侧短路，则会产生很大的短路电流，绕组将因过热而烧毁
二次绕组、铁芯和外壳都要可靠接地	互感器损坏时高电压窜入低压绕组，对人身和设备的安全造成危害
二次侧不宜接过多的仪表	电压互感器有一定的额定容量，二次侧仪表过多会影响电压互感器的精度等级
二次侧接功率表或电度表的电压线圈时，注意连接极性	保证连接极性正确，避免出现事故

3. 电焊变压器

电焊变压器是一种特殊用途的降压变压器，是一个双绕组变压器，工作原理如图 5—14 所示。电焊变压器工作在短路状态下，由于要求电焊变压器在焊接时必须具有的引弧电压，所以它的一次绕组配有分接头，用于调节起弧电压，也可用于调节二次侧的空载电压。

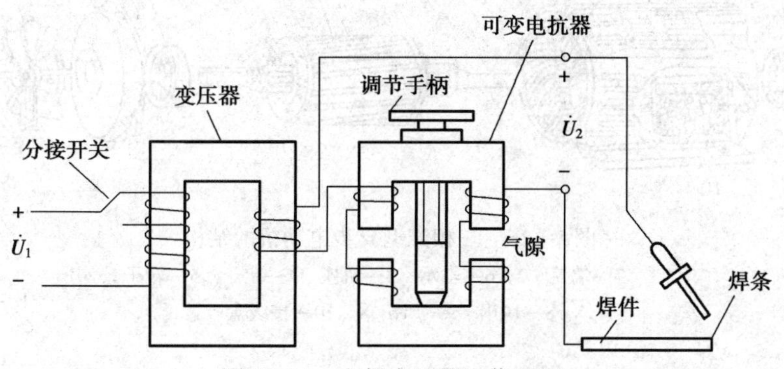

图 5—14　电焊变压器工作原理

一次、二次绕组装在两个铁芯柱上。在焊接电流增大时，输出电压要迅速下降，当电压降到零时，二次侧电流也不至于过大，所以要求电焊变压器有迅速下降的外特性，如图 5—15 所示。

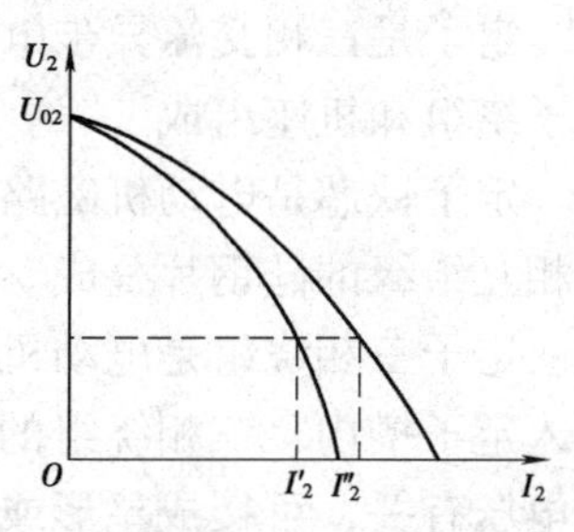

图 5—15　电焊变压器外特性

为适应不同的焊件和不同的焊条，焊接电流的大小要求能够调节，为此，在二次绕组回路中串了一个电抗器，当需要调节二次侧电流时，则通过改变与二次绕组串联的电抗器的感抗，来调节电抗器的空气隙的长度或绕组的匝数，达到调节二次侧电流的目的。当焊件与焊条接触，即相当于短路，电抗器的感抗可起限制电流的作用，随即将焊条抬起时，焊件与焊条间形成电弧，此时进行焊接，转动调节手柄，即可改变电抗器的空气隙，以达到改变焊接电流的大小的目的。

第四节　三相异步电动机的结构与原理

电机是实现电能和其他形式的能量相互转换的装置，有电动机和发电机两大类，其中电动机根据所通电源可分为直流电动机和交流电动机。

三相交流异步电动机是一种结构简单，制造、使用和维护方便，运行可靠，成本低、效率较高的旋转电机，在工农业生产机械中得到广泛的应用。但三相交流异步电动机也有缺点：一是功率因数较低，运行时增加了线路损耗；二是启动和调速性能较差。

一、三相异步电动机的结构

三相异步电动机主要由定子和转子两大部分组成，另外还有端盖、轴承及风扇等部件，如图 5—16 所示为三相笼型异步电动机的结构图。

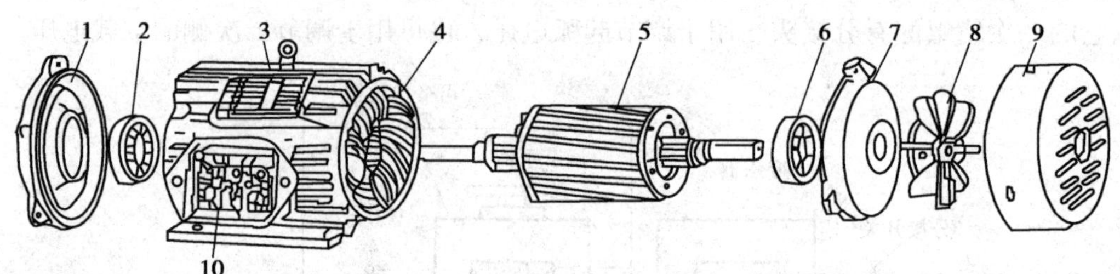

图 5—16　三相笼型异步电动机的结构

1，7—端盖　2，6—轴承　3—机座　4—定子　5—转子

8—风扇　9—风扇罩　10—接线盒

1. 定子

定子是三相交流异步电动机中固定不动的部分，用来产生旋转磁场，主要由定子铁芯、定子绕组和机座组成。

定子铁芯是电动机磁路的一部分，为减少铁芯损耗，一般用 0.5 mm 厚的导磁性能较好且相互绝缘的硅钢片叠成。

定子三相绕组是电动机的电路部分，由三相对称绕组组成，并按一定的空间角度依次嵌入定子槽内，三相绕组的首、尾端分别为 U1、V1、W1 和 U2、V2、W2，接线方式与电源电压有关，可接成星形或三角形。

机座一般由铸铁或铸钢制成，其作用是固定定子铁芯和定子绕组。

2. 转子

转子是三相异步电动机的旋转部分，由转子铁芯和转子绕组和转轴组成，其主要作用是产生感应电流，形成电磁转矩，通过转轴输送给生产机械。

转子铁芯是电动机磁路的一部分，一般也由相互绝缘的0.5 mm厚硅钢片叠成。

根据转子绕组的结构和形式不同，异步电动机可分为笼型异步电动机和绕线转子异步电动机两种，见表5—5。

表5—5　　异步电动机的分类

类型	特点	用途
笼型异步电动机	结构简单，价格低廉	一般用于搅拌机、带式输送机、振捣器、鼓风机、水泵等建筑生产机械中
绕线转子异步电动机	启动性能较好，可以在一定范围内调速	常用于卷扬机、塔式起重机等经常启动且需要有一定调速范围的生产机械中

二、三相异步电动机的工作原理

三相异步电动机的工作原理也是基于电磁感应原理而进行工作的，由此实现定子绕组与转子绕组之间的电能传递和能量的转换。

1. 三相异步电动机旋转磁场的产生

三相异步电动机的旋转磁场是由定子铁芯和三相对称绕组产生的。当定子绕组中通入三相对称电源时，定子绕组就会产生一个旋转磁场，其过程如图5—17所示。

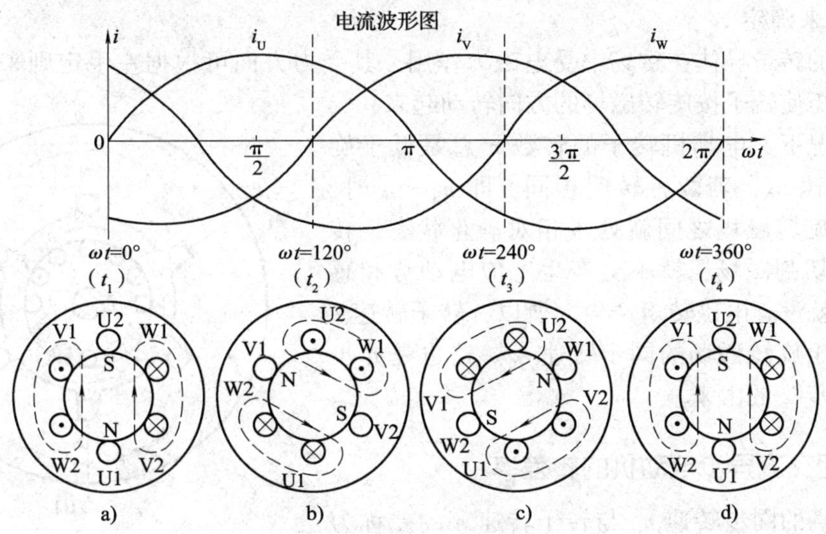

图5—17　三相异步电动机旋转磁场的变化情况

图 5—17 中分了 4 个时刻来描述旋转磁场的产生过程，电流每变化一个周期，旋转磁场在空间旋转一周，即旋转磁场的转速与电流的变化是同步的。

根据图 5—17 得知：电动机三相绕组在通入三相对称电流后所产生的合成磁场为旋转磁场，其幅值是恒定不变的；其方向取决于电流的相序，即旋转磁场方向与各绕组相电流的相序方向相同。所以，只需任意变换两根电源线即可改变电源相序，从而改变电动机旋转磁场的方向，以达到改变电动机转动方向的目的。

旋转磁场的转速 n_0 与电源频率 f 及磁场的磁极对数 p 有如下关系：

$$n_0 = \frac{60f}{p}$$

上式表明，电动机的旋转磁场的转速与磁极对数和使用的电源频率有关，控制交流电动机旋转磁场的转速有两种方法：一是改变磁极对数；二是改变频率。以往多用第一种方法，现在则利用变频技术实现对交流电动机的无极变速控制。

在工频 $f = 50$ Hz 情况下，不同磁极对数所对应的旋转磁场的转速见表 5—6。

表 5—6　　不同磁极对数所对应的旋转磁场的转速

p（磁极对数）	1	2	3	4
n_0（同步转速，单位 r/min）	3 000	1 500	1 000	750

2. 三相异步电动机的转动原理

当在三相异步电动机的定子绕组中通入三相对称电流时，就会在电动机内部产生一个与三相电流的相序方向一致的旋转磁场，这时，静止的转子与旋转磁场有了相对运动，转子将切割旋转磁场的磁感线而产生感应电动势，如图 5—18 所示。当转子绕组形成回路时，则在转子绕组中产生感应电流，其感应电动势和感应电流的方向可根据右手定则来确定。

有电流的转子导体在磁场中受电磁力作用，其受力方向可根据左手定则来确定。从而形成电磁转矩使转子按旋转磁场的方向转动起来。

一般情况下，电动机转子的转数 n 总是低于旋转磁场的转速 n_0，若两者转速相同，即 $n_0 = n$ 时，转子导体与旋转磁场之间就处于相对静止状态，转子导体没有切割磁场，就不会产生感应电动势和感应电流，也就没有电磁转矩产生。所以，转子转速 n 始终要略低于旋转磁场的同步转速 n_0。这也是异步电动机“异步”的由来。

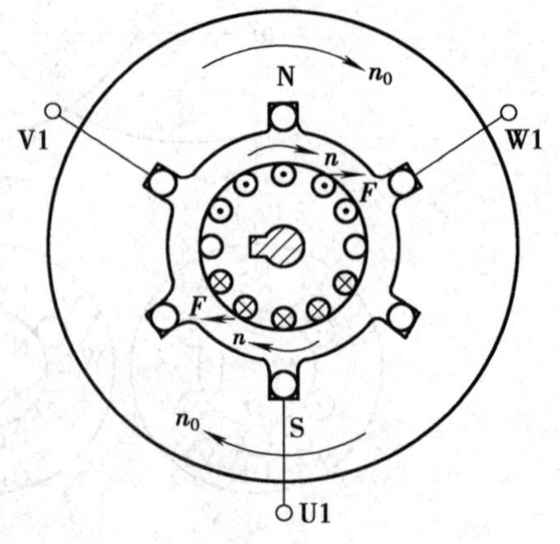

图 5—18　异步电动机的转动原理

3. 三相交流异步电动机的转差率

旋转磁场的同步转速 n_0 与转子转速 n 的差称为转差，转差与同步转速的比值称为异步电动机的转差率，用字母 s 表示：

$$s=\frac{n_0-n}{n_0}\times 100\%$$

转差率是三相异步电动机的重要参数，在电动机启动瞬间，转速 $n=0$，此时转差率最大，$s=1$；当异步电动机空载时，转子转速 n 接近于同步转速 n_1，此时转差率最小，$s\approx 0$。所以转差率的变化范围为：

$$0<s\leqslant 1$$

三相异步电动机在额定负载下运行时，转差率一般为 2% ~8%。

异步电动机的转速公式为：

$$n=(1-s)\ n_1=(1-s)\ \frac{60f}{p}$$

【例 5—5】　某台电动机的额定转速 $n_N=1\ 455$ r/min，电源的频率 $f=50$ Hz，试求该电动机的同步转速、磁极对数和额定转差率 s_N。

解：由于异步电动机的额定转速略低于并接近同步转速，查表 5—3 可知，略大于 $n_N=1\ 455$ r/min 的同步转速为：

$$n_0=1\ 500\ \text{r/min}$$

磁极对数：

$$p=\frac{60f}{n_0}=\frac{60\times 50}{1\ 500}=2$$

额定转差率 s_N 为：

$$s_N=\frac{n_0-n_N}{n_0}\times 100\%=\frac{1\ 500-1\ 455}{1\ 500}\times 100\%=3\%$$

想一想

$n_N=2\ 980$ r/min 的三相异步电动机，n_0 是多少？p 是多少？

第五节　三相异步电动机铭牌数据和选择

一、三相异步电动机的铭牌数据

正确了解电动机铭牌上的数据，对于使用电动机十分的重要。表 5—7 列出了电动机铭牌的样式。

1. 型号

根据电动机的用途和工作环境的不同，电机制造厂把电动机制成各种不同的系列，以供用户选择使用。异步电动机的型号一般用汉语拼音字母和一些数字组成。

表 5—7　　三相电动机的铭牌

	××××			电机厂编号××××	
		三相异步电动机			
型号	Y160M—4	功率	15 kW	频率	50 Hz
电压	380 V	电流	30.3 A	接法	D
转速	1 475 r/min	温升	75℃	绝缘等级	E
防护等级	IP144	重量	150 kg	工作方式	S1
功率因数	0.88				
				出厂年月××××年××月	

上述铭牌中型号的含义如下：

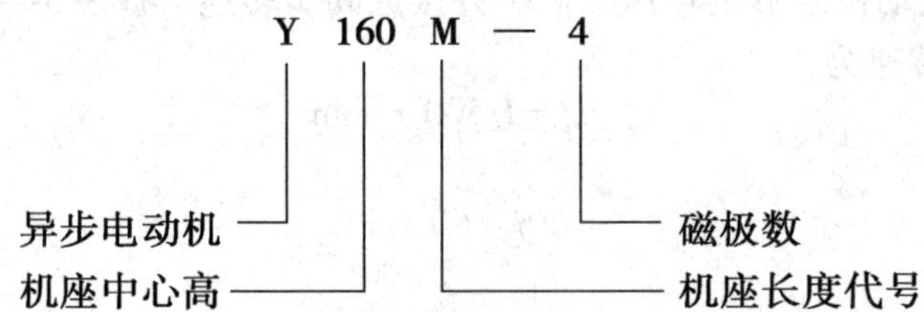

机座长度代号有 3 个符号，其中 L 表示长机座，M 表示中机座，S 表示短机座。字母 Y 表示笼型异步电动机，YR 表示绕线转子异步电动机。

2. 额定数据

电动机额定数据有功率、电压、电流、转速、效率、功率因数等。

额定功率 P_N：是指电动机在额定运行时转轴上输出的机械功率，单位为千瓦（kW）。

额定电压 U_N：正常工作下的定子绕组的线电压，单位为 V。

额定电流 I_N：电动机额定输出时，定子电路的线电流，单位是 A。

额定转速 n_N：额定电压、额定电流、额定功率时，转子的额定旋转速度，单位为 r/min。

额定效率 η_N：额定运行时，电动机轴上的输出功率 P_2 与输入功率 P_1 的比值，即 $\frac{P_2}{P_1}=\frac{P_N}{\sqrt{3}U_N I_N\cos\varphi}$。电动机损耗除了有铁损和铜损外，还要考虑机械损耗，所以电动机的效率不高，一般为 75% ~90%。

额定功率因数 $\cos\varphi$：电动机在额定运行时的功率因数。

额定功率因数和额定效率是三相异步电动机最重要的技术经济指标。电动机在额定状态或接近额定状态运行时，功率因数和效率比较高，而在轻载或空载下运行时，功率因数和效率都很低。

提示

在选用电动机时，额定功率要选得合适，应使它等于或略大于负载所需要的 P_2 值，尽量避免用大容量的电动机带小的负载运行，即要防止“大马拉小车”的现象。

3. 其他参数

除型号与额定参数外，电动机还有接法、工作方式、绝缘等级和防护等级等参数

(1) 接法

三相定子绕组的连接方法，一般有星形联结（Y）和三角形联结（△）两种。

(2) 工作方式

有连续运行、短时运行和重复断续运行三种。

连续运行：按额定值连续运行，一般超过 30 min 即为连续运行（如通风机、水泵等机械设备）。

短时运行：按额定值短时运行（如闸门等机械设备）。

重复断续运行：按额定值可重复周期性断续运行（如起重机、电梯等机械设备）。

(3) 绝缘等级

绝缘等级是指电动机中所用绝缘材料的耐热等级，它决定电动机允许的最高工作温度。目前，一般电动机采用 E 级绝缘，Y 系列电动机采用 B 级绝缘，它们允许的最高温度分别为 120℃和 130℃。

绕线转子异步电动机的铭牌上，除了上述额定数据外，还标有转子绕组的额定电流和转子绕组开路时的额定线电压。

(4) 防护等级

防护等级是指电动机外壳防护形式的分级。

4. 其他技术数据

如启动电流、最大转矩、额定转矩、启动转矩等。

【例 5—6】　Y180 M—2 型三相异步电动机，$P_N = 22$ kW，$U_N = 380$ V，三角形联结，$I_N = 42.2$ A，$\cos\varphi = 0.89$，$f = 50$ Hz，$n_N = 2\,940$ r/min。求额定运行时的：(1) 转差率；(2) 定子绕组的相电流；(3) 输入有功功率；(4) 效率。

解：(1) 由型号知该电动机的磁极对数 $P_1 = 1$，从而可求出 $n_0 = 3\,000$ r/min。故

$$s_N = \frac{n_0 - n_N}{n_0} = \frac{3\,000 - 2\,940}{3\,000} = 0.02$$

(2) 由于定子三相绕组为三角形联结，故定子相电流

$$I_{1P} = \frac{I_N}{\sqrt{3}} = \frac{42.2}{\sqrt{3}} = 24.4 \text{ A}$$

(3) 输入有功功率

$$P_{1N} = \sqrt{3}U_N I_N \cos\varphi = \sqrt{3} \times 380 \times 42.2 \times 0.89 = 24.7\ \text{kW}$$

（4）效率

$$\eta_N = \frac{P_N}{P_{1N}} \times 100\% = \frac{22}{24.7} \times 100\% = 89\%$$

二、三相异步电动机的选择

根据生产机械的技术要求及周围环境等条件，正确合理地选择电动机的功率、种类和型号等，保证生产设备安全、可靠、经济地运行是一件十分重要的工作。另一方面，在满足技术条件的同时，还应考虑节约投资和降低运行费用等经济问题。

1. 容量的选择

电动机的容量是根据它的发热情况来选择的。

在允许温度以内，电动机绝缘材料的寿命为 15 ~ 25 年。如果经常超过允许温度发热，绝缘老化会使电动机的使用年限缩短。电动机对温度的要求较高，一般来说，常年超过 8℃，电动机的使用年限就要缩短一半。而电动机的发热情况，又与生产机械的负载大小及运行时间长短有关。

所以，如果电动机的容量选择过小，则电动机会经常过载发热而缩短寿命；如果电动机的容量选择过大，又会使电动机经常工作在轻载状态，使效率和功率因数降低，不能经济运行。所以应按不同的运行方式选择电动机容量。表 5—8 列出了不同工作方式下容量的选择。

表 5—8　　不同工作方式下容量的选择

电动机工作方式	容量的选择原则
连续运行	容量等于生产机械功率除以效率
短时运行	允许短时过载，过载时间越短，过载就可以越大。但过载量不能无限增大，必须小于电动机的最大转矩。电动机的额定功率应大于生产机械功率除以电动机的过载系数
重复断续运行	可选择重复短时运行的专用电动机。容量的选择，可采用等效负载等方法，所选容量应大于或等于等效负载

知识链接

电动机的过载能力

电动机在使用时，其所驱动的负载并不是一成不变的，而是在不断地变化的，如锯木头的电锯在工作时，如果切割到木结，就要求电动机有足够大的输出才能完成切割任务，所以要求电动机有一定的过载能力。

电动机的短时过载能力和运行的稳定性由过载系数来衡量，用 λ 表示，其值是电动机的额定转矩与最大转矩的比值。通常 $\lambda = 1.8 \sim 2.5$，特殊用途的电动机（如起重、冶金用电动机），λ 的值可达到 $3.3 \sim 3.4$。

2. 类型的选择

三相异步电动机根据转子结构的不同分为笼型异步电动机和绕线转子异步电动机。

笼型异步电动机具有结构简单、价格便宜、维护使用方便等优点，但启动性能较差、调速困难。因此，对于不要求调速且启动转矩要求不高的生产机械，应尽量选择笼型异步电动机，如建筑中大量使用的送、排风机，排烟机，生活水泵，消防泵等都是用笼型异步电动机来驱动的。

如果启动时负载转矩较大，或者要求在不大的范围内进行调速的生产机械，如电梯、起重机、卷扬机等，则应考虑选用绕线转子异步电动机。

3. 结构外形的选择

为保证电动机在不同环境中安全可靠地运行，电动机结构及外形的选择应参照表5—9所列原则。

表5—9 电动机的选择

结构类型	图示	适用场所
开启式		适用于清洁、干燥的场合。在建筑设备中用得不多
防护式		适用于灰尘少、潮气不大、无腐蚀性气体的场合
封闭式		适用于灰尘多、潮气大或含有腐蚀性气体的场合
防爆式		适用于有爆炸性气体的场合

4. 电压和转速的选择

电动机的额定电压一定要和所使用的电源电压相等。电动机的额定转速是根据生产机械的要求来选定的。为简化传动机构，应尽量选择接近所驱动的生产机械的转速。

（1）对于不需要调速的高、中转速的机械，如水泵、压缩机、鼓风机等，一般应选用相应转速的异步或同步电动机直接（不通过减速机）与机械直接相连。

（2）不需要调速的低转速机械，一般选用适当转速的电动机通过减速器来传动。但是对于大功率的传动应注意电动机的转速不宜过高，要考虑大功率、大减速比的减速器其加工制造及维修都不方便等原因。

（3）对于需要调速的机械，电动机的最高工作速度与生产机械的最高速度相适应，连接方式可采用直接传动或者通过减速（或升速）机传动。

（4）重复短时工作的机械，由于频繁启动、制动及正、反转，生产机械几乎经常地处在启、制动状态下运转，此时电动机的转速除应当满足生产机械所要求的最高稳定工作速度以外，还需要从保证生产机械达到最大的加、减速度而选择最合适的传动比（指需要采用减速器时），以使生产机械获得最高的生产率。

知识链接

日常生活中常用的电动机

在日常生活中，较多用到的电动机多为单相异步电动机，见表5—10。

表5—10　　日常生活中常用的单相异步电动机

电动机类型	主要用途
单相电阻启动式异步电动机	电冰箱用压缩机、食物搅拌机、抽湿机、小型空调器
单相电容启动式异步电动机	电冰箱用压缩机、空调器用压缩机、小型机床
单相电容运行式异步电动机	冷藏箱式压缩机、空调器用风扇、台扇、吊扇、转叶扇、排气扇、洗衣机、干衣机、洗碗机、抽油烟机
单相电容启动运转式异步电动机	大型冷藏箱、冷饮机、大型空调器用压缩机
罩极式电动机	台风扇、洗衣机、通风机、电唱机、电吹风
单相异步电动机	变频空调器

想一想

1. 当电动机的额定电压与电源的线电压相等时，该如何接线？
2. 在你家里有哪些日用电器使用了电动机？

实验与实训　三相异步电动机定子绕组首、尾端的判别

一、实验目的

初步掌握三相异步电动机首、尾端的判别方法。

二、实验器材

220/36 V 自耦变压器、灯泡一只、毫安表一只。

三、实验步骤

1. 用 36 V 交流电和灯泡判别电动机定子绕组首、尾端（见图 5—19）

其操作步骤如下。

（1）用摇表或万用表的电阻挡，分别找出三相绕组的各相两个线端。

（2）给三相绕组的线端作假设编号 U1、U2，V1、V2 和 W1、W2。

（3）如果灯泡发光，说明线端 U1、U2 和 V1、V2 的编号正确，两相首尾相连接；如果灯泡不发光，则需将 U1、U2 和 V1、V2 任意两个线端的编号对调一下即可。

（4）再按上述方法对 W1、W2 两个线端进行判别。

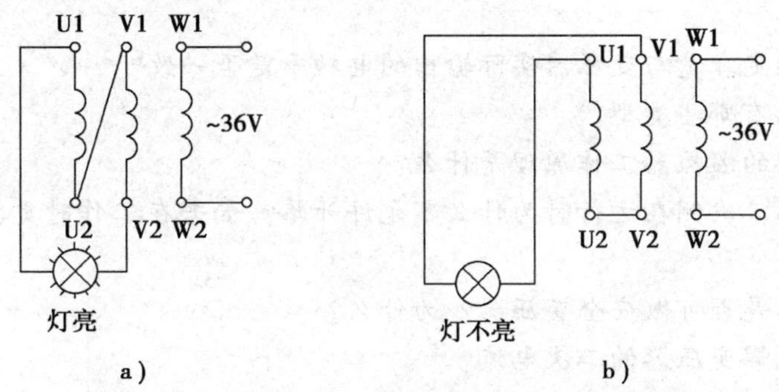

图 5—19　用 36 V 交流电和灯泡判别电动机定子绕组首、尾端
a）两相首尾相连　b）两相首与首或尾与尾相连

2. 单独用万用表判别首、尾端

电动机三相绕组接线图如图 5—20 所示。其操作步骤如下。

（1）首先将万用表调到电阻挡，根据电阻的大小先判别清楚三相绕组中哪两个线端属于同一相绕组。

（2）然后将万用表调到直流电流最小挡。

（3）再用手用力朝某一方向转动电动机的转子，若此刻万用表的表针不动，如图 5—20a 所示，则说明三相绕组首尾端的区分是正确的；若表针瞬间动了，如图 5—20b 所示，则说明有一相绕组的首尾接反了。要一相一相分别对调后重新试验，直到表针不动为止。

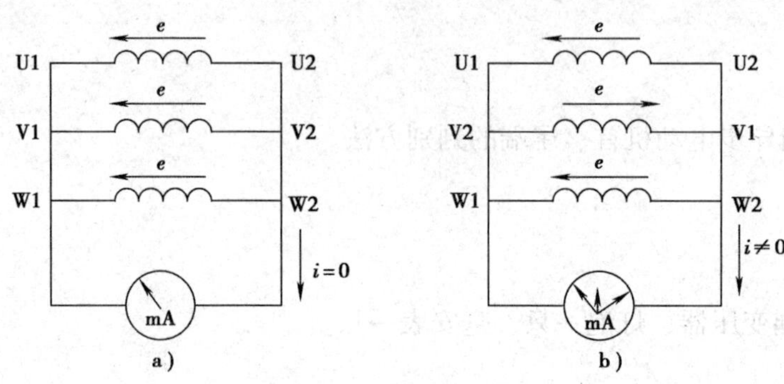

图 5—20　用万用表判别电动机绕组的首尾端

a）万用表指针不动　b）万用表指针摆动

复习思考题

1. 常用变压器有哪几种？各有什么用途？

2. 某台额定电压为 220/110 V 的单相变压器，欲获得 440 V 的电压，能否把 220 V 的交流电源接在变压器低压侧，而从高压侧取 440 V 电压？

3. 变压器能否用来变换直流电压？如将变压器接到与它的额定电压相同的直流电源上，会怎么样？

4. 变压器的额定容量与变压器实际输出的电功率是否一致？

5. 电力变压器有哪些类型？

6. 干式变压器的温控器工作原理是什么？

7. 电流互感器二次侧在运行时为什么不允许开路？如若在工作时更换测量仪表，该如何操作？

8. 自耦变压器是否可做安全变压器？为什么？

9. 怎样调节电焊变压器的二次电流？

10. 三相交流异步电动机的优缺点分别是什么？

11. 控制交流电动机旋转磁场的转速有哪两种方法？

12. 电动机的工作方式有哪几种？

13. 如何选择电动机的容量？

第六章 电子技术基础知识

学习目标

1. 掌握半导体基础知识及二极管工作原理；
2. 掌握三极管工作原理；
3. 了解基本放大电路分析；
4. 了解静态工作点的稳定。

第一节 半导体基础及二极管

一、半导体及其导电性能

半导体元器件是近代电子学的重要组成部分，是构成电子线路的重要元器件。由于半导体元器件具有体积小、质量轻、输入功率小和功率转换效率高等优点，因而得到了广泛应用。

1. 半导体及主要特性

根据自然界材料的导电能力，可以把电工材料大致分为三类：导体、半导体和绝缘体。

能够导电的物体就是导体（如铜、银、铝等）；不能导电的物体就是绝缘体（像塑料、橡胶等）；导电性能介于导体和绝缘体之间的物体就是半导体。典型的半导体有硅（Si）和锗（Ge）等；还有砷化镓（GaAs）等化合物的半导体材料，化合物的半导体材料是用来制造发光器件的基础材料。

纯净半导体的特点如下。

（1）纯净的半导体具有热敏性和光敏性的特点，当受外界热和光的作用时，它的导电能力明显变化。利用半导体的热敏性，可以制造自动控制中常用的热敏电阻器及其他热敏元件；利用半导体的光敏性，可以制成光敏电阻器、光电二极管、光电三极管等元器件，从而实现路灯、航标灯的自动控制或制成火灾报警装置、光电控制开关等。

（2）纯净的半导体的导电能力很弱，但如果在其中掺入微量的杂质，就会使半导体的导电性显著提高，这就是半导体的掺杂特性。按掺入杂质的性质的不同，可分为 N 型半导体和 P 型半导体。

杂质半导体的导电性能与其掺杂浓度和温度有关，掺杂浓度越大、温度越高，其导电能力越强。

2. PN 结的形成及其单向导电性

（1）PN 结的形成

如果在同一块半导体单晶上，采用掺杂工艺，使一边形成 N 型半导体，另一边形成 P 型半导体。在 P 型和 N 型两个半导体的交界处就会形成一个特殊的薄层，称为 PN 结，如图 6—1 所示。

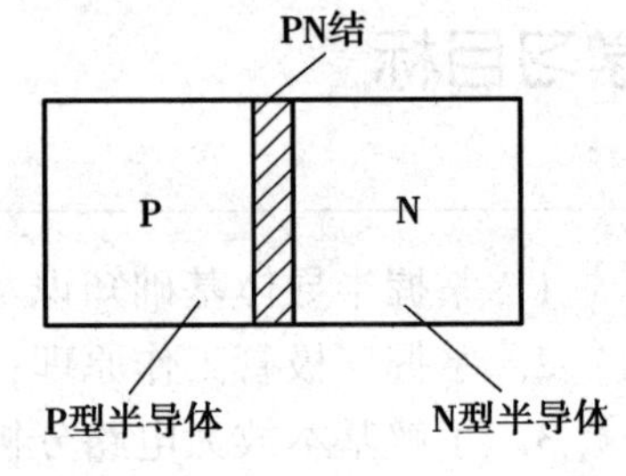

图 6—1　PN 结

（2）PN 结的单向导电性

PN 结是构成各种半导体器件的基本单元，使用中总是加有一定的电压。

当 P 区接电源正极，N 区接电源负极，如图 6—2a 所示。加在 PN 结上的电压称为正向电压或称为正向偏置，简称正偏。PN 结正偏时处于导通状态，形成正向电流，并且随着正向电压的增大而增大。这时 PN 结的电阻值较小。

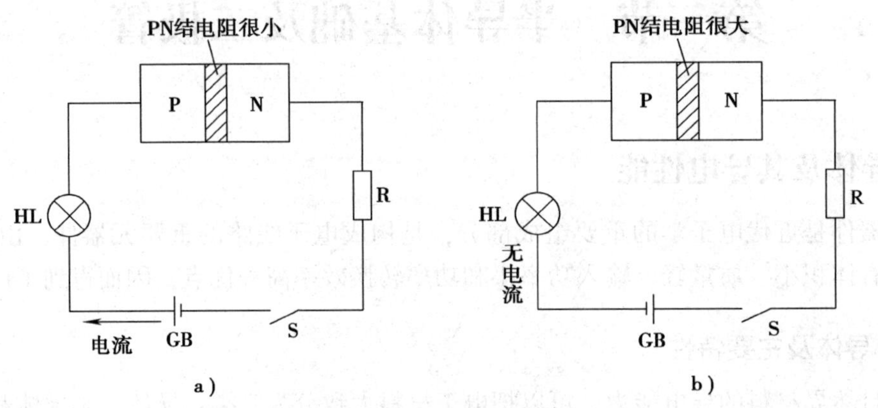

图 6—2　PN 结的单向导电性

a）PN 结加正向电压　b）PN 结加反向电压

当 N 区接电源正极，P 区接电源负极时，如图 6—2b 所示。加在 PN 结上的电压称为反向电压或称为反向偏置，简称反偏。PN 结反偏时呈现高电阻，形成反向电流。当外界温度一定时，反向电流很小且基本不变，并且不随反向电压的增大而增大，故也称为反向饱和电流。

综上所述，PN 结加正向电压时，呈现低电阻状态，具有较大的正向电流；PN 结加反向电压时，呈现高电阻状态，具有很小的反向电流。

提示

PN 结具有单向导电性：即正偏导通，反偏截止。

知识链接

半导体材料基本知识

1. 半导体的导电特性

半导体在物理结构上呈单晶体形态，在其晶体结构中，原子的最外层电子（称为价电子）不仅受自身原子核的束缚，而且受相邻原子核的束缚，通过这样的相互作用联系在一起，如图 6—3 所示。

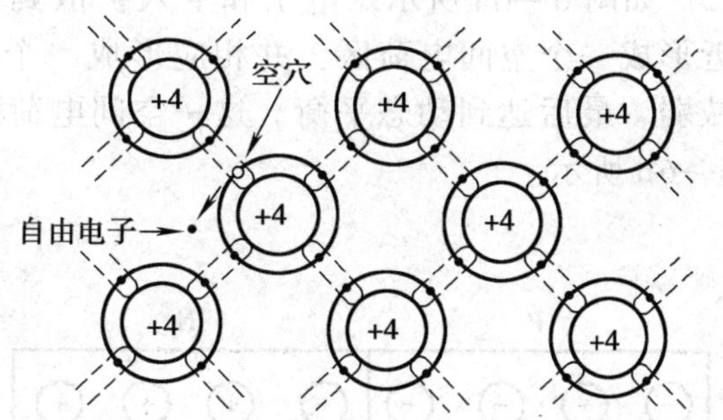

图 6—3 硅（锗）原子在晶体中的排列

半导体在没有外界激发时，一般不导电，但当温度升高或受到光的照射时，一部分价电子可以挣脱原子核的束缚而参与导电，称为自由电子，其原来的位置形成空位，称为空穴。电子和空穴统称为载流子。温度越高或光照越强，载流子浓度越大，导电性能也越好。这就是半导体具有热敏性和光敏性的原因。

2. N 型和 P 型半导体的形成原理

纯净半导体一般都是硅材料为主，专业上称为本征半导体。它虽然有电子和空穴存在，但是实际数量却极少，所以一般不能用来直接制造半导体。

如在本征半导体中掺入五价元素（如磷、锑等），这些原子有五个价电子，占据与硅原子相同的位置时会多出一个价电子，这个多余的价电子很容易激发成为自由电子，如图 6—4 所示。这类半导体中自由电子数远大于空穴数，主要依靠自由电子导电，称为 N 型半导体。

如在本征半导体中掺入三价元素（如硼、镓、铟），这些原子只有三个价电子，占据与硅原子相同位置时会因缺少一个价电子而产生一个空穴，如图 6—5 所示。这类半导体中空穴数远大于自由电子数，主要依靠空穴导电，称为 P 型半导体。

3. PN 结形成及其单向导电性的原理

(1) PN 结的形成

如果在同一块半导体单晶上，采用掺杂工艺，使一边形成 N 型半导体，另一边形成 P 型半导体。P 型区域空穴的浓度高，电子浓度低；而 N 型区域电子浓度高、空穴浓度低，于是在交界面附近发生了两区多数载流子往低浓度的方向扩散的运动。

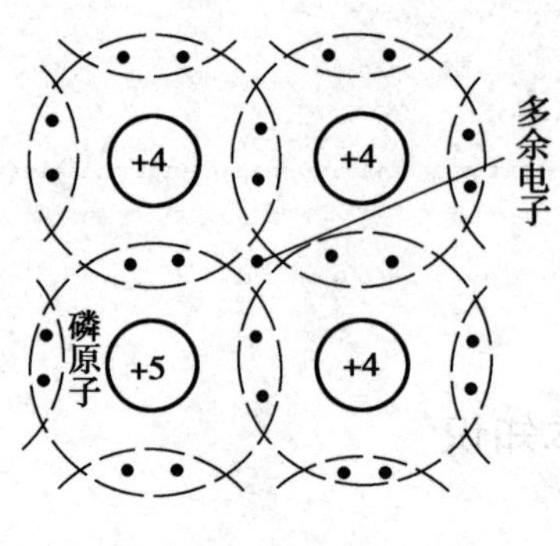

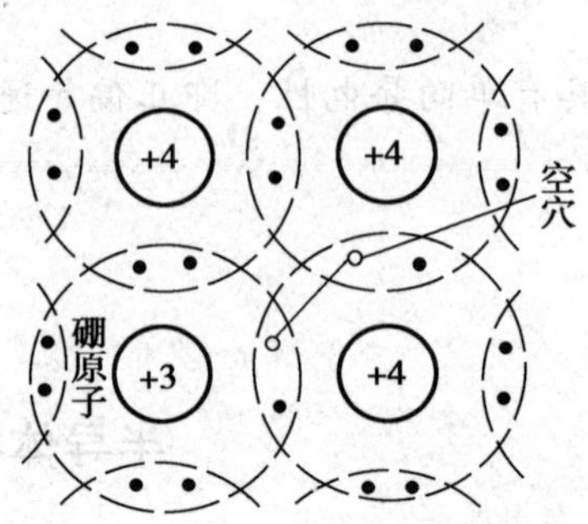

图 6—4　N 型半导体　　　　图 6—5　P 型半导体

如图 6—6a 所示。电子和空穴扩散到对方区域后相互结合不再移动，在交界面附近形成一个空间电荷区，并相应形成一个阻碍多数载流子扩散的内电场，使扩散逐渐减弱，最后达到动态平衡。这一空间电荷区就是 PN 结，也称为阻挡层或耗尽层，如图 6—6b 所示。

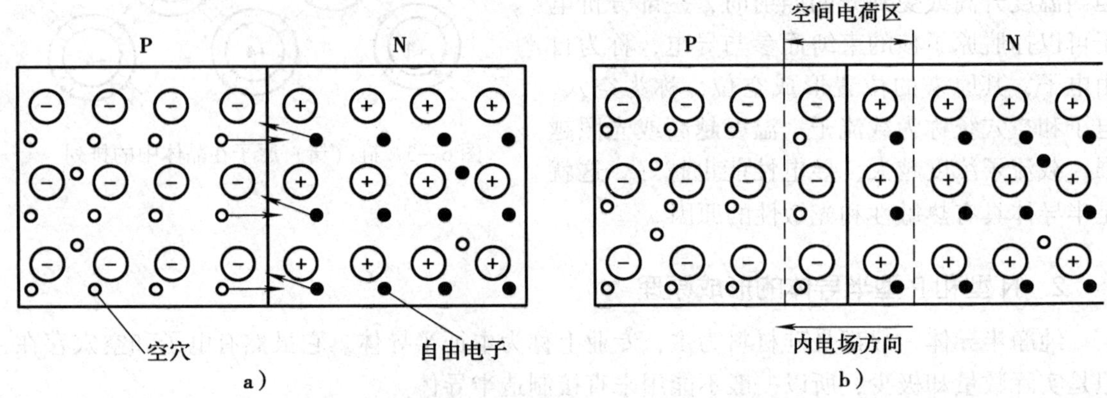

图 6—6　PN 结的形成

a）多数载流子的扩散运动　b）PN 结的形成

（2）PN 结单向导电性的原理

PN 结加正向电压时，外电场的方向和内电场相反，削弱了内电场，阻挡层变薄，促进了多数载流子的扩散运动，形成正向电流，并且随着正向电压的增大而增大，如图 6—7a 所示。

PN 结加反向电压时，外电场的方向和内电场的方向相同，阻挡层变厚，进一步阻碍了多数载流子的扩散运动。但外电场可以帮助两区的少数载流子（P 区自由电子和 N 区空穴）通过 PN 结，从而形成了反向电流，如图 6—7b 所示。因为少数载流子浓度低，当外界温度一定时，反向电流很小且基本不变，并且不随反向电压的增大而增大。

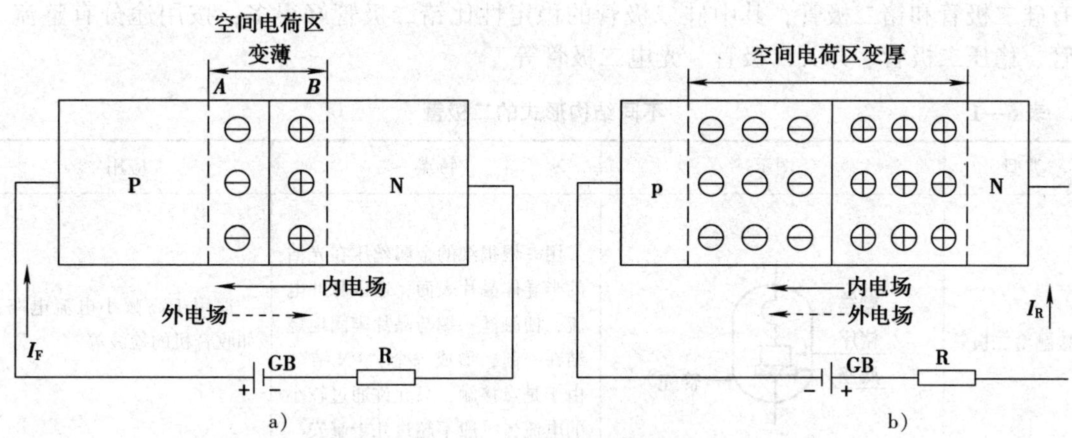

a）　　b）

图 6—7　PN 结的单向导电原理

a）PN 结加正向电压　b）PN 结加反向电压

二、二极管

1. 二极管的符号、结构和类型

二极管本质上就是一个 PN 结，从 P 区和 N 区各引一条引线然后再封装在一个管壳内，就制成了一个二极管。P 区引出端叫正极（阳极），N 区引出端叫负极（阴极），文字符号 V（或 VD），图形符号如图 6—8 所示。

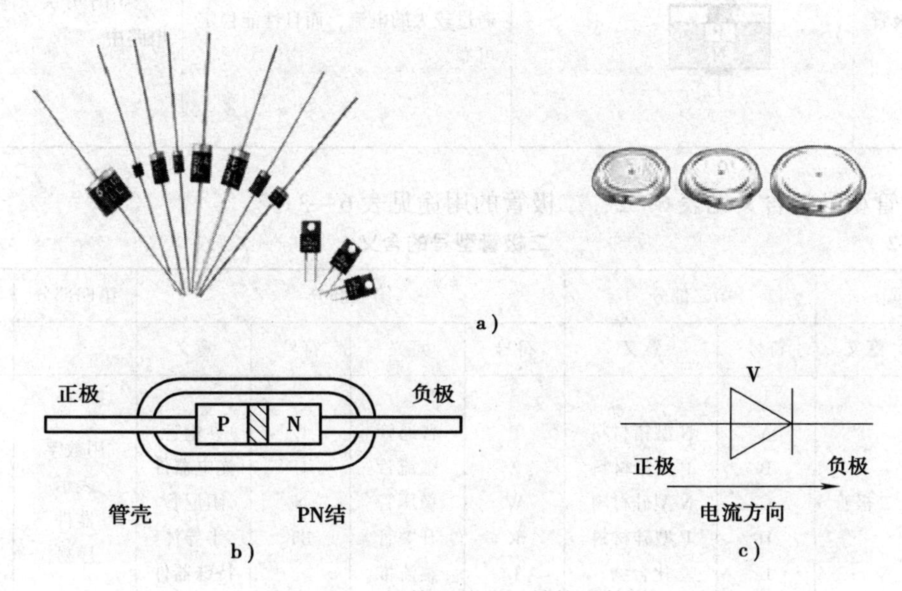

a）　b）　c）

图 6—8　二极管的外形、结构和符号

a）外形　b）结构　c）符号

二极管按结构分为点接触型、面接触型两大类，如表6—1所示。按制造材料分，常用的有硅二极管和锗二极管，其中硅二极管的稳定性比锗二极管好得多；按用途分有整流二极管、稳压二极管、开关二极管、光电二极管等。

表6—1　　不同结构形式的二极管

类型	图示	特点	应用
点接触型二极管	+ 触丝 锗片 底座 管壳	用一根很细的金属丝压在光洁的半导体晶片表面，通以脉冲电流，使触丝一端与晶片牢固地烧结在一起，形成一个“PN结”。由于是点接触，只允许通过较小的电流，一般不超过几十毫安	适用于高频小电流电路，如收音机的检波等
面接触型二极管	弹性金丝 铝合金小球 P N 导电层 管壳 支架	面接触型二极管的“PN结”面积较大，允许通过较大的电流，几安到几十安	用于把交流电变换成直流电的“整流”电路中
平面型二极管	二氧化硅保护层 + P N	一种特制的硅二极管，不仅能通过较大的电流，而且性能稳定可靠	多用于开关、脉冲及高频电路中

二极管型号的含义见表6—2，二极管的用途见表6—3。

表6—2　　二极管型号的含义

第一部分		第二部分		第三部分				第四部分	第五部分
符号	意义	符号	意义	符号	意义	符号	意义		
2	二极管	A B C D E	N型锗材料 P型锗材料 N型硅材料 P型硅材料 化合物	P Z W K L	普通管 整流管 稳压管 开关管 整流堆	C U N BT	参量管 光电器件 阻尼管 半导体特殊器件	用数字表示器件序号	用字母表示规格代号

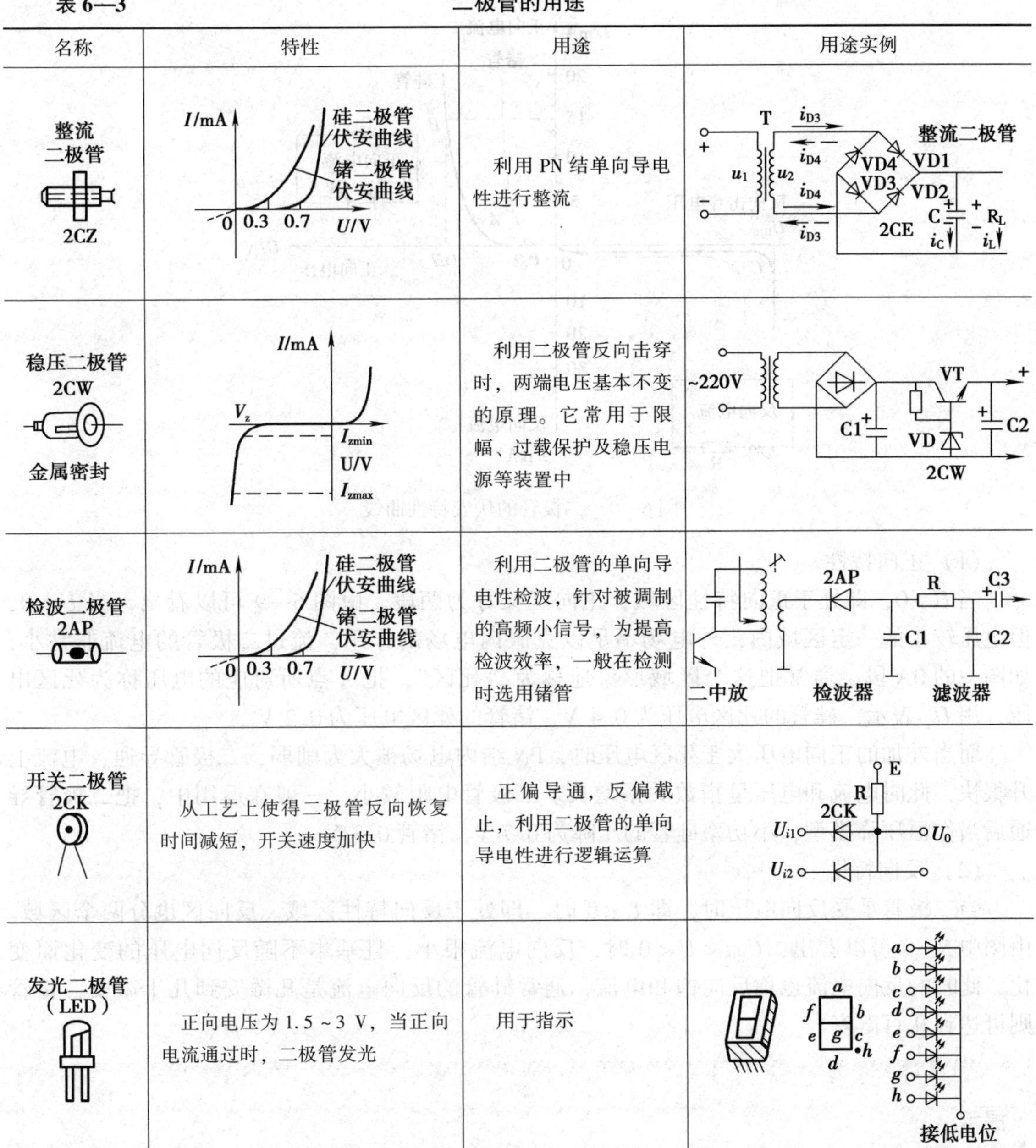

表 6—3　　二极管的用途

名称	特性	用途	用途实例
整流二极管 2CZ	I/mA；硅二极管伏安曲线；锗二极管伏安曲线；0　0.3　0.7　U/V	利用 PN 结单向导电性进行整流	T　i_{D3}　i_{D4}　u_1　u_2　整流二极管　VD4　VD1　VD3　VD2　C　R_L　2CE　i_C　i_L
稳压二极管 2CW 金属密封	I/mA；V_z；I_{zmin}；U/V；I_{zmax}	利用二极管反向击穿时，两端电压基本不变的原理。它常用于限幅、过载保护及稳压电源等装置中	~220V　VT　C1　VD　C2　2CW
检波二极管 2AP	I/mA；硅二极管伏安曲线；锗二极管伏安曲线；0　0.3　0.7　U/V	利用二极管的单向导电性检波，针对被调制的高频小信号，为提高检波效率，一般在检测时选用锗管	2AP　R　C3　C1　C2　二中放　检波器　滤波器
开关二极管 2CK	从工艺上使得二极管反向恢复时间减短，开关速度加快	正偏导通，反偏截止，利用二极管的单向导电性进行逻辑运算	E　R　2CK　U_{i1}　U_0　U_{i2}
发光二极管（LED）	正向电压为 1.5 ~ 3 V，当正向电流通过时，二极管发光	用于指示	a　b　c　d　e　f　g　h　接低电位

2. 二极管的伏安特性

二极管的伏安特性是指通过二极管的电流与其两端电压之间的关系。半导体二极管的伏安特性曲线如图 6—9 所示，虚线是锗管，实线是硅管。处于第一象限的是正向伏安特性曲线，此时二极管的阳极接电源正极，阴极接电源负极；处于第三象限的是反向伏安特性曲线，此时二极管的阳极接电源负极，阴极接电源正极。

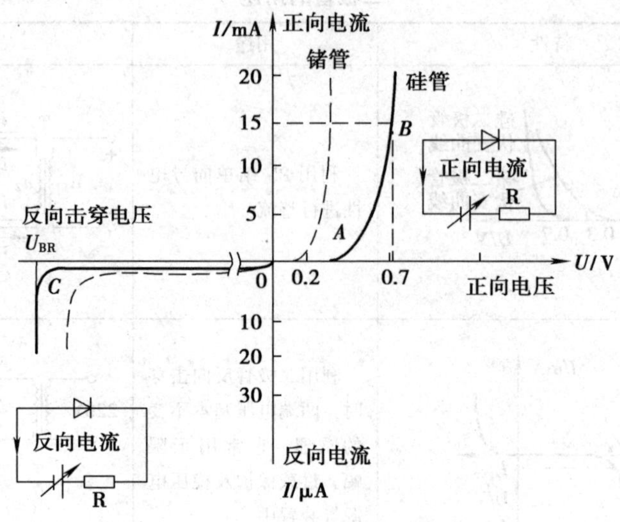

图6—9　二极管的伏安特性曲线

（1）正向特性

当 $U>0$，即处于正向特性区域，正向区又分为两段。由图6—9可以看出，当 $U>0$，但电压较小的一定区域内，外电场不足以克服内电场的作用，流过二极管的电流非常小，如图中的0A段，通常把这个区域形象地称为“死区”，把 A 点所对应的电压称为死区电压，用 U_T 表示，硅管的死区电压为0.4 V，锗管的死区电压为0.2 V。

而当外加的正向电压大于死区电压时，PN结内电场被大大削弱，二极管导通，电流上升很快，此时电流和电压呈指数关系增长。二极管电阻较小。一般在运用中，把二极管导通后当作恒压降模型，小功率硅管的压降为0.7 V，锗管0.3 V。

（2）反向特性

当二极管承受反向电压时，即 $U<0$ 时，即处于反向特性区域。反向区也分两个区域。由图中5—9可以看出，$U_{BR}<U<0$ 时，反向电流很小，且基本不随反向电压的变化而变化，此时的反向电流也称反向饱和电流，通常硅管的反向电流是几微安到几十微安，锗管则可达到几百微安。

提示

反向电流是衡量二极管质量优劣的重要参数，该值越小，反映二极管单向导电性越好。其大小也和环境温度有关。

当 $U \geqslant U_{BR}$时，反向电流急剧增大，这种现象称为反向击穿。通常把 U_{BR} 叫作反向击穿电压。当发生反向击穿后，只要采取适当的措施限制电流，二极管就不会损坏。但是，如果不采取措施限流，就会因为电流过大而烧毁PN结，造成过热击穿，破坏二极管的内部结构，从而使二极管产生永久性损坏。

3. 二极管的参数及使用

(1) 二极管主要参数

半导体器件的参数是国家标准或制造厂家对生产的半导体器件应达到的技术指标提供的数据要求，它是合理选用半导体器件的重要依据。常用的二极管的主要参数见表6—4。

表6—4　二极管的主要参数

参数	含义	意义
最大整流电流 I_{FM}	在规定的环境温度下，二极管长期工作允许通过的最大正向电流	超过此值会导致二极管过热而烧坏。对于大功率二极管必须按规定安装散热装置
最高反向工作电压 U_{RM}	二极管长期工作时允许外加的最大反向电压，也就是通常所说的耐压值	若实际工作电压的峰值超过此值，则二极管可能因PN结的反向电流急剧增大而使特性变坏，甚至烧坏二极管。一般该值设定为击穿电压的一半
最大反向电流 I_{RM}	二极管未击穿时流过的最大反向电流	对温度敏感，I_{RM} 越小，则二极管的单向导电性越好

(2) 二极管的选用原则

保证选用的二极管型号所对应的参数能满足实际电路的要求，然后考虑经济实用。一般情况下，整流电路首选热稳定性好的硅管，而高频检波电路首选锗管。

【例6—1】 某电子器件厂生产的二极管的型号如下，试辨别下面这两个管子的类型：(1) 2 *B Z* 5；(2) 2 *D K* 4。

解：(1) 2代表二极管，B表示P型锗材料，Z表示整流管，5是这一类型的序号，即P型锗材料整流二极管。

(2) 2代表二极管，D表示P型硅材料，K表示开关管，4是这一类型的序号，即P型硅材料开关二极管。

【例6—2】 电路如图6—10所示，试判断二极管（理想二极管）是导通还是截止。若导通，求流过二极管的电流。

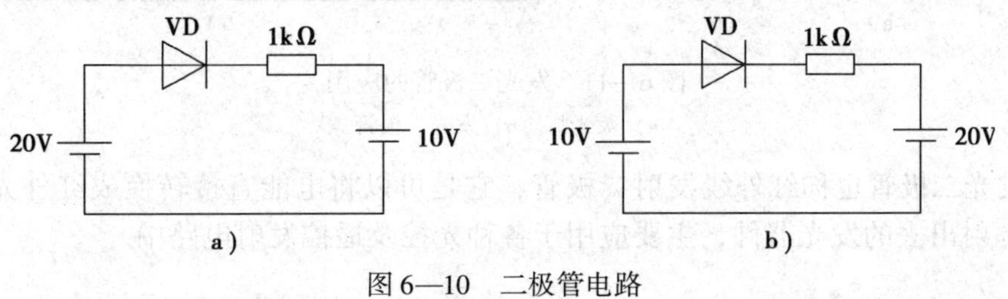

图6—10　二极管电路

解：图 6—10a 所示为导通。通过二极管的电流大小和通过电阻的电流大小相同，并且为理想二极管。若导通的管压降不计，流过二极管的电流为：

$$I=(20-10)\text{ V}/1\text{ k}\Omega=10\text{ mA}$$

图 6—10b 所示为截止。

知识链接

发光二极管

发光二极管（light emitting diode，LED）的本质就是一个二极管，如图 6—11 所示，只是用了不同的半导体材料。普通二极管在正向电压时候导通而产生电流；发光二极管也是这样的，不同的是，电流通过发光二极管时，它把一部分电能转化为光能而发出来。

发光二极管还可分为普通单色发光二极管、高亮度发光二极管、超高亮度发光二极管、变色发光二极管、闪烁发光二极管、电压控制型发光二极管、红外发光二极管和负阻发光二极管。其中普通单色发光二极管和红外发光二极管特点及用途如下。

普通单色发光二极管具有体积小、工作电压低、工作电流小、发光均匀稳定、响应速度快、寿命长等优点，可用各种直流、交流、脉冲等电源驱动点亮。它属于电流控制型半导体器件，使用时需串接合适的限流电阻。

普通单色发光二极管的发光颜色与发光的波长有关，而发光的波长又取决于制造发光二极管所用的半导体材料。红色发光二极管的波长一般为 650 ~ 700 nm，琥珀色发光二极管的波长一般为 630 ~ 650 nm，橙色发光二极管的波长一般为 610 ~ 630 nm，黄色发光二极管的波长一般为 585 nm 左右，绿色发光二极管的波长一般为 555 ~ 570 nm。

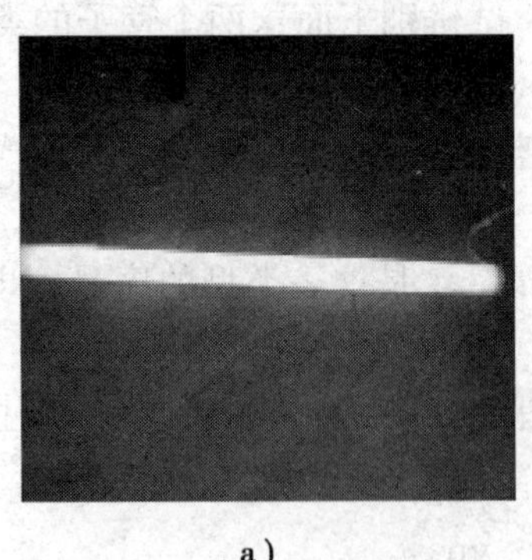

a）

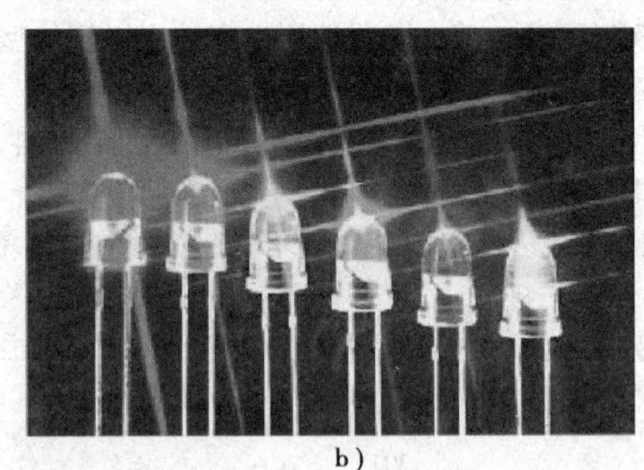

b）

图 6—11　发光二极管的应用
a）荧光灯　b）发光二极管

红外发光二极管也称红外线发射二极管，它是可以将电能直接转换成红外光（不可见光）并能辐射出去的发光器件，主要应用于各种光控及遥控发射电路中。

第二节 三 极 管

半导体三极管又称为双极型三极管或晶体三极管，简称三极管。它在电子电路中既可用作放大器件，又可作为开关器件，应用十分广泛。

一、三极管的结构、符号和类型

在一块极薄的硅或锗基片上通过光刻氧化工艺制作出两个 PN 结，把整个基片分成三层半导体，从三层半导体上各引出一根引线就是三极管的三个极，再封装在壳里就制成了三极管。

1. 结构

按照基区是 N 型和 P 型半导体，可以将三极管分为 NPN 和 PNP 两种组合形式，不论是 NPN 型或 PNP 型，都可以将三极管的结构概括为三区、两结、三电极。

（1）三区

它是指三层半导体的区域，分别叫作发射区、基区和集电区。

（2）两结

它是指形成的两个 PN 结，在基区和发射区的 PN 结叫作发射结，在基区和集电区的 PN 结叫作集电结。

（3）三电极

它是指发射区、基区和集电区引出的发射极 e、基极 b、集电极 c。

三极管的文字代号为 V 或 VT，三极管的结构和符号如图 6—12 所示，某些三极管的外形如图 6—13 所示。

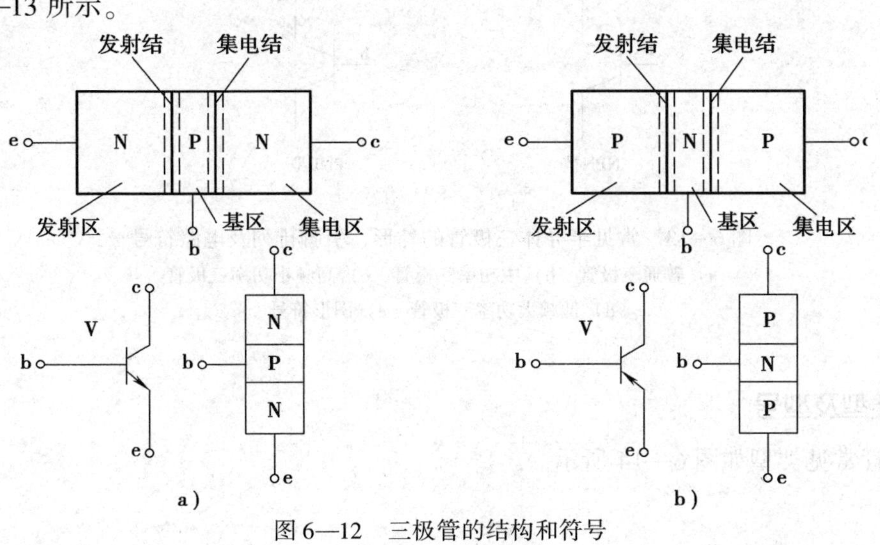

图 6—12 三极管的结构和符号

a）NPN 型 b）PNP 型

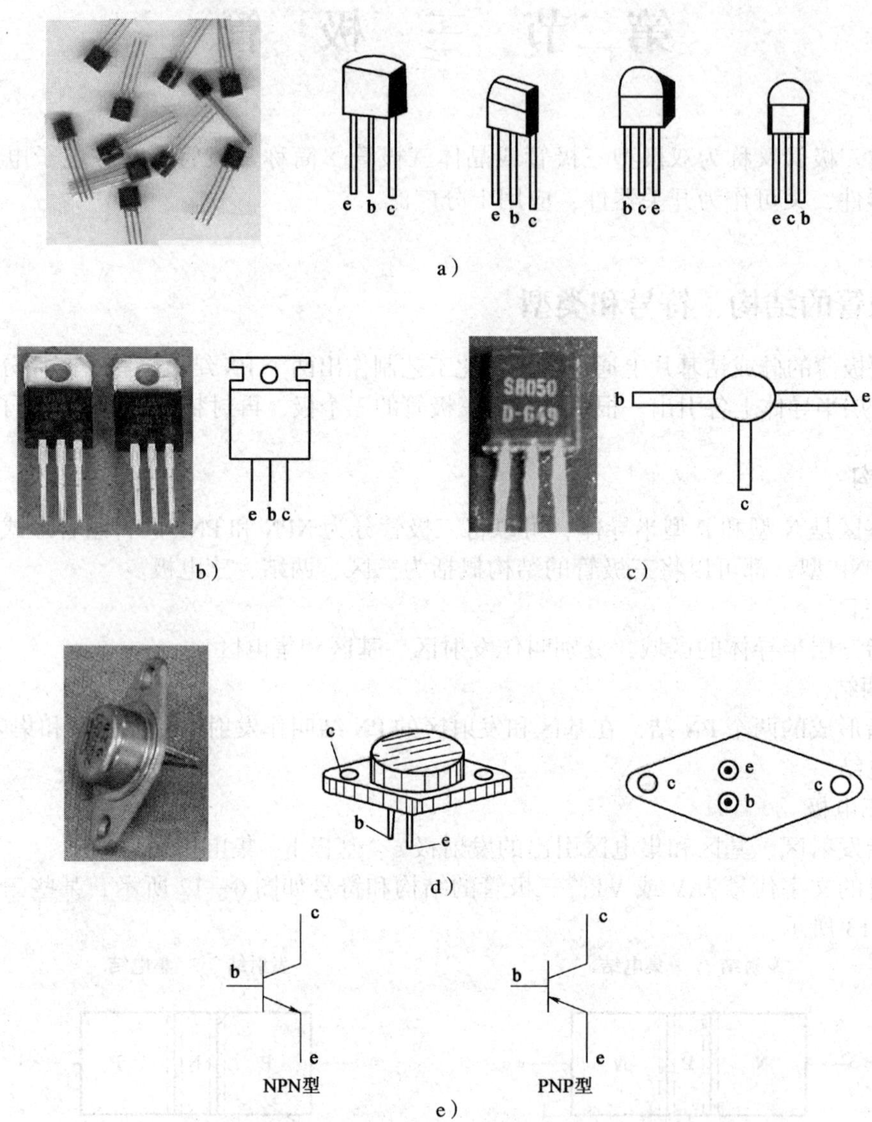

图 6—13　常见半导体三极管的外形、引脚排列及电路符号

a）普通三极管　b）中功率三极管　c）高频小功率三极管

d）低频大功率三极管　e）图形符号

2. 类型及型号

三极管常见类型如图 6—14 所示。

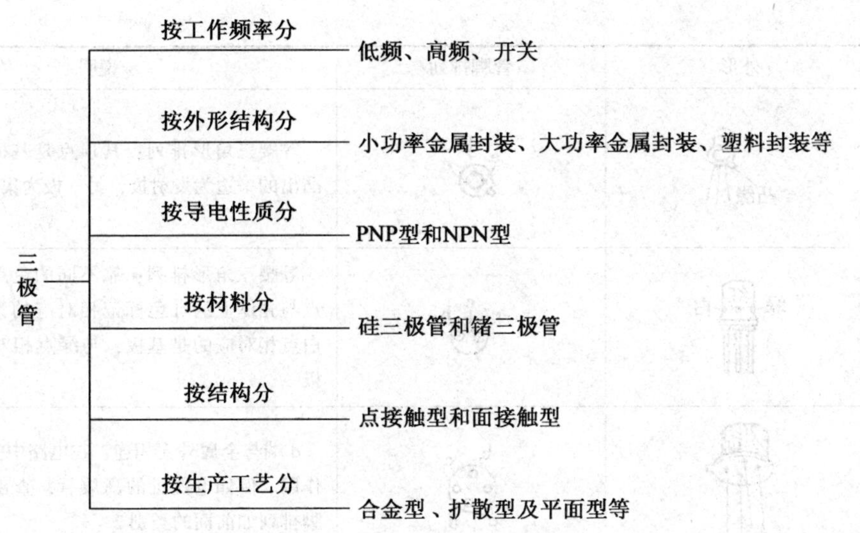

图 6—14 三极管类型

具体三极管型号的含义见表 6—5。

表 6—5 **三极管型号的含义**

第一部分		第二部分		第三部分		第四部分	第五部分
符号	意义	符号	意义	符号	意义		
3	三极管	A	PNP 型锗材料	X	低频小功率管	用数字表示器件序号	用字母表示区别代号
				G	高频小功率管		
		B	NPN 型锗材料	D	低频大功率管		
				A	高频大功率管		
		C	PNP 型硅材料	T	晶闸管		
				C	参量管		
		D	NPN 型硅材料	K	开关管		
				U	光电管		

表 6—6 和表 6—7 中总结了一系列的三极管的外形识别方法。

表 6—6 **管脚呈等腰三角形排列（金属管壳）**

类别	外形	管脚排列	说明
1	红点	b e c	根据管脚排列及色点标志判别：等腰三角形排列，其顶点是基极，有红色点的一边是集电极，另一边是发射极

续表

类别	外形	管脚排列	说明
2	凸缘	b e c	等腰三角形排列：其顶点是基极，管帽边沿凸出的一边为发射极，另一极为集电极
3	绿 红 白	e c b	等腰三角形排列：靠不同的色点来区分，顶点与壳体上的红色标记相对应的为集电极，与白点相对应的是基极，与绿点相对应的为发射极
4	2G 211 c b d e	b c e d	d 端与金属外壳相连，在电路中接地，起屏蔽作用。例如电视机的高放管，查出 d 端后，管脚排列如前面的类别 2

表 6—7　　管脚排列呈直线排列（塑料管壳）

类别	外形	管脚排列	说明
1		e b c	管脚排列成一条直线且距离相等，则靠近管壳红点的为发射极，中间为基极，剩下的是集电极
2	e	c b e	管脚排列成直线但距离不相等，则距离较近的两脚之中，靠近管壳的那只管脚为发射极，中间的为基极，剩下的是集电极
3	平面 e b c	e b c	可把平面朝向自己，管脚朝下，则从左至右依次为发射极、基极和集电极
4	3AD5 c b e	孔 b e c	管底朝向自己，中心线上方左侧为基极，右侧为发射极，金属外壳为集电极

二、三极管的电流放大作用

1. 三极管的结构特点

三极管实际的结构特点如下。

（1）发射区的掺杂浓度相当大，远大于基区的掺杂浓度。在外电场作用下，可以产生相对较大的电流。

（2）基区非常薄（约为几微米），为载流子的顺利通过创造了条件，同时由于掺杂浓度较小，所以形成的基极电流也很小，一般为微安级。

（3）集电区掺杂浓度较小，集电结面积远比发射结的面积大，可以尽可能接受来自发射区并通过基区的载流子，而形成电流。

正是由于以上结构特点，三极管在一定的外部条件下就具有了电流的放大作用。

想一想

集电极和发射极可以互换吗？

2. 三极管的电流放大作用

为了使三极管具有正常的电流放大作用，应该在发射结上加上正向偏置电压，在集电结上加上反向偏置电压。

（1）三极管的电流分配关系

三极管的电流满足关系式：

$$I_B + I_C = I_E$$

$I_C \gg I_B$，所以常用：

$$I_C \approx I_E$$

这就是三极管的电流分配关系。

（2）三极管的电流放大作用

三极管在正常工作情况下，I_C/I_B 是一定的，为一个常数，常用 h_{FE} 表示，称为直流电流放大倍数。

任意两个基极电流差 ΔI_B，对应两个集电极电流差 ΔI_C 的比值（即集电极电流与基极电流变化量的比值）$\frac{\Delta I_C}{\Delta I_B} \approx$ 常数，称作交流电流放大倍数，用 β 表示。即 $\frac{\Delta I_C}{\Delta I_B} \approx \beta$。由于 h_{FE} 与 β 相近，在应用时可以相互代替。

（3）三极管的穿透电流在没有基极电流的情况下，也会有集电极电流产生，这个电流称为集电极—发射极反向饱和电流 I_{CEO}，也叫作穿透电流。

三、三极管的特性曲线

三极管的特性曲线是描述三极管三个极之间的电压和电流变化关系的曲线，是三极管内部载流子运动的外部表现。它主要有输入特性和输出特性两种曲线。

1. 输入特性曲线

三极管的输入特性曲线是指将三极管的集电极和发射极之间的电压 U_{CE} 保持一

定，加在基极和发射极之间的电压 U_{BE} 和基极电流 I_B 之间的关系曲线，如图 6—15 所示。

三极管输入特性和二极管的正向特性非常相像，同样存在死区电压，加在发射结上的电压只有在大于死区电压以后，才能出现基极电流。通常锗管的死区电压是 0.2 V，硅管的死区电压为 0.5 V。但是从图 6—16 中还发现，在开始一段的线段不是很平直，若要使三极管处于正常放大状态，则硅管的 U_{BE} 约为 0.7 V，而锗管的 U_{BE} 约为 0.3 V。

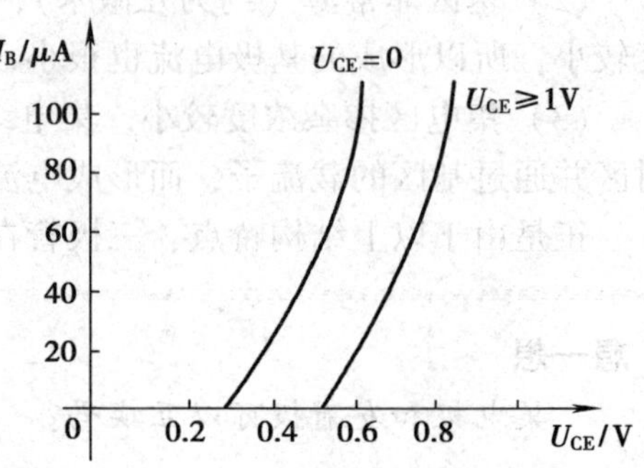

图 6—15　三极管输入特性曲线

在 $U_{CE}>1$ V 时的那条输入特性曲线和 $U_{CE}=1$ V的那条曲线非常接近。这是因为，当 $U_{CE}=1$ V 时，集电结变为反向偏置，发射区注入基区的电子绝大多数都被集电区收集，只有很小一部分形成基极电流 I_B。所以 U_{CE} 再加大，集电极收集的电子也增加。

2. 三极管的输出特性曲线

三极管的输出特性曲线是指保持三极管的基极电流 I_B 一定，三极管集电极电流 I_C 和集电极电压 U_{CE}之间的关系曲线。

三极管输出特性曲线如图 6—16 所示。相对于输入特性，输出特性较为复杂。从曲线来看，每条曲线都有上升、弯曲和平直部分，一般地，I_B 的值由下往上排列，取值间隔均匀，得到相应的特性曲线的平直部分间距也均匀，且与横向坐标轴基本平行。所以在平直曲线段，在基极电流一定的情况下，集电极电流 I_C 并不随集电极电压变化而变化，而体现为恒流特性。为此可以将它分为三个区域：截止区、放大区和饱和区，这三个区分别对应了三极管的截止、放大和饱和三个工作状态。

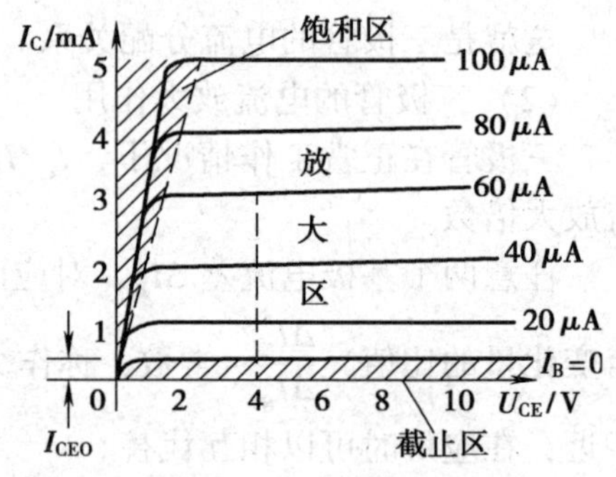

图 6—16　三极管输出特性曲线

(1) 截止区

这个区域的基极电流 $I_B=0$，对应的集电极 $I_C\approx 0$。

在截止区，从内部结构表现为，三极管的发射结反偏或者是结电压小于死区电压。而随着 U_{CE}的增加，在 $I_B=0$ 的情况下，$I_C=I_{CBO}$，由于 I_{CBO}数值很小，所以三极管工作在截止状态。这个电流就是前面提到的穿透电流。

提示

三极管工作于截止状态的外部电路的条件为：发射结反向偏置（或无偏置又称零偏），集电结反向偏置。

（2）放大区

当三极管处于放大状态时，集电极电流 I_C 不随集电极电压 U_{CE} 变化，而受基极电流 I_B 控制，其关系可表示为：

$$\Delta I_C = \beta \Delta I_B$$

这个放大区域的曲线呈水平状。这是因为集电结反偏电压加强了内电场，使发射区扩散到基区的电子绝大部分都漂移到集电区，形成电流 I_C，此后再加大 U_{CE}，对 I_C 的影响不大，故 I_C 的数值几乎与 U_{CE} 无关，而保持恒定。因为特性曲线比较平直，所以有时候也叫作线性区。

由于放大区存在 $\Delta I_C = \beta \Delta I_B$ 的关系，体现了三极管的电流放大作用。

提示

三极管工作于放大状态的外部条件是：发射结正向偏置，集电结反向偏置。

（3）饱和区

输出特性曲线的左侧阴影区为饱和区，其特点是集电极电压比较小，I_C 不受 I_B 控制，三极管没有放大作用。此时的集电极和发射极是接通的，相当于一个接通了的开关。

提示

三极管工作于饱和状态的外部条件是：发射结和集电结都处于正向偏置状态。

想一想

在三极管的截止区内，如果基极电流为 0 的话，那么发射结有没有导通呢？

四、三极管的主要参数

三极管的特性除了用特性曲线表示外，还可以从它的有关参数中体现出来。这些表示三极管性能及其适用范围的参数是选择和使用三极管时的依据。

1. 电流放大参数

（1）直流电流放大系数 h_{FE}

在共发射极电路中，当 U_{CE} 为规定值且无交流信号输入时：

$$h_{FE} = \frac{I_C}{I_B}$$

（2）交流电流放大系数β

电流放大系数是衡量三极管放大能力的参数，在共发射极电路中：

$$\beta = \frac{I_C}{I_B}$$

这两个参数是三极管的典型特性参数，体现了三极管的放大电流的能力。

提示

在很多的运用中，可以认为直流电流放大系数和交流电流放大系数这两个参数是等同的。

想一想

能在三极管的输出特性曲线上求得交流放大系数吗？

2．极间反向电流

（1）集电极—基极间反向饱和电流 I_{CBO}

当发射极开路，在集电极和基极之间加上一规定的反向偏置电压时，其反向电流就是集电结反偏时的反向饱和电流。I_{CBO}越小，单向导电性越好。在常温下，一般小功率硅管的 I_{CBO}在 1 μA 以下，锗管则在 10 μA 左右。

（2）集电极—发射极间的反向饱和电流 I_{CEO}

当基极开路，即 $I_B = 0$，集电极和发射极之间加规定的反向电压时，其反向电流也叫作穿透电流，I_{CEO}和 I_{CBO}有如下关系：

$$I_{CEO} = (1+\beta)\ I_{CBO}$$

三极管工作在放大区时，集电极电流 $I_C = \beta I_B + I_{CEO}$。当温度升高时，$I_{CBO}$增加很快，但 I_{CEO}增加得更快，使 I_C 也相应地增加。所以，I_{CEO}大的三极管其热稳定性很差。

因为在温度上升的时候，I_{CEO}增加较 I_{CBO}明显，I_{CEO}和 I_{CBO}都是衡量三极管质量的重要参数。由于 I_{CEO}比 I_{CBO}大，故 I_{CEO}容易测量，所以常用测量 I_{CEO}来检测三极管的质量。

I_{CEO}的值也可以从输出特性曲线中得到，如图 6—17 所示。

3．极限参数和三极管的安全工作区

（1）集电极—最大允许电流 I_{CM}

当集电极电流增加得过大时，三极管的β值将下降，当β值下降到其正常值的 2/3 时，所对应的集电极电流称为集电极最大允许电流 I_{CM}。使用时，一般都要求 $I_C < I_{CM}$，在 $I_C > I_{CM}$时，就有可能损坏三极管。

（2）集电极—发射极反向击穿电压 $U_{(BR)CEO}$

当基极开路时，加在集电极和发射极间的最大允许工作电压称为集电极—发射极反向击穿电压。使用三极管的时候，一般要求集电极电源电压低于这个值。

当 $U_{CE} > U_{(BR)CEO}$ 时，I_C 急剧增大，造成集电结反向击穿，因此在很多高压大电流电路中，往往在三极管的发射极电路中接有一个阻值不大的电阻，其目的是提高反向击穿电压。另外要注意，三极管在高温下 $U_{(BR)CEO}$ 还会降低。

（3）集电极最大允许功率损耗 P_{CM}

集电极电流 I_C 通过集电结时所产生的功率，表现为发出热量，使三极管温度升高。根据三极管允许的最高温度和散热条件来规定集电极最大允许耗散功率 P_{CM}，在使用时要求：

$$P_{CM} \geqslant I_C U_{CM}$$

所以，有时候虽然做到了 $I_C < I_{CM}$，$U_{CE} < U_{(BR)CEO}$，但是由于 $P_{CM} < I_C U_{CM}$ 三极管仍将损坏。

根据三极管的三个极限参数，可在坐标轴中体现出三极管的安全工作区，如图 6—18 所示。图中显示了三极管的安全工作区域和过损耗区。其集电极最大允许功率损耗曲线叫作功耗曲线。

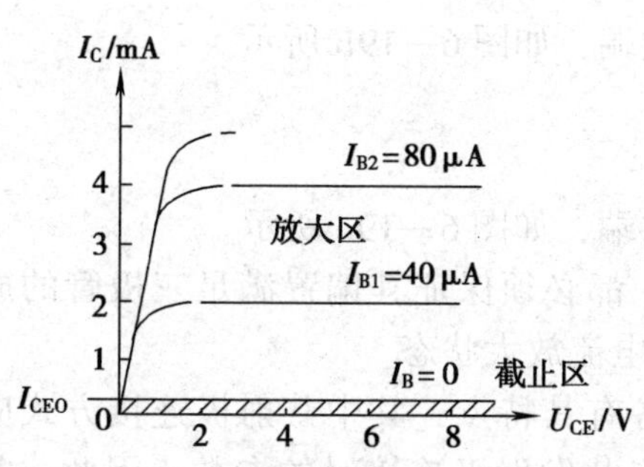

图 6—17　I_{CEO} 在输出特性曲线上的位置

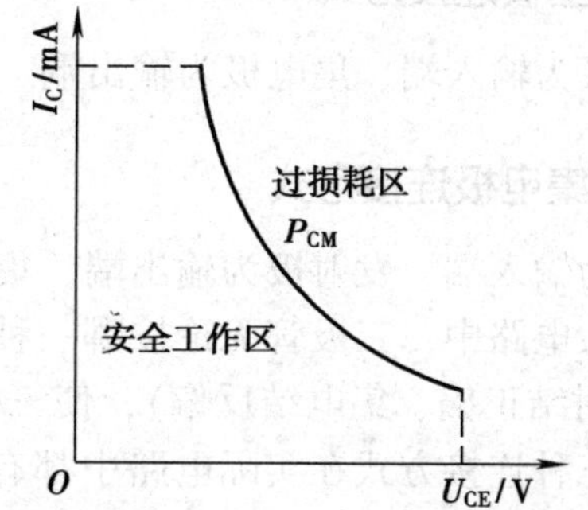

图 6—18　根据三个极限参数得到的安全工作区

第三节　共发射极放大电路

放大电路的应用十分广泛，无论是日常使用的收音机、扩音机，还是用于测量的精密仪器等，其中都有各种各样的放大电路。在这些电子设备中，放大电路利用三极管的电流控制作用将微弱的电信号放大到所要求的数值，便于利用和测量。

一、基本放大电路简介

三极管有三个极——基极 b、集电极 c 和发射极 e，当它用于放大电路中时，必然有一端作为输入，一端作为输出，剩下一端作为公共端。根据公共端的不同选择，三极管的放大电路就有三种连接方式，如图 6—19 所示。

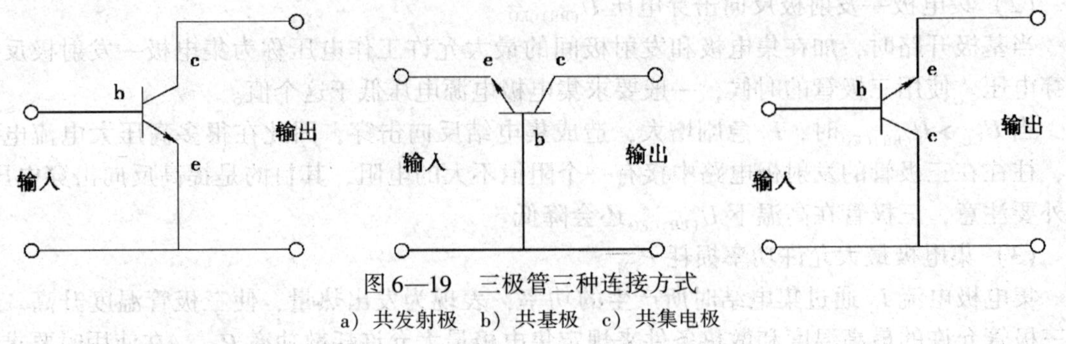

图 6—19　三极管三种连接方式
a）共发射极　b）共基极　c）共集电极

1. 共发射极连接方式

基极为输入端、集电极为输出端、发射极为公共端，如图 6—19a 所示。这是一种最常见的连接方式。

2. 共基极连接方式

发射极为输入端、集电极为输出端、基极为公共端，如图 6—19b 所示。

3. 共集电极连接方式

基极为输入端、发射极为输出端、集电极为公共端，如图 6—19c 所示。

在放大电路中，三极管无论按哪一种方式连接，都必须保证其偏置满足三极管的放大条件（发射结正偏、集电结反偏），使三极管工作在电流放大状态。

以上三种连接方式在实际电路中都有应用，且各有其特点，其中共射极连接方式应用最为广泛，且三极管手册上所给出的参数大部分是指共发射极连接时的参数。因此，共发射极放大电路也称为基本放大电路，是其他各种放大电路的基础，本节主要介绍这种放大电路的构成和工作原理。

二、共发射极电路的基本组成

共发射极基本放大电路的组成如图 6—20 所示。从图中可以看出，左边为输入回路，右边为输出端回路，而发射极则是它们的公共端。

1. 三极管

不同的三极管有不同的放大性能，图 6—20 中采用 NPN 型半导体三极管。为了满足三极管工作在放大状态，应使三极管的发射结处于正向偏置，集电极处于反向偏置状态。

2. 基极偏置电阻 R_b

R_b 的作用是为三极管提供合适的偏置电流，并向发射极提供必需的正向偏置电压。选择合适的 R_b 可以使三极管的处于合适的工作状态。一般取几十千欧到几百千欧之间。

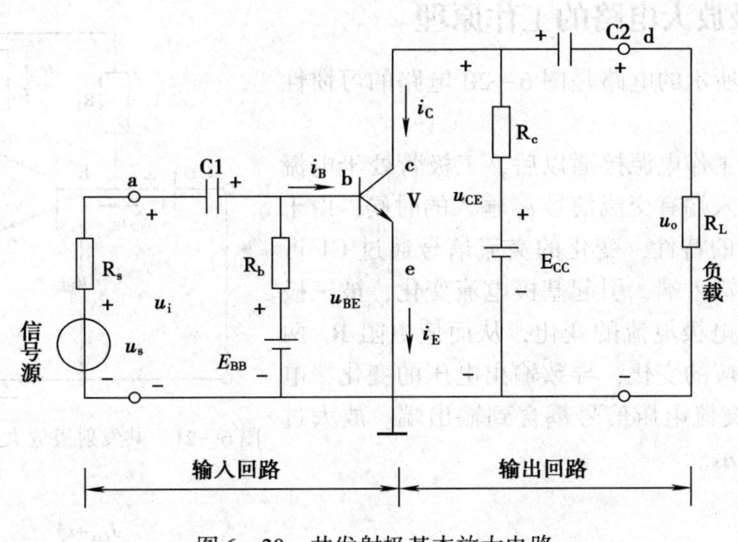

图 6—20 共发射极基本放大电路

3. 集电极电源 E_{CC}

通过集电极电阻 R_C 给三极管集电结加反偏电压，一方面使三极管处于放大状态，另一方面也提供了三极管放大时候所需的能量，这里也符合了能量守恒。

4. 耦合电容 C1 和 C2

耦合电容 C1 和 C2 分别放在放大器（三极管）的输入端和输出端，这里是利用了电容器的“隔直通交”的特点，一方面可以避免放大器的输入端和信号源、输出端和负载之间直流电的互相干扰；另一方面保证输入和输出之间的信号通畅。通常选用电解电容器，取值为几微法到几十微法。

5. 集电极电阻 R_C

集电极电阻 R_C 的作用是把经三极管放大了的集电极电流（变化量），转换成三极管集电极与发射极之间管压降的变化量，从而得到放大后的交流电压信号 u_o 输出。一般取几千欧到几十千欧之间。

6. 基极偏置电压

其作用是提高基极电压而避开“死区”，给放大器设置了一个合适的工作点，为基极提供一个合适的偏置电流，通常称为静态工作点。使三极管基本工作在输入特性曲线的直（线性）线段，以避免输入信号在放大过程中产生失真。

三、共发射极放大电路的工作原理

如图 6—21 所示的电路是图 6—20 电路的习惯性画法。

放大电路的工作电源接通以后，三极管处于电流放大状态。当输入端有交流信号 u_i 输入的时候，由于电容具有通交流的特性，变化的交流信号通过 C1 可以到达放大器的输入端，引起基极电流变化，被三极管放大后引起集电极电流的变化，从而使电阻 R_C 两端的压降发生相应的变化，导致输出电压的变化，电容 C2 将变化的交流电压信号耦合到输出端。放大过程如图 6—22 所示。

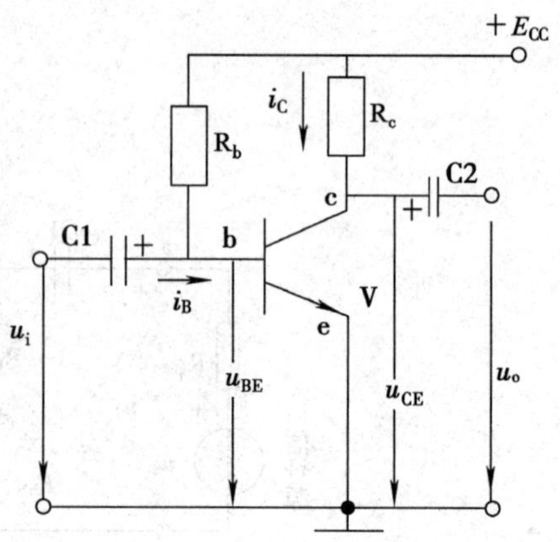

图 6—21　共发射极放大电路的习惯画法

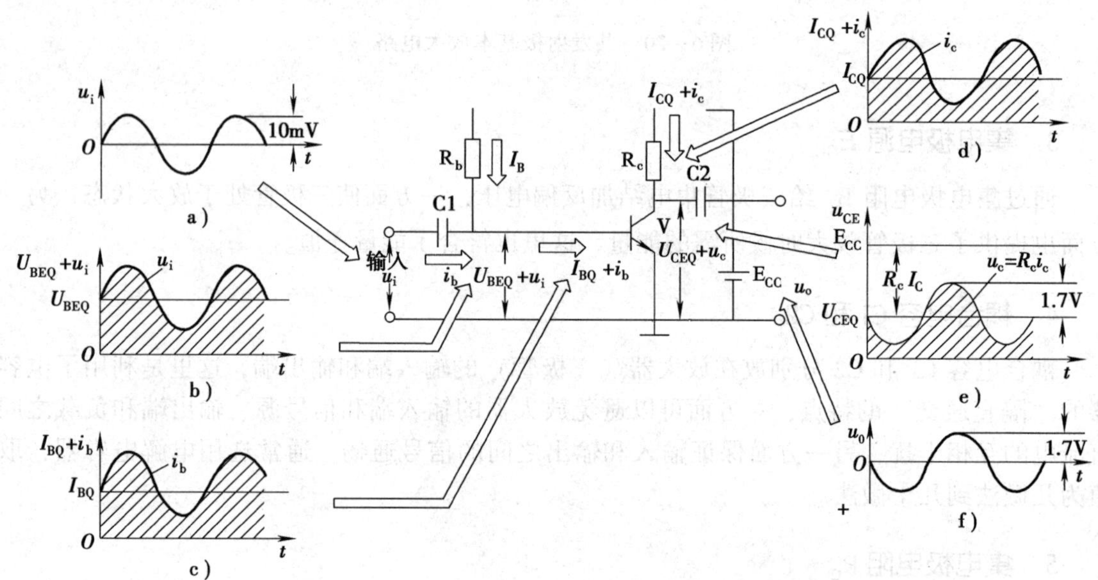

图 6—22　放大电路的放大过程

a）输入电压波形　b）基极—发射极间电压波形　c）基极电流波形

d）集电极电流波形　e）集电极—发射极间电压波形　f）输出电压波形

当输入信号电压 u_i 增大时，三极管基极—发射极电压 u_{BE} 升高，使电流 i_b 增大，引起集电极电流 i_c 成 β 倍的增大，电阻 R_C 上的电压降随之增大，使集电极—发射极电压 u_{CE} 下降，即输出信号电压 u_o 下降；若输入信号电压 u_i 减少，将产生相反的变化，使输出信号电压 u_o 上升。

可见，在共发射极放大电路中，输出电压与输入电压变化频率相同，相位相反，幅度得到放大，因此这种单级的共发射极放大电路也称为反相放大器。

四、静态工作点对放大电路的影响

1. 静态工作点对电路的影响

静态工作点就是指放大电路没有输入信号时，三极管各极电流（I_B、I_C、I_E）和极间电压（U_{BE}、U_{CE}）的数值（通常取的数值是 I_B、I_C 和 U_{CE} 的值）。

当放大器的输入信号 $u_i=0$ 时，三极管的基极回路和集电极回路中只有直流通过，放大器这时的状态称为静态。静态时的基极电流、集电极电流和集电极——发射极间电压分别用 I_{BQ}、I_{CQ} 和 U_{CEQ} 表示。通常将静态时的基极电流 I_{BQ} 称为基极偏置电流，将 I_{CQ} 和 U_{CEQ} 的交点 Q 称为放大器的静态工作点。

静态工作点的合适与否，直接影响着放大电路的性能和效果。调整基极偏置电阻 R_b 就可以对静态工作点进行调整。

如图 6—23 和图 6—24 所示是用计算机软件所做的仿真实验。

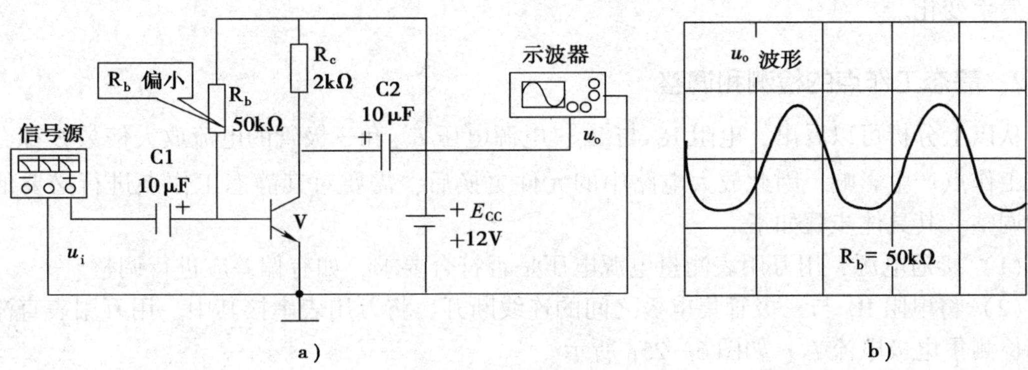

图 6—23 饱和失真波形的观测

a）实验电路 b）饱和失真波形

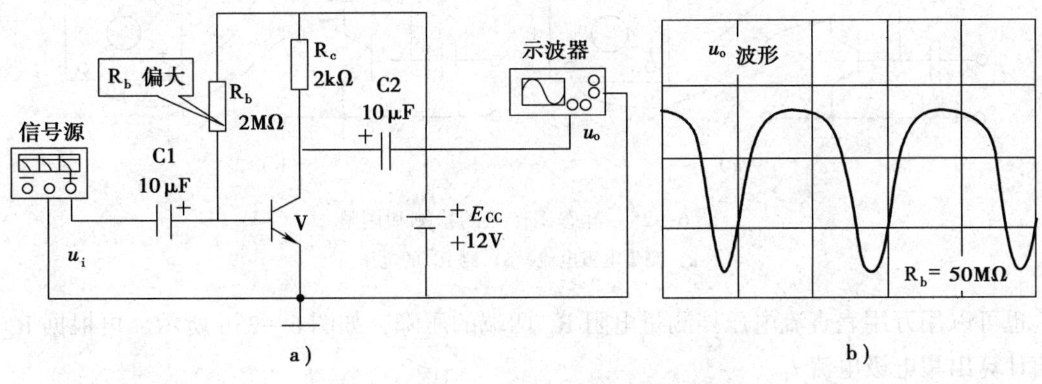

图 6—24 截止失真波形的观测

a）实验电路 b）截止失真波形

在如图6—23a所示的实验电路中，用信号发生器产生60 mV、1 kHZ的正弦波信号，将偏置电阻R_b调整为50 kΩ，基极静态电流I_B过大，从示波器中观察到的输出信号波形如图6—23b所示，从图中可见，输出信号的负半周被削去一部分，不再是完整的正弦波形，这种现象称为饱和失真。

在图6—24a所示的实验电路中，若将偏置电阻R_b调整为2 MΩ，基极静态电流I_B很小，从示波器中观察到的输出信号波形如图6—24b所示。从图中可见，输出信号的正半周被削去一部分，不再是完整的正弦波形，这种现象称为截止失真。

通过实验可以看出，静态工作点的设置是十分重要的。从三极管输出特性曲线图上可以看出，如果静态工作点设置得太高，会引起饱和失真；设置得太低，会引起截止失真。所以，要使放大器对输入的交流信号进行不失真的放大，必须给放大电路设置一个合适的静态工作点，以提高放大电路的电流放大能力。根据实际的工作经验，静态工作点应设置在$U_{CEQ}=\frac{1}{2}E_{CC}$附近。

同样，通过实验可知，改变三极管的电流放大倍数β或集电极电阻R_C，均会令静态工作点发生变化。

2. 静态工作点的检测和调整

从以上分析可以看出，电阻R_C与R_b、电源电压E_{CC}和三极管的电流放大倍数β都会对静态工作点产生影响，因此放大电路中的元件更换后，需要对其静态工作点进行必要的检测和调整。其具体步骤如下。

（1）接通电源，用万用表测量电源电压是否符合要求，如有偏差应进行调整。

（2）将电阻R_C与三极管集电极之间的连线断开，将万用表串接其中，用万用表直流电流挡检测集电极电流I_C，如图6—25a所示。

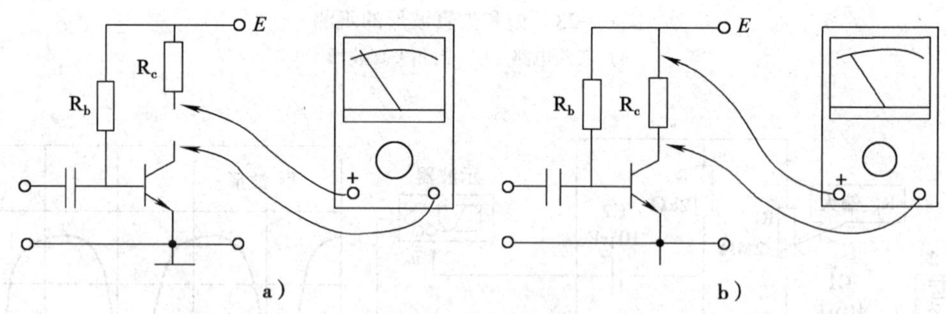

图6—25　静态工作点的检测和调整

a）测集电极电流　b）测R_C的电压

也可以用万用表直流电压挡测量电阻R_C两端的压降，如图6—25b所示，再根据R_C的阻值计算出集电极电流I_C。

（3）若静态工作电流I_C太大，可更换一个比原阻值大的偏置电阻R_b；若静态工作电流过小，则将偏置电阻R_b减小。

五、共发射极放大电路的分析

为了进一步理解放大电路的性能，需要对放大电路进行必要的定量分析。例如静态工作点是否合适，电压放大倍数是多少，放大器的输入电阻、输出电阻各是多少。由于交流放大电路中同时存在着直流分量和交流分量，这就给电路的分析带来了困难。为了分析方便，常将直流分量和交流分量分开来研究。这里介绍利用近似估算法对放大电路进行分析。

1. 直流通路和交流通路

直流通路就是放大电路的直流等效电路，是在静态时，放大电路的输入回路和输出回路的直流电流流通的路径。由于电容器具有隔直的作用，因此画直流通路时，把有电容器的支路断开，其他不变，如图 6—26b 所示。

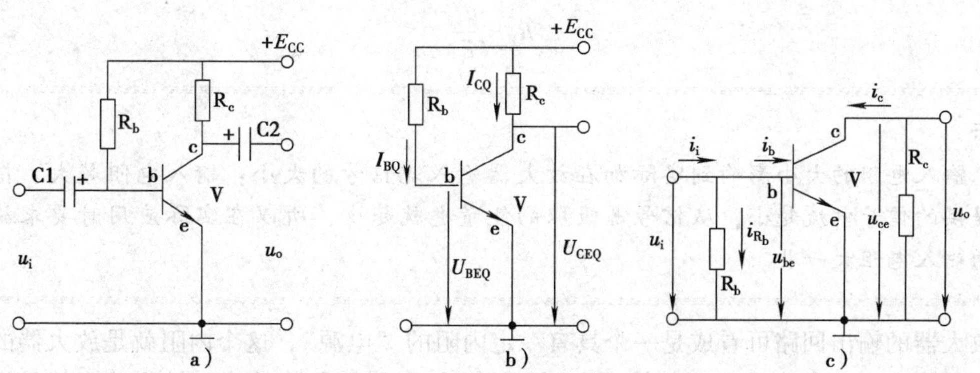

图 6—26 共发射极放大电路的直流通路和交流通路
a）电路 b）直流通路 c）交流通路

交流通路就是放大电路的交流等效电路，是动态时放大电路的输入回路和输出回路的交流电流流通的路径。由于电容器具有通交流的作用，另外电源的内阻也很小，也可以视为对交流短路，因此画交流通路时，可将电容器和电源也简化成为短路，如图 6—26c 所示。

2. 静态工作点的估算

估算静态工作点时用直流通路，由图 6—26b 的直流通路可知：

$$E_{CC} = I_{BQ}R_b + U_{BEQ}$$

整理后得：

$$I_{BQ} = \frac{E_{CC} - U_{BEQ}}{R_b}$$

从三极管的输入特性和实际测量知道三极管的 U_{BEQ} 很小，硅管约为 0.7 V，锗管约为 0.3 V。所以，与电源电压相比，U_{BEQ} 可以忽略不计，因此：

$$I_{BQ} \approx \frac{E_{CC}}{R_b}$$

$$U_{CEQ}=E_{CC}-I_{CQ}R_c$$

【例 6—3】 设在图 6—21 所示电路中，电源电压 $E_{CC}=6\ V$，$R_b=220\ k\Omega$，$R_c=2\ k\Omega$，交流放大系数 $\beta=50$（管压降忽略不计），试用近似估算法计算放大电路的静态工作点。

解：基极偏置电流：$I_{BQ}\approx\frac{E_{CC}}{R_b}=\frac{6}{220\times10^3}=0.027\ mA$

集电极电流：$I_{CQ}\approx\beta I_{BQ}=50\times0.027=1.35\ mA$

集电极电压：$U_{CEQ}=E_{CC}-I_{CQ}R_c=6-1.35\times2=3.3\ V$

3. 放大电路的输入电阻、输出电阻和电压放大倍数的估算

（1）输入电阻和输出电阻

当输入信号加到放大器的输入端时，放大器相当于信号源的负载电阻，这个负载电阻就是放大器本身的输入电阻，如图 6—22 所示。其输入电阻大小为：

$$R_i=\frac{u_i}{i_i}$$

提示

输入电阻的大小影响到实际加在放大器输入端信号的大小：输入电阻越大，信号源提供的信号电流越小，从信号源吸取的能量也就越少，所以在实际应用时要求放大器的输入电阻大一些。

放大器的输出回路可看成是一个具有一定内阻的“电源”，这个内阻就是放大器的输出电阻，如图 6—27 中的 R_o。显然输出电阻越小，放大器带负载的能力越强，也就是说，当负载变化时对放大器的输出影响很小，所以在实际应用时要求输出电阻小一些。

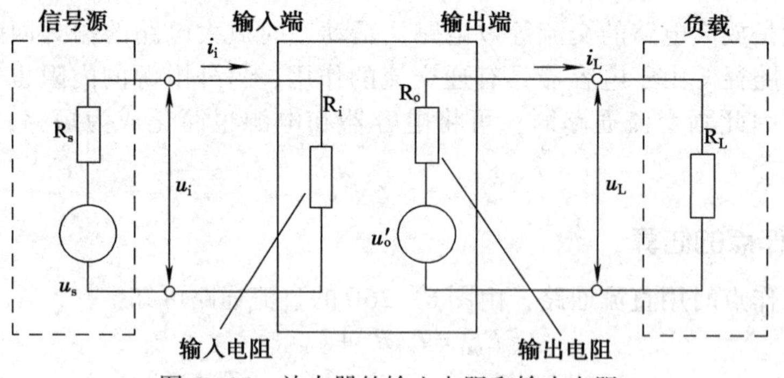

图 6—27 放大器的输入电阻和输出电阻

（2）输入电阻 R_i

输入电阻是与交流分量有关的参数，所以可以用交流通路来估算。

交流信号电压 u_i 加在三极管的输入端基极和发射极之间时，基极将产生相应的变化电流 i_b，这说明三极管本身具有一定的输入电阻，这个电阻用 r_{be} 表示，如图 6—28a 所示。而从放大器的输入端看进去时，放大器的输入电阻就是 R_b 和 r_{be} 的并联值，如图 6—28b 所示。

$$R_i = R_b // r_{be}$$

对小功率三极管在共发射极连接并工作在低频小信号时，r_{be}的阻值可用经验公式求出：

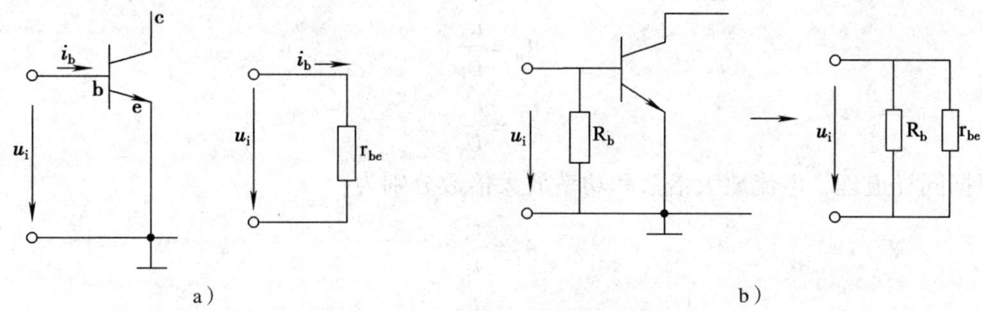

图 6—28 放大器的输入电阻

a）三极管的输入电阻 b）输入回路的输入电阻

$$r_{be} = 300 + (1+\beta)\ \frac{26}{I_{EQ}}$$

式中 I_{EQ}——静态发射极电流（也可用I_{CQ}代替），mA；

β——三极管交流放大倍数。

一般I_{EQ}为几毫安时，r_{be}的阻值只有 1 kΩ 左右，而R_b的阻值常为几十到几百千欧，即$R_b \gg r_{be}$。所以，放大器的输入电阻可近似为：

$$R_i \approx r_{be}$$

（3）输出电阻R_o

输出电阻是与交流分量有关的参数，所以可以用交流通路来估算。

如图 6—29 所示为放大器输出回路的交流通路。从输出端看进去，放大器可以看作是一个具有内阻R_o和电动势u'_o的等效电路，如图 6—29a 所示。这个R_o就是放大器的输出电阻，它等于三极管的集电极—发射极等效电阻r_{ce}和集电极负载电阻R_c的并联值，即：

$$R_o \approx R_c // r_{ce}$$

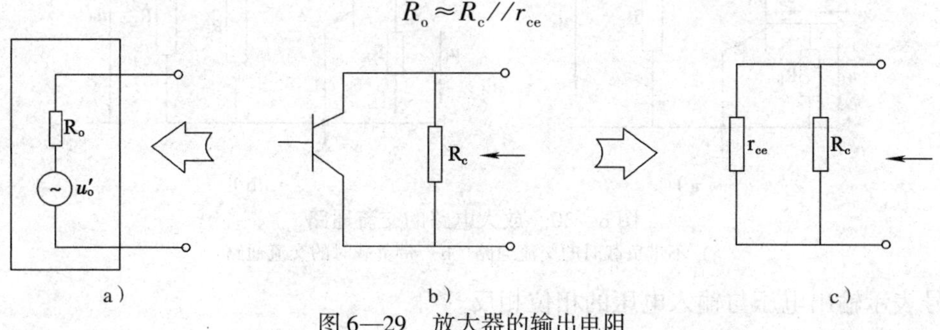

图 6—29 放大器的输出电阻

a）输出等效电路 b）输出回路的交流通路 c）输出电阻

由于集电极—发射极等效电阻r_{ce}很大，一般为几十至几百千欧，而R_c一般是几千欧，即$r_{ce} \gg R_b$。所以放大器的输出电阻可近似为：

$$R_o \approx R_c$$

（4）电压放大倍数A_u

电压放大倍数是与交流分量有关的参数，它可以用交流通路估算。

放大器输出电压变化量（交流成分）u_o（或有效值 U_o）与输入电压变化量（交流成分）u_i（或有效值 U_i）之比，称为电压放大倍数，用 A_u 表示：

$$A_u = \frac{u_o}{u_i}$$

或

$$A_u = \frac{U_o}{U_i}$$

根据同样道理，电流放大倍数和功率放大倍数分别为：

$$A_i = \frac{i_o}{i_i}$$

或

$$A_i = \frac{I_o}{I_i}$$

$$A_p = \frac{u_o i_o}{u_i i_i}$$

或

$$A_p = \frac{U_o I_o}{U_i I_i}$$

由于在空载和带负载时放大器的输出电压有所改变，所以对放大器的放大倍数就有一定的影响。下面分别讨论这两种情况下的电压放大倍数。

1）输出端不带负载

输出端不带负载放大器的交流通路如图 6—30a 所示，当放大器输出端不带负载时，输出电压 u_o 为：

$$u_o = -i_c R_c$$

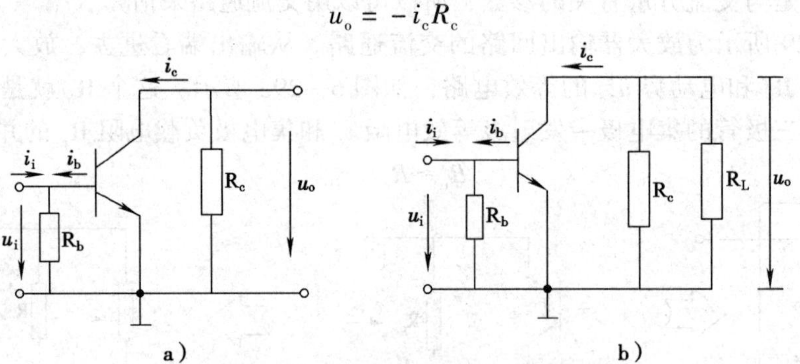

图 6—30　放大电路的交流通路
a）不带负载时的交流通路　b）带负载时的交流通路

负号表示输出电压与输入电压的相位相反。

而输入信号电压 u_i 为：

$$u_i = i_i R_i$$

由于 $R_i \approx r_{be}$、$i_i \approx i_b$，故有：

$$u_i \approx i_b r_{be}$$

不带负载时的电压放大倍数为：

$$A_u = \frac{u_o}{u_i} = \frac{i_c R_c}{i_b r_{be}} = -\frac{\beta R_c}{r_{be}}$$

2）输出端带负载 R_L

当放大器的输出端带负载 R_L 时，集电极电流 i_c 将通过交流等效负载 R'_L（$R'_L=R_L//R_c$），如图 6—30b 所示。其输出电压 u_o 为：

$$u_o=-i_cR'_L$$

因为输入信号电压不变，所以带负载时的电压放大倍数为：

$$A_u=\frac{u_o}{u_i}=\frac{i_cR'_L}{i_br_{be}}=-\frac{\beta R'_L}{r_{be}}$$

【例 6—4】 在图 6—31a 所示电路中，若三极管的 $\beta=50$，$I_{EQ}=1.5\ mA$，$R_c=1\ k\Omega$，求：

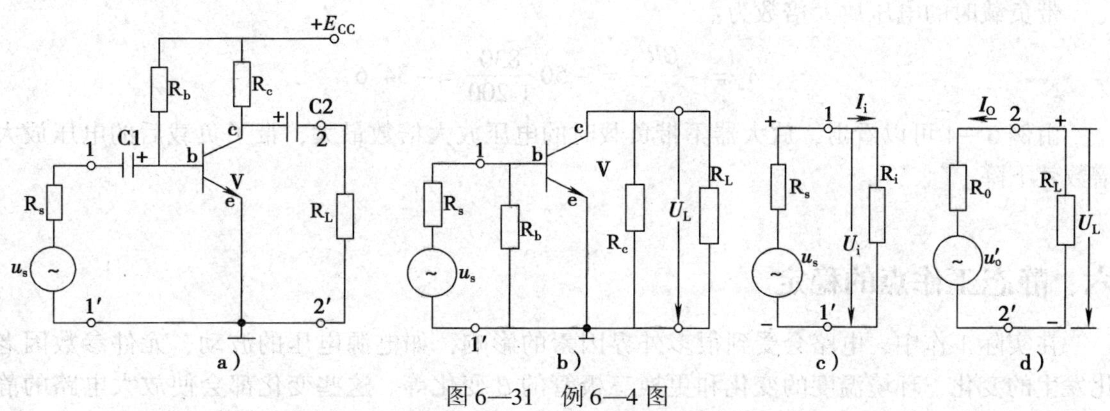

图 6—31　例 6—4 图

a）电路　b）交流通路　c）输入端等效电路　d）输出端等效电路

（1）放大器的输入电阻；

（2）放大器输入端接入 $u_s=3\ mV$、$R_s=0.5\ k\Omega$ 信号源时，输入端信号电流和电压的有效值；

（3）放大器的输出电阻；

（4）输出端接上 $R_L=5\ k\Omega$ 的负载电阻时，等效电动势 u'_o 为 1 V 时输出电流和电压的有效值；

（5）输出端不带负载时的电压放大倍数；

（6）输出端带负载时的电压放大倍数。

解：

（1）画出交流通路如图 6—31b 所示：

$$r_{be}=300+(1+\beta)\frac{26\ (mV)}{I_{EQ}\ (mA)}=300+(1+50)\frac{26}{1.5}=1.2\ k\Omega$$

$$R_i\approx r_{be}=1.2\ k\Omega$$

（2）画出输入端交流等效电路，如图 6—31c 所示：

$$I_i=\frac{U_s}{R_s+R_i}=\frac{3\times10^{-3}}{(1.2+0.5)\times10^3}=1.76\ \mu A$$

$$U_i=I_iR_i=1.76\times10^{-6}\times1.2\times10^3=2.11\ mV$$

（3）$R_o\approx R_c=1\ k\Omega$

（4）画出输出端交流等效电路，如图 6—31d 所示：

$$I_o = \frac{U'_o}{R_o + R_L} = \frac{1}{(1+5)\ \times 10^3} = 0.17\ \text{mA}$$

$$U_L = I_o R_L = 0.17 \times 10^{-3} \times 5 \times 10^3 = 0.85\ \text{V}$$

（5）不带负载时的电压放大倍数为：

$$A_u = -\frac{\beta R_c}{r_{be}} = -50\,\frac{1 \times 10^3}{1\ 200} = -42$$

（6）因为 $R'_L = R_c // R_L = \frac{R_c R_L}{R_c + R_L} = \frac{1 \times 5}{1+5} = 0.83\ \text{k}\Omega$

带负载时的电压放大倍数为：

$$A_u = -\frac{\beta R'_L}{r_{be}} = -50\,\frac{830}{1\ 200} = -34.6$$

由例 6—4 可以看出，放大器不带负载时的电压放大倍数最大，带了负载后的电压放大倍数就下降。

六、静态工作点的稳定

在实际工作中，电路会受到很多外界因素的影响，如电源电压的波动、元件参数因老化发生的变化、环境温度的变化和更换三极管的 β 变化等。这些变化都会使放大电路的静态工作点发生变化。

在各种因素中，温度变化的影响最大。当电路工作一段时间后，由于三极管发热导致温度升高，使三极管的交流放大倍数 β 和穿透电流 I_{CBO} 增大，结果会使静态工作电流 I_C 增大。

如图 6—32 所示电路中，对于同样的基极偏置电流，当温度升高时，输出特性曲线将上移（从 Q 点移到 Q'点）接近饱和区，严重时，将使静态工作点进入饱和区而失去放大能力。

为了稳定放大电路的性能，对放大电路的结构可加以改进，采取措施以稳定静态工作点。常见的电路形式有分压式偏置放大电路和集电极—基极偏置放大电路。

1. 分压式偏置放大电路

分压式偏置放大电路如图 6—33 所示。

（1）电路的特点与基本的放大电路相比较，它增加了一个下偏置电阻 R_{b2}（原偏置电阻 R_b 在图 6—21 中改称为上偏置电阻，用 R_{b1} 表示）。另外，在三极管发射极接了一个电阻 R_e。

1）利用 R_{b1} 和 R_{b2} 的分压固定三极管的基极电压 U_{BQ}。基极电压为：

$$U_{BQ} = E_{CC}\frac{R_{b2}}{R_{b1} + R_{b2}}$$

说明 U_{BQ} 与三极管的参数无关，不受温度的影响，仅由电源电压 E_{CC} 和 R_{b1}、R_{b2} 的分压电路决定。

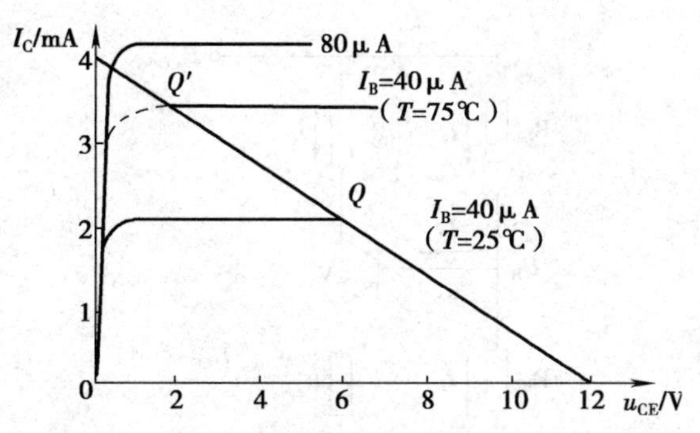

图 6—32 固定偏置电路中温度对静态工作点的影响

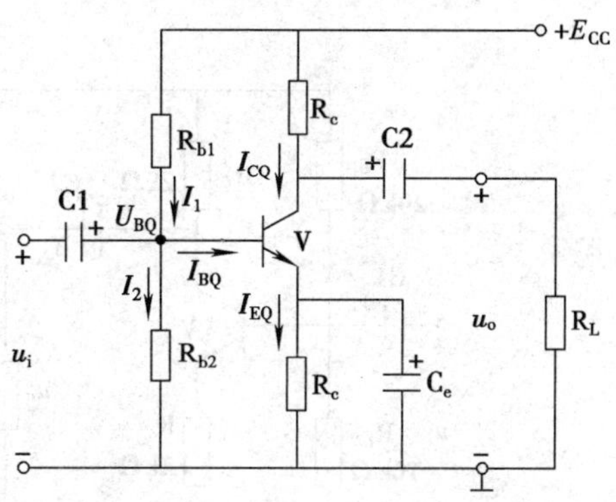

图 6—33 分压式偏置电路

2）利用发射极电路中的电阻 R_e 获得发射极电压 U_{EQ}来自动调节 I_{EQ}和 I_{BQ}，达到使 I_{CQ}保持不变的目的。

$$U_{BEQ} = U_{BQ} - U_{EQ}$$

式中 U_{BQ}——基极下偏置电阻 R_{b2}上的电压；

U_{BQ}——发射极电阻 R_e 上的电压。

（2）电路工作原理

如图 6—33 所示的电路工作原理为：当温度上升的时候，引起集电极电流 I_{CQ}增大，于是发射极电阻 R_e 上的压降 $U_{EQ} = I_{EQ}R_e$ 也增加，而基极电位 U_{BQ}因为 R_{b1}和 R_{b2}的串联分压提供，大小基本稳定，因此三极管基极—发射极间电压 $U_{BEQ} = U_{BQ} - U_{EQ}$也减小，从而导致 I_{BQ}也减少。由 $I_{CQ} \approx \beta I_{BQ}$知道，$I_{CQ}$也就减少了。使工作点恢复到原来设置的位置，达到稳定静态工作点的目的。其变化可表示为：

$$t\uparrow \rightarrow I_{CQ}\uparrow \rightarrow I_{BQ}\uparrow \rightarrow U_{EQ}\uparrow \rightarrow I_{BQ}\downarrow \rightarrow I_{CQ}\downarrow$$

在上述表示法中，符号↑表示增大，↓表示减小。

在图 6—33 中，接入了发射极电阻 R_e，由于 R_e 的位置既处于集电极回路中，又处于基极回路中，所以作用很大。它能把输出电流 I_E 的变化送回到输入基极回路中来，以调节 I_B 达到稳定 I_C 的目的。由于它对交流信号也有抑制作用，所以，为了既稳定静态工作点，又不削弱交流信号的放大作用，常常在发射极电阻 R_e 两端并联一个大容量的电容器 C_e，只要它的容量足够大，容抗将很小，从而让交流信号在 C_e 上顺利通过，而直流则不能通过，故 C_e 对静态工作点没有影响。

C_e 通常称为发射极旁路电容，一般采用几十微法到几百微法的电解电容器。

【例 6—5】 已知分压式共发射极偏置电路如图 6—34 所示，$E_{CC} = 12$ V，$R_c = 2$ kΩ，$R_e = 2$ kΩ，$R_{b1} = 20$ kΩ，$R_{b2} = 10$ kΩ，$\beta = 40$，求电路的静态工作点（I_{CQ}、I_{BQ}、U_{CEQ}）。

解：

$$U_B = E_{CC}\frac{R_{b2}}{R_{b1}+R_{b2}} = 12\,\frac{10}{20+10} = 4\ \text{V}$$

由图 6—34b 电路求 I_C，取 $U_{BE} = 0.7$ V

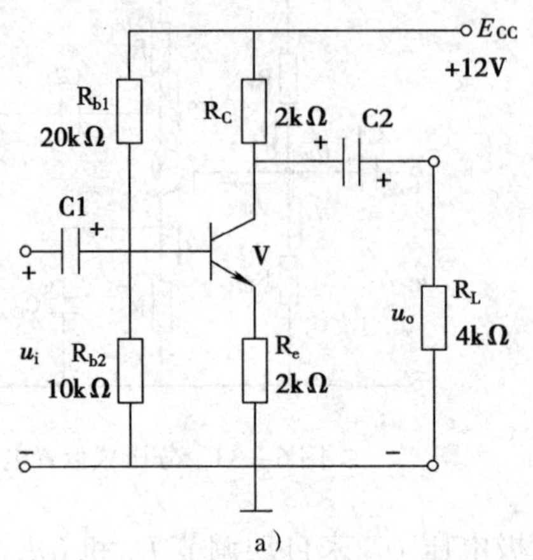

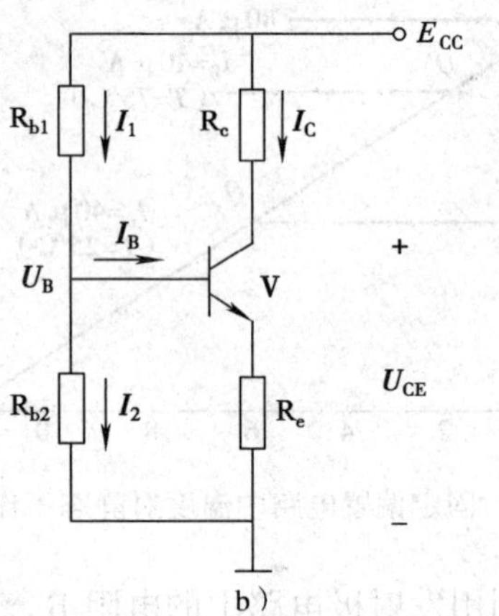

图 6—34　分压式共发射极偏置电路例图

$$I_C = \frac{U_B - U_{BE}}{R_e} = \frac{4 - 0.7}{2} = 1.65 \text{ mA}$$

$$I_B = \frac{I_C}{\beta} = \frac{1.65}{40} = 41 \ \mu\text{A}$$

$$U_{CE} = E_{CC} - I_C \ (R_c + R_e) \ = 12 - 1.65 \ (2 + 2) \ = 5.4 \text{ V}$$

2. 集电极—基极偏置放大电路

集电极—基极偏置放大电路如图 6—35 所示。

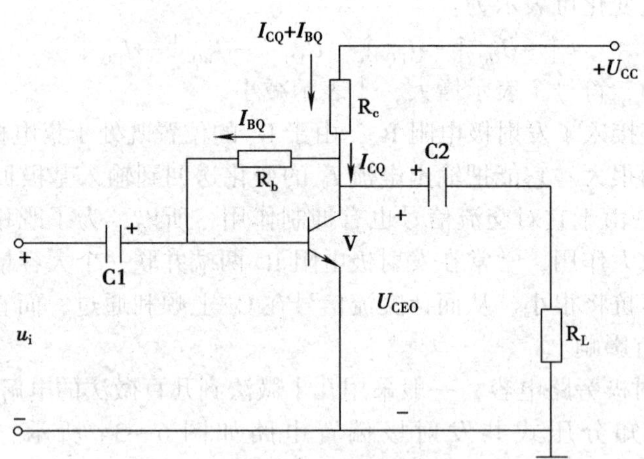

图 6—35　集电极—基极偏置放大电路

与基本放大电路相比，它将基极偏置电阻 R_b 改接在集电极上。这样，就使输出电压 U_{CE}的变化反映到输入端，这样就可以自动调节基极电流 I_B 以达到稳定静态工作点的目的。

该电路的工作原理为：当温度升高引起集电极电流 I_C 增大时，集电极电阻 R_c 上的压降也增大，使三极管集电极—发射极间电压 U_{CE}下降，使电流 I_B 减小，从而牵制了 I_C 的增加。

从上述两种电路的工作原理可以看出，它们都是将输出端电参量的变化送回到输入端，引起输入端状态的反向变化，从而抑制了输出端各参量的变化。通常把这种将输出量引回到输入回路，以达到改善电路性能的控制方法称为反馈。

如果反馈的结果是抑制输入端的电参量状态的变化，那么这种反馈就称为负反馈；如果反馈的结果是增强输入端电参量状态的变化，那么这种反馈就称为正反馈。

负反馈在自动控制电路中用的较多，而正反馈在后面讲述的信号发生电路中应用较多。

实验与实训1 二极管极性的判别

一、实验目的

掌握二极管极性的判别方法。

二、实验器材

万用表一只，二极管若干。

三、实验步骤

测试二极管的好坏可以使用万用表来测试。测试前先把万用表的转换开关拨到欧姆挡的R×1 k挡位（注意不要使用R×1挡，以免电流过大烧坏二极管），再将红、黑两根表笔短路，进行欧姆调零。

1. 正向特性测试

如图6—36所示，把万用表的黑表笔（表内正极）搭触二极管的正极，红表笔（表内负极）搭触二极管的负极。若表针不摆到零值而是停在标度盘的中间，这时的阻值就是二极管的正向电阻，一般正向电阻越小越好。若正向电阻为零值，说明管芯短路损坏；若正向电阻接近无穷大值，说明管芯断路。短路和断路的管子都不能使用。

2. 反向特性测试

把万用表的红表笔搭触二极管的正极，黑表笔搭触二极管的负极，若表针指在无穷大值或接近无穷大值，管子就是合格的。

3. 测量2AP9、2CP10二极管的正反向电阻

4. 测量2CZ2A、2CW14二极管的正反向电阻

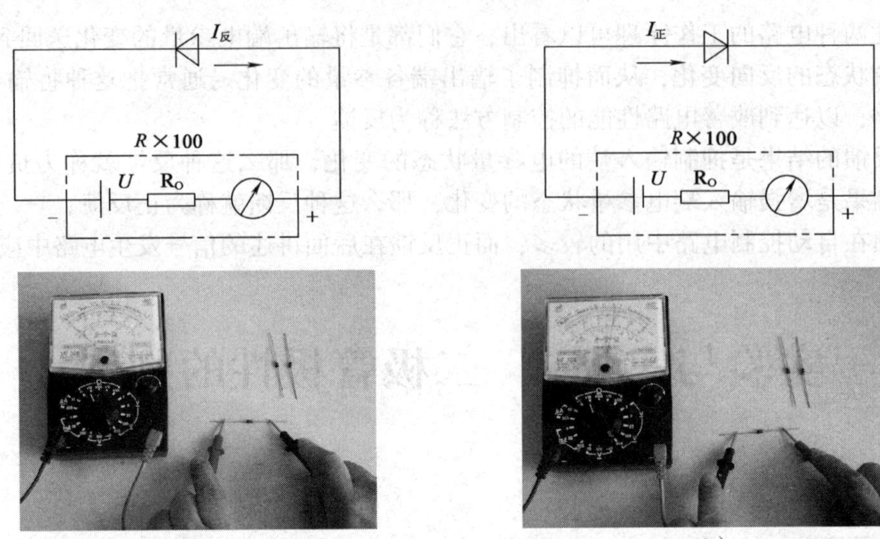

a)
b)

图 6—36 二极管特性测试

a）测试反向电阻 b）测试正向电阻

实验与实训 2 三极管的识别和检测

一、实验目的

三极管的识别和检测。

二、实验器材

万用表；电阻器（100 kΩ）；3DG6、3AX3 三极管。

三、实验步骤

1. 三极管极性的检测

三极管极性的检测是指判别三极管的 e、b、c 三个电极，检测步骤如图 6—37 所示。检测方法见表 6—8。

2. 三极管质量的检测

由于从三极管基极到发射极和基极到集电极之间各是一只 PN 结，所以它应符合正向电阻小，反向电阻大的特点。而从集电极到发射极间的正反向电阻均应为无穷大；否则，该三极管损坏。应注意锗材料的三极管比硅材料的三极管阻值小。

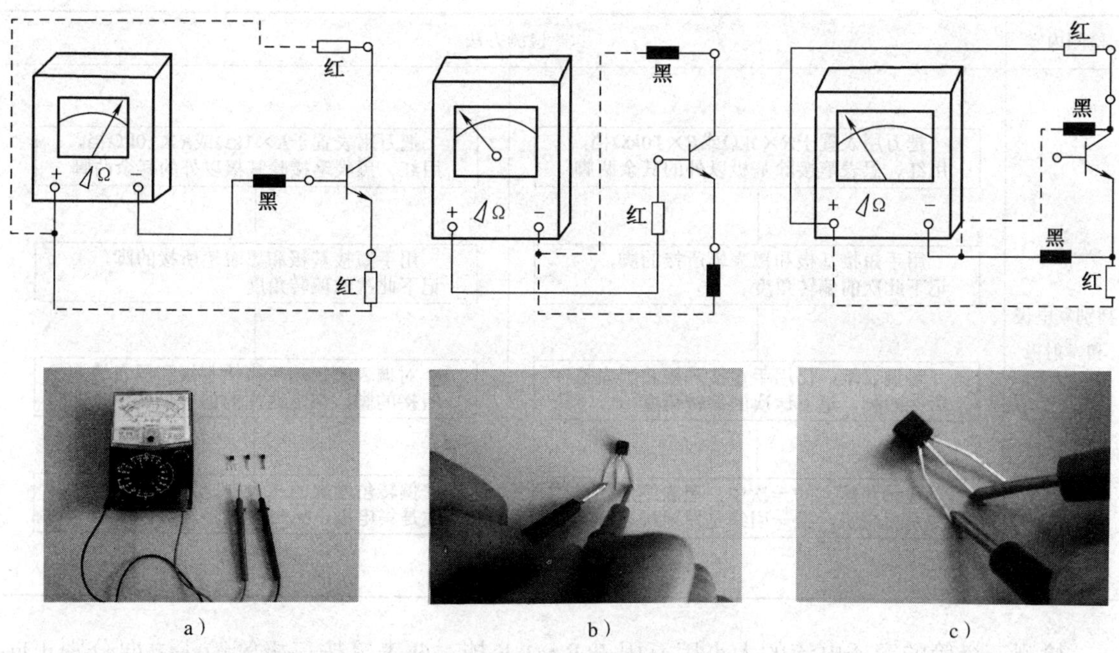

图 6—37 三极管极性的检测

a）正向电阻 b）反向电阻 c）集电极与发射极之间电阻

表 6—8 **三极管极性检测方法**

检测内容	检测方法
判别基极	将万用表置于$R\times100\Omega$或$R\times1\text{k}\Omega$挡，黑表笔接假定的基极，红表笔分别接其余两脚 两次测得的阻值均很小（或很大）？ 是：再将红表笔接假定的基极，黑表笔接其余两脚 两次测得的阻值均很大（或很小）？ 是：假定的基极成立，该管是NPN（或PNP）型管 否：假设另一管脚为基极，重复这一过程。只要是一支好的三极管，那么三次假设中心有一次结果正确。如三次均未找到基极，那么该三极管是坏的

续表

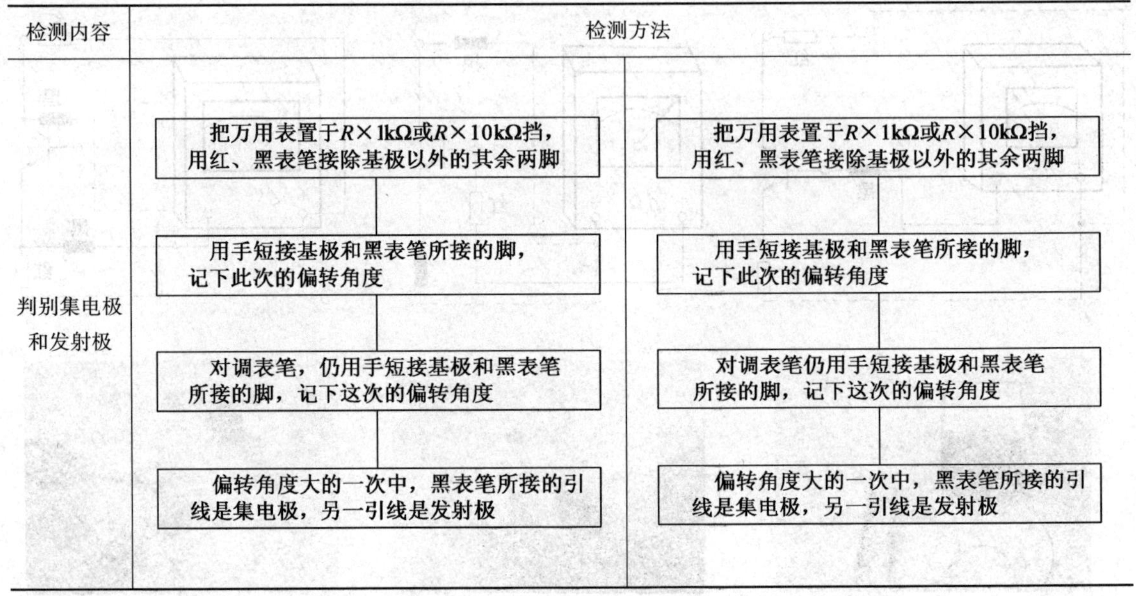

检测内容	检测方法	
判别集电极和发射极	把万用表置于R×1kΩ或R×10kΩ挡，用红、黑表笔接除基极以外的其余两脚 ↓ 用手短接基极和黑表笔所接的脚，记下此次的偏转角度 ↓ 对调表笔，仍用手短接基极和黑表笔所接的脚，记下这次的偏转角度 ↓ 偏转角度大的一次中，黑表笔所接的引线是集电极，另一引线是发射极	把万用表置于R×1kΩ或R×10kΩ挡，用红、黑表笔接除基极以外的其余两脚 ↓ 用手短接基极和黑表笔所接的脚，记下此次的偏转角度 ↓ 对调表笔仍用手短接基极和黑表笔所接的脚，记下这次的偏转角度 ↓ 偏转角度大的一次中，黑表笔所接的引线是集电极，另一引线是发射极

检测三极管的穿透电流的大小用万用表 R×1 k 挡，两表笔按三极管箭头方向分别正向连接集电极和发射极（PNP 管：红—c，黑—e；NPN 管：红—e，黑—c）。如果表针基本不动，说明穿透电流极小，三极管质量好；如果指针摆动较大，指示阻值只有几十千欧，说明穿透电流太大，这个三极管就不能使用。

实验与实训 3　三极管输入、输出特性测试

一、实验目的

掌握三极管特性。

二、实验器材

万用表；直流稳压电源（0~30 V）；直流微安表；直流毫安表；直流电压表；10 kΩ、100 kΩ 电位器；10 kΩ、1 kΩ 电阻，PNP 型三极管。

三、实验步骤

实验电路如图 6—38 所示。

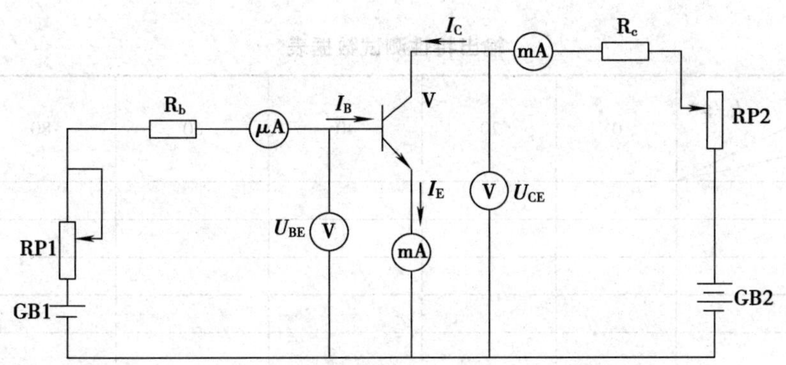

图6—38　三极管电流放大作用实验电路

1. 测试三极管的输入特性

（1）按照实验原理图将元器件连接在试验板上。

（2）基极回路接入3 V电压，集电极电源调至0 V，即 $U_{CE}=0$，然后调节PR1，观察电压表的读数（见表6—9），并把相应的基极电流值填入表6—9中。

（3）调节RP2使 $U_{CE}=1$ V，然后重复步骤（2）。

（4）调节RP2使 $U_{CE}=3$ V，然后重复步骤（2）。

（5）把表6—9中的数据在图6—39上反映出来，得到的就是该三极管的输入特性曲线。

表6—9　　**输入特性测试数据表**

U_{BE}/V		0	0.2	0.4	0.5	0.6	0.7	0.8	0.9	1.2
I_B/μA	$U_{CE}=0$V									
	$U_{CE}=1$V									
	$U_{CE}=3$V									

图6—39　绘制三极管的输入特性曲线

2. 测试三极管输出特性曲线

（1）按照表6—10调节RP1得到相应的 $I_B=0$，然后由调节RP2得到一组 U_{CE}，把相应的 I_C 值填入表中。

表 6—10　　输出特性测试数据表

I_C/mA　I_B/μA　U_{CE}/V	0	20	40	60	80	100
0						
0.2						
0.4						
0.6						
1						
5						
10						

（2）依照表 6—10 选定别的 I_B 的值，重复步骤（1），将所得的 I_C 值记于表中。

（3）按照表 6—10 中测试的数据反映在图 6—40 上，得到该三极管的输出特性曲线。

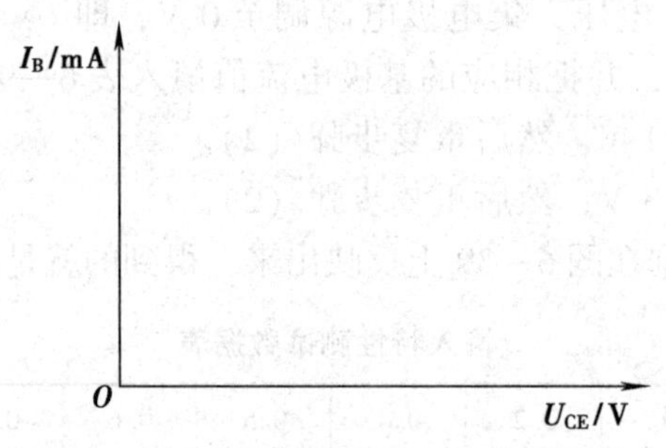

图 6—40　绘制三极管的输出特性曲线

想一想

在输出特性曲线实验中，能否求得三极管的交流放大系数？如果可以，三极管的 β 值是多少呢？

复习思考题

1. 纯净半导体的特点是什么？
2. PN 结的单向导电性有什么作用？
3. 点接触型二极管的特点及用途分别是什么？
4. 二极管的最大整流电流 I_{FM} 的含义是什么？
5. 三极管实际的结构特点是什么？
6. 三极管的主要参数有哪些？
7. 一个单三极管共发射极放大电路由哪些基本元件组成？各元件的作用是什么？
8. 放大器为什么要设置静态工作点？静态工作点过高和过低对电路有什么影响？

第七章　直流电源及晶闸管电路

学习目标

1. 了解直流电源的组成；
2. 掌握单相半波整流电路和单相桥式整流电路的工作原理；
3. 了解滤波电路；
4. 掌握晶闸管和单相可控整流电路的基本原理。

第一节　直流电源的组成

交流电在生产、输送等方面有很多优点，但在许多场合，也需要用到直流电，如直流电动机、电镀、手机等。

卫星的太阳能电池是一种直流电源；手电筒用的干电池也是一种直流电源。虽然这两种直流电源使用方便，但是功率较小、成本高，所以只能用于特定的场合。蓄电池虽然比较经济，但是体积庞大，有污染，不利于环保。

将供电网提供的交流电源转换为直流电源的设备，可以提供大功率的直流电源。整流滤波电路就是能够实现这种功能的一种最基本的电路。

将交流电转变成直流电的过程叫作整流，进行整流的设备称为整流器，其电路框图如图 7—1 所示。

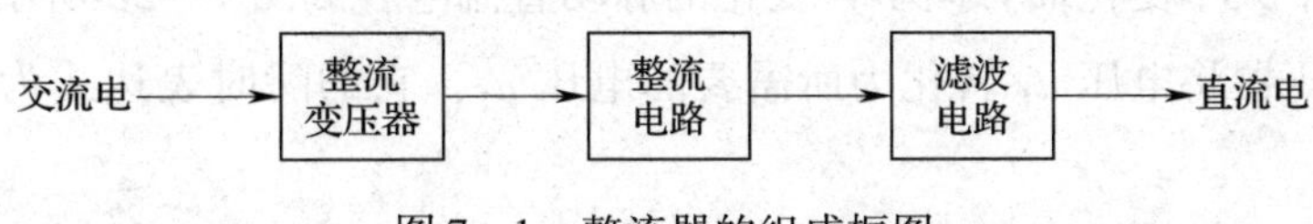

图 7—1　整流器的组成框图

各部分作用及功能如下。

1. 整流变压器

将交流电（一般是 220 V）转换为所需要的合适的交流电压值。

2. 整流电路

由整流器件组成，一般都是利用二极管或晶闸管的单相导电性，将交流电转化为脉动的直流电压。

3. 滤波电路

通过由电容器、电感器等组成的滤波电路，可以减小脉动直流电压中的脉动成分，从而得到较为平滑的直流电压。

除了以上三部分外，还有稳压电路部分。为了使输出的直流电压尽可能少受电源波动或者负载变化的影响而保持稳定，称为稳压。在整流电路后面带有稳压电路以获得较稳定直流电的电源，称为直流稳压电源。

第二节　单相整流电路

整流电路的功能是将交流电转换成直流电，在小功率直流电源中，经常采用单相半波、单相全波整流电路。

一、单相半波整流电路

单相半波整流电路的优点是结构简单、使用元器件较少、成本低，但是输出电压脉动较大。因为只是使用了电源的半波，所以效率低，它只适用于小功率和波形要求不高的场合。

1. 电路的组成

如图 7—2 所示为整流二极管组成的半波整流电路。

主要由整流变压器，整流二极管和负载组成。其中起整流作用的是整流二极管，利用它正向导通反向截止的特性，使交流电在一个方向能通过二极管，而另一个方向则不能，这样就会得到一个大小变化而方向不再变化的脉动直流电，如图 7—2d 所示。

通过整流变压器将电压 u_1 转化为所需要的电压 u_2，它的瞬时表达式为 $u_2=\sqrt{2}U_2\sin\omega t$，如图 7—2b 所示。

2. 电路工作原理

（1）u_2 正半周时（$0\sim t_1$），A 点电位高于 B 点电位，二极管 V 正向导通，此时电流通路，$A\rightarrow V\rightarrow R_L\rightarrow B$。如果忽略二极管的压降，那么 A 点的电位和 C 点的电位相等，则 u_2 几乎全部加在了 R_L 上，即 $u_2\approx u_L$，如图 7—2c 所示。R_L 上电流方向和电压的极性如图 7—2a

所示。

（2）u_2 负半周时（$t_1 \sim t_2$），A 点电位低于 B 点电位，二极管 V 承受反向电压而截止，此时电路上几乎没有电流流过，此时负载 R_L 上的电压几乎为 0。

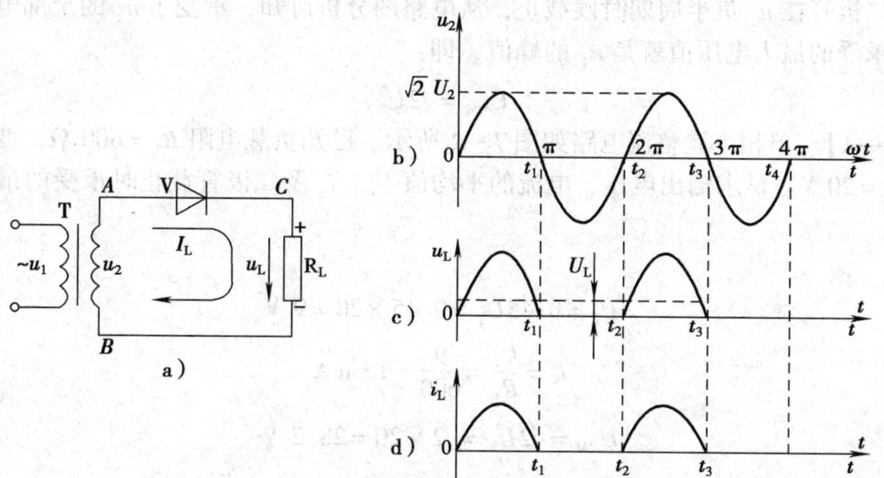

图 7—2 单相半波整流电路的组成与原理

a）电路图 b）u_2 波形 c）整流电压波形 d）整流电流波形

想一想

负载上的电压为 0，那么电压加到哪里去了呢？试设想一下二极管上的电压波形情况，并将它画出来。

由此可见，在交流电一个周期内，二极管半个周期导通，半个周期截止，并且进行周期性的重复。

由于输出的脉动直流电的波形输出是输入的交流电波形的一半，所以把这样的整流电路叫作半波整流电路。从图 7—2c 中可以看出，输出的电压 u_L 的波形和输入交流电有了很大变化，即输出电压大小还在变化，但是其方向不再发生变化。

3. 负载 R_L 上的直流电压和电流计算

在半波整流电路中，输出的脉动直流电压平均值为：

$$U_L = 0.45U_2$$

$$I_L = \frac{U_L}{R_L} = \frac{0.45U_2}{R_L}$$

4. 整流二极管上的电流和最大反向电压值

只有二极管正偏的时候，电路中才有电流通过，才有电流流过二极管，从而得知，流过二极管的电流和流过负载上的电流值大小相等，则有：

$$I_F = I_L = \frac{U_L}{R_L} = \frac{0.45U_2}{R_L}$$

式中　I_F——流过二极管电流的平均值。

由于二极管在 u_2 负半周期时候截止，从电路图分析可知，承受了 u_2 的全部电压，所以二极管所承受的最大电压值就是 u_1 的峰值，即：

$$U_{RM} = \sqrt{2}U_2$$

【例 7—1】 单相半波整流电路如图 7—2 所示。已知负载电阻 $R_L = 600\ \Omega$，变压器二次侧电压 $U_2 = 20$ V。试求输出电压、电流的平均值 U_o、I_o 及二极管截止时承受的最大反向电压 U_{RM}。

解：

$$U_o = 0.45U_2 = 0.45 \times 20 = 9\ \text{V}$$

$$I_o = \frac{U_o}{R_L} = \frac{9}{600} = 15\ \text{mA}$$

$$U_{RM} = \sqrt{2}U_2 = \sqrt{2} \times 20 = 28.2\ \text{V}$$

二、单相桥式整流电路

单相桥式整流电路较单相半波整流电路的最大优点就是输出电压高、脉动小、电源的利用率高，因此在仪表、通信、控制装置中得到广泛的应用。

1. 电路的组成

单相桥式整流电路有如图 7—3 所示。从图中可看出，电路中有 4 只二极管接成电桥的形式，所以称为桥式整流电路。

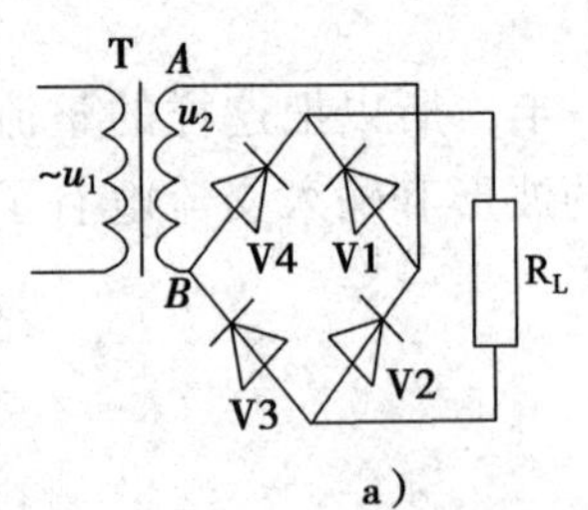

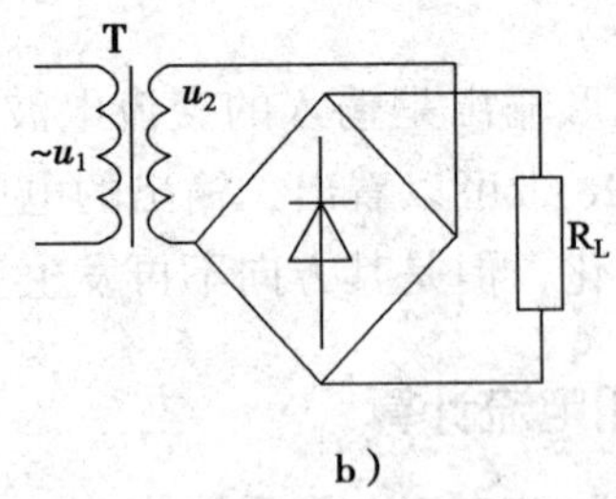

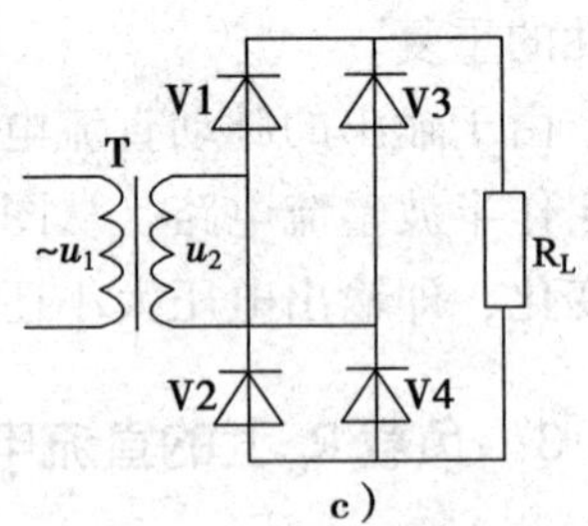

图 7—3　单相桥式整流电路
a）一般式　b）简化式　c）变通式

2. 电路工作原理

（1）当 u_2 为正半周期时，u_2 的极性为 A 正 B 负，那么此时整流二极管 V1 和 V3 正向导通，V2 和 V4 反向截止。电流 I_L 方向为：$A \to V1 \to R_L \to V3 \to B \to A$。如图 7—4a 所示。从图中可以看出，电流是从上到下通过负载，所以负载上的电压方向是上正下负。

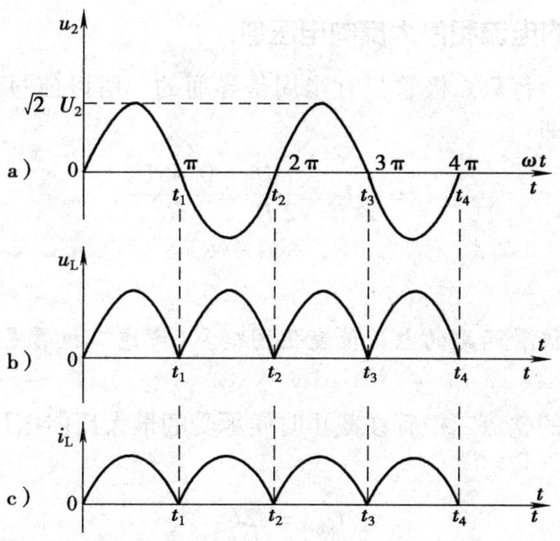

图 7—4　单相桥式整流电流通路

a）正半周时　b）负半周时

（2）当 u_2 为负半周期时，u_2 的极性为 A 负 B 正，那么此时整流二极管 V2 和 V4 正向导通，V1 和 V3 反向截止，电流 I_L 的方向为：$B \rightarrow V2 \rightarrow R_L \rightarrow V4 \rightarrow A \rightarrow B$。如图 7—4b 所示，从图中可以看出，电流仍然是从上到下通过负载，所以负载上的电压方向仍是上正下负。

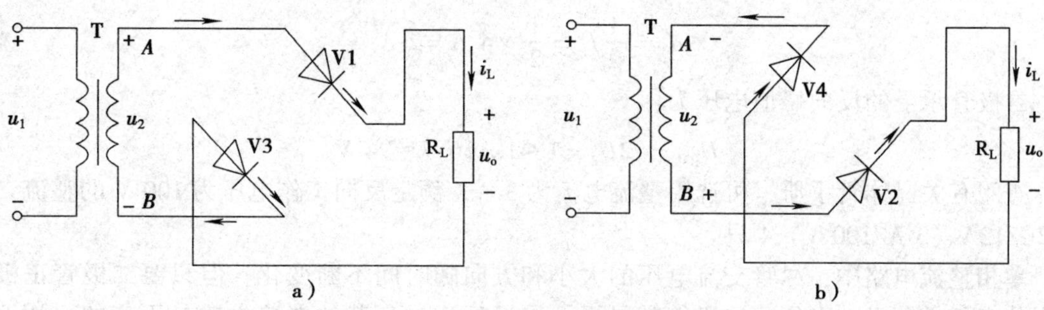

图 7—5　单相桥式整流电路输入、输出波形

a）u_2 波形　b）输出电压波形　c）输出电流波形

3. 负载 R_L 上的直流电压和电流计算

从单相半波整流电路和单相桥式整流电路的输出波形上可以看出，桥式整流电路的输出波形面积是半波整流电路的 2 倍，所以一个周期内输出电压的平均值比半波整流电路增加了 1 倍，即：

$$U_L = 0.9U_2$$

同样地，在负载上的平均电流值为：

$$I_L = \frac{U_L}{R_L} = \frac{0.9U_2}{R_L}$$

4. 整流二极管上的电流和最大反向电压值

在桥式整流电路中，每只二极管只有半周是导通的，所以流过每只二极管的平均电流只有负载电流的一半，即：

$$I_F=\frac{1}{2}I_L=\frac{1}{2}\frac{U_L}{R_L}=\frac{0.45U_2}{R_L}$$

想一想

你能画出整流二极管两端的电压值变化图吗？(考虑二极管是理想二极管)

单相桥式整流电路的整流二极管在截止时候承受的最大反向电压为 U_2 的最大值，也就是 U_2 的峰值，即：

$$U_{RM}=\sqrt{2}U_2$$

【例 7—2】 有一直流负载，需要直流电压 U_L 是 60 V，直流电流 I_L 是 4 A。若采用桥式整流电路。求电源变压器次级电压 U_2，并选择整流二极管。

解：

$$U_L=0.9U_2=\frac{U_L}{0.9}=\frac{60}{0.9}=66.7\ \text{V}$$

流过二极管的平均电流为：

$$I_F=\frac{1}{2}I_L=\frac{1}{2}\times 4\ \text{A}=2\ \text{A}$$

二极管承受的反向峰值电压为：

$$U_{RM}=\sqrt{2}U_2=1.41\times 66.7\approx 94\ \text{V}$$

查阅有关晶体管手册，可选用整流电流为 3 A，额定反向工作电压为 100 V 的整流二极管 2CZ12A（3 A/100 V）4 只。

单相整流电路中，尽管交流电压的大小和方向随时间不断变化，但只要二极管正极上的电位高于其负极的电位，二极管就导通，导通后流过负载的电流方向是不变的，从而可确定负载上电压的极性，接整流二极管负极的一端是整流输出电压的正端。负载上得到的是脉动的直流电。流过每只二极管的最大电流和它承受的最大反向电压，是选择二极管参数的依据。

单相整流电路的输出功率不是很大，在需要大功率直流电源的场合，往往采用三相整流电路。

三相整流电路具有输出电压脉动小、输出功率大、变压器利用率高，并能使三相电网负荷平衡等优点，在电气设备中被广泛应用，其整流原理与单相整流相似，在此不再做专门的介绍。

想一想

请看如图 7—6 所示的电路，画出这个图的输出电压波形及其相关波形，并考虑这个电路中的整流二极管承受的最大反向电压是不是和桥式整流电路一样？

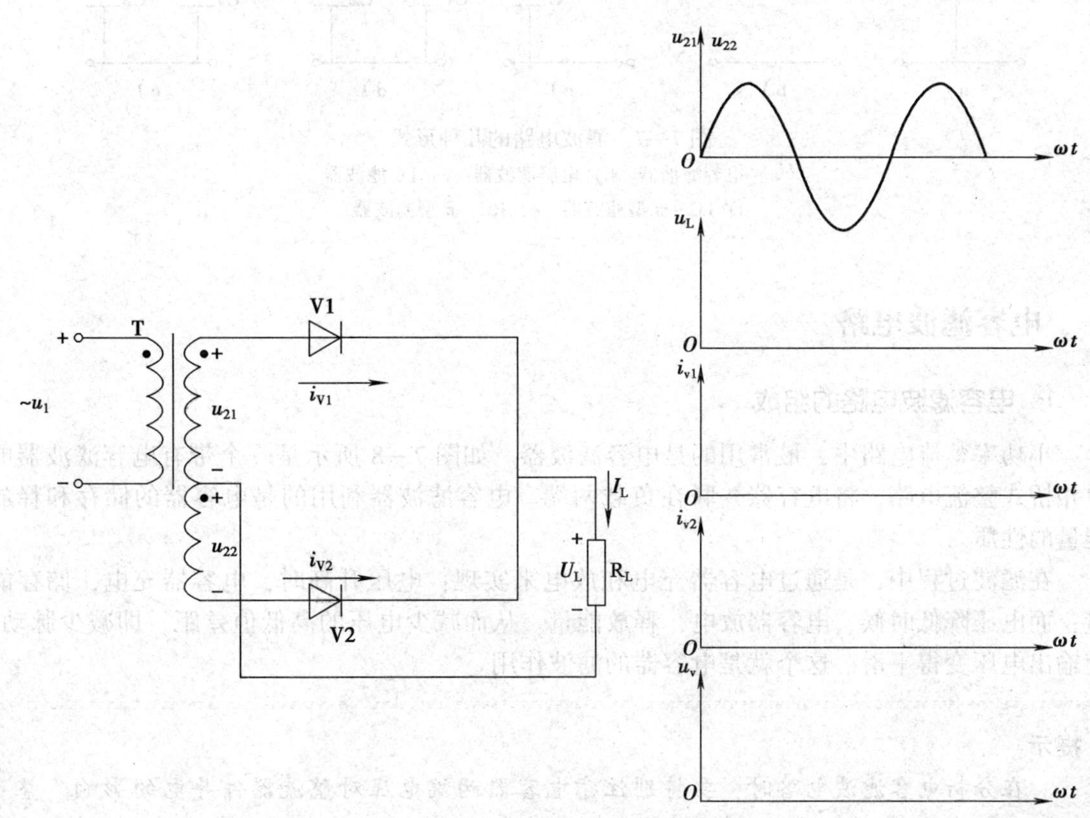

图 7—6　整流电路及其波形

第三节　滤 波 电 路

经过整流电路，虽然可以把交流电路转化为直流电，但是所输出的是脉动直流电压，因为其中含有较大的交流成分，所以这种不平滑的脉动直流电只能在电镀、电焊、蓄电池充电等要求不高的设备中使用。而对于有些仪器、仪表及在自动控制装置中，往往对直流电有更加高的要求，所以必须将其中的交流成分滤除，而得到较为平滑的直流电。

滤除整流电路中输出的脉动直流电中的交流成分，保留其中的直流成分，使输出的直流电压更平稳，这就是滤波的作用。用于滤波的电路叫作滤波器，也叫滤波电路。

如图 7—7 所示，滤波电路紧跟在整流电路之后，由电容器、电感器和电阻器按照一定的方式组成的，常见的滤波电路有电容滤波器、电感滤波器、LC 滤波器等。

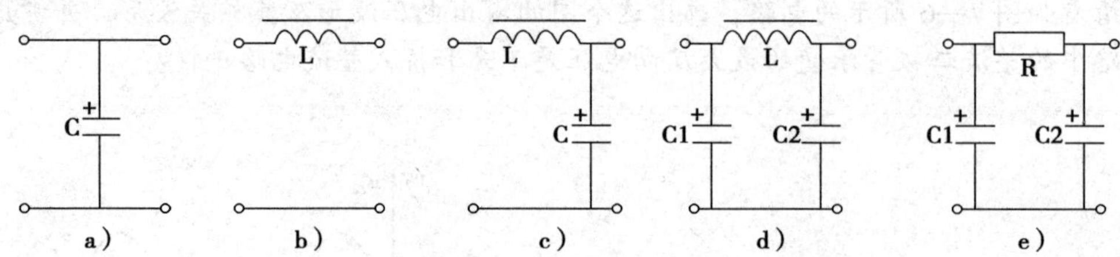

图 7—7　滤波电路的几种形式
a）电容滤波器　b）电感滤波器　c）LC 滤波器
d）LC－π 型滤波器　e）RC－π 型滤波器

一、电容滤波电路

1. 电容滤波电路的组成

小功率整流电路中，最常用的是电容滤波器。如图 7—8 所示是一个带有电容滤波器的单相桥式整流电路，将电容器并联在负载两端。电容滤波器利用的是电容器的储存和释放能量的性质。

在滤波过程中，是通过电容器充电和放电来实现：电压升高时，电容器充电，储存能量；而电压降低时候，电容器放电，释放能量。从而减少电压的高低值差距，即减少脉动，使输出电压变得平滑。这个就是电容器的滤波作用。

提示

在分析电容滤波电路时，要特别注意电容器两端电压对整流器件导电的影响。整流器件只有受正向电压作用时才导通，否则截止。

2. 电容滤波原理

假设电容器开始时没有电压，即电压为 0，当 u_2 是正半周期时候，u_2 从 0 开始上升，此时 V1 和 V2 导通，V2 和 V3 截止，如图 7—9a 所示。整流电路分成两路，一路是电源经二极管 V1 和 V4 向负载提供电压的，另一路向电容器 C 充电。电容器的充电时间 $\tau = RC$，其中 τ 表示充电时间常数。其值与电路中的电阻及电容器本身大小有关系。

这里的电阻值就是电路中二极管的正向电阻和变压器的二次侧的电阻，因为这两个值很小，所以电容器的充电时间很短，充电速度很快，可以认为和 u_2 同时变化。

从 $0 \sim t_1$ 时刻，电源为电容器充电，到了 t_1 时刻，u_2 的电压达到峰值 $\sqrt{2}U_2$，即到图 7—8d 中的 a 点，电容器两端的电压也差不多达到峰值，经过 t_1 以后，u_2 的电压值开始下降，那么此时电容器两端电压为 u_2 的峰值，比整流电路输出的电压还要高些，所以就使得整流二极管在反向电压的作用下截止了，即此时二极管 V1 和 V4 截止。电容器经过 R_L 放电，放电回路如图 7—8b 所示。

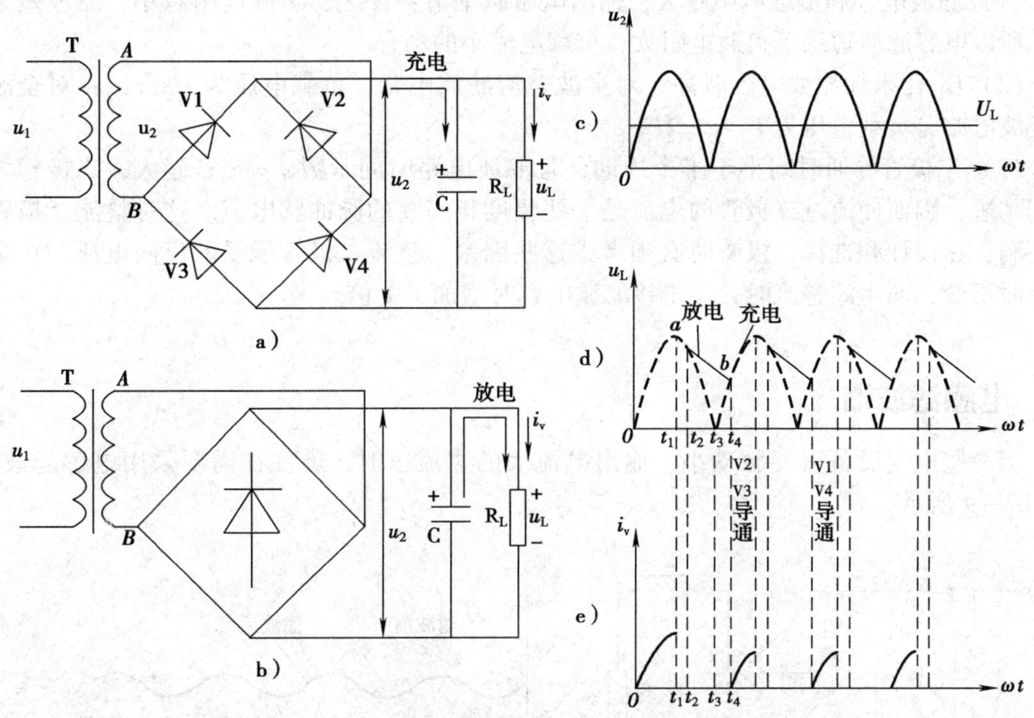

图 7—8　带有电容滤波器的单相桥式整流电路及其波形

随着放电过程的继续，电容器两端的电压值也逐步减小，如图 7—8d 的 ab 段。

当时间到了 t_3 以后，虽然电源进入负半周期，原来整流电路的 V2 和 V3 应该导通，但是由于电容两端电压比电源电压要高，所以仍为截止状态。

当到达 t_4 以后，电源电压进一步升高，而电容电压进一步下降，使 V2 和 V3 导通，这个时候，电容器又进入充电状态。后面的周期就是这个过程的循环。

想一想

电容滤波会使二极管的导通时间变化吗？对于输出的平均电压有什么变化呢？负载的大小，对输出的平均值会有影响吗？

3. 参数计算

这里主要给出有关的负载输出计算情况，一般情况下取：

$$U_L = (1.1 \sim 1.4)\ U_2$$

而额定值为：

$$U_L = 1.2U_2$$

4．电容滤波电路的主要特点

（1）滤波电容和负载电阻越大，输出电压越平滑；反之，负载电阻越小，滤波效果越差，所以电容滤波适用于负载电阻大，负载电流小的场合。

（2）U_L 比未加滤波电容时高。对半波整流滤波电路，负载电压为 $U_L \approx U_2$；对全波整流滤波电路，负载电压为 $U_L \approx 1.2U_2$。

（3）二极管导通时间小于半个周期，且滤波电路时间常数 $\tau = R_L C$ 越大，二极管导通时间越短，因而使流过二极管的电流是一些幅度相当高的脉冲状电流。这对整流二极管显然不利，在设计和选择二极管时必须考虑这些因素。整流二极管承受的反向电压，在全波整流时不变，而半波整流时，比未接滤波电容时增加了 1 倍。

二、电感滤波器

当一些电气设备需要脉动小、输出电流大的直流电时，就往往需要采用电感滤波器，如图 7—9 所示。

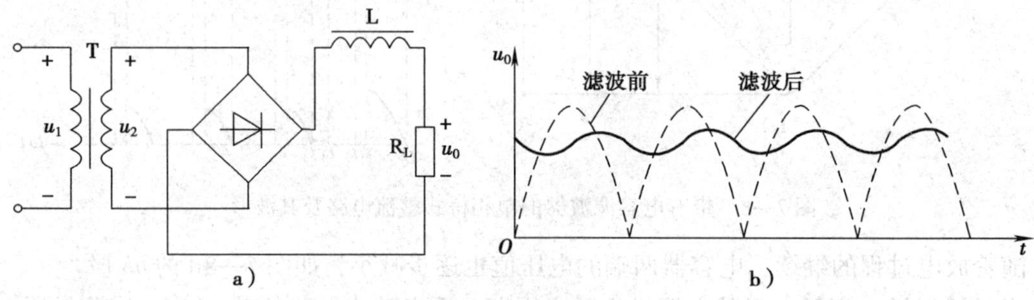

图 7—9　电感滤波器电路

a）电感滤波器电路　b）电感滤波器输出电压波形

1．电路工作原理

电感滤波是利用电感的储能作用减小输出电压脉动。由于电感线圈的直流电阻很小，脉动电压中直流分量很容易通过电感线圈，几乎全部加到负载上；而电感线圈对交流的阻抗很大，因此脉动电压中交流分量很难通过电感线圈，大部分降落在电感线圈上。

根据电磁感应原理，线圈通过变化的电流时，它的两端要产生自感电动势来阻碍电流变化，当电感中电流增大时，自感电动势方向与原电流方向相反，自感电动势阻碍了电流的增加，同时将能量储存起来。当电感中电流减小时，自感电动势又阻碍电流减小，同时释放能量，使电流减小的程度减小了。这样电感电流（即负载电流）变化小了，电压的变化也就得到了抑制。

2．电感滤波的主要特点

（1）由于电感自感电动势的作用，输出电流及电压中脉动成分有所抑制。这种抑制作用也可用稳态的观点看成是电感线圈感抗 ωL 与负载电阻 R_L 对电压 u_o 中所包含的各次谐波（包括直流）进行分压的结果。如 L 选得较大，R_L 选得较小，则交流分量大部分落在电感线圈上，R_L 上所分得的交流成分将很小。对直流分量而言，由于线圈的直流电阻总比 R_L 小很多，因而绝大部分直流分量落在负载 R_L 上。由此可知，负载电阻越小，即负载电流越大，电感滤波效果越好。所以，电感滤波适用于负载电阻较小、负载电流较大的场合。

（2）与电容滤波电路相比，电感滤波电路输出电压较低，$U_o \approx 0.9U_2$。

（3）整流二极管导通时间为半个周期，流过二极管的电流变得更加平滑，这无疑对二极管是有利的。

（4）若想滤波效果更好，必然需要增大电感量，也必然导致电感元件的质量、体积和成本都相应增加，这对于电子设备小型化、集成化是不利的因素。

三、复合型的滤波电路

除了单独用电容器和电感器作为滤波电路以外，还有把这两种器件进行组合应用的，如图 7—10 和图 7—11 所示。

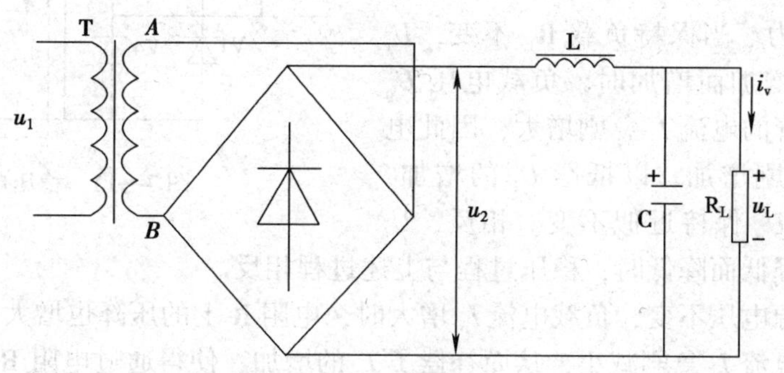

图 7—10 LC 型滤波电路

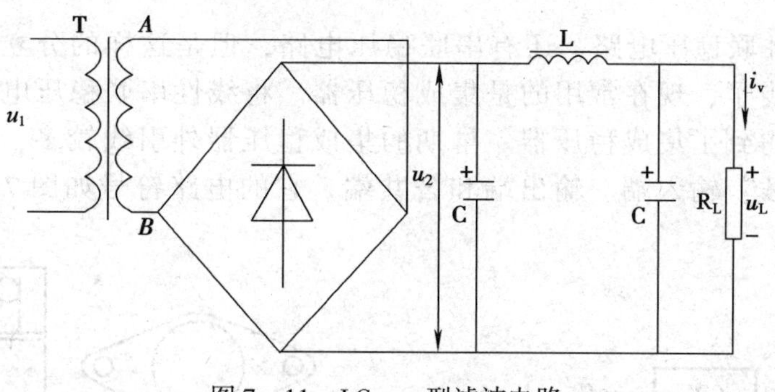

图 7—11 LC－π 型滤波电路

图 7—10 所示为 LC 滤波电路。因 u_2 中交流分量大部分落在电感线圈上，而电容与负载电阻并联在回路中，电容再进一步对交流分量分流，所以使负载电流变得更加平滑，脉动成分进一步减小。

图 7—11 是 π 形 LC 滤波电路，可以看作是电容滤波与 LC 滤波级联而成。首先经电容滤波，然后再经 LC 滤波，使得输出电压脉动成分大幅度下降，滤波效果显著改善。

知识链接

稳压电路和集成稳压器

滤波电路输出的直流电源在一定程度上已经是相当平滑，但还受到两方面的影响：负载的变化和输入电压的变化。外界市电电网的电压变化，影响输入电压的变化；而用户负载变化（大小和类型都可能变化），对于直流电源的稳定是一个很大的考验。为了应付上述两种情况的发生，在通常滤波电路的后面可加上一个稳压电路。

如图 7—12 所示的并联型稳压电路就是一种最简单的稳压电路，又称稳压管稳压电路，因其稳压管 VZ 与负载电阻 R_L 并联而得名。

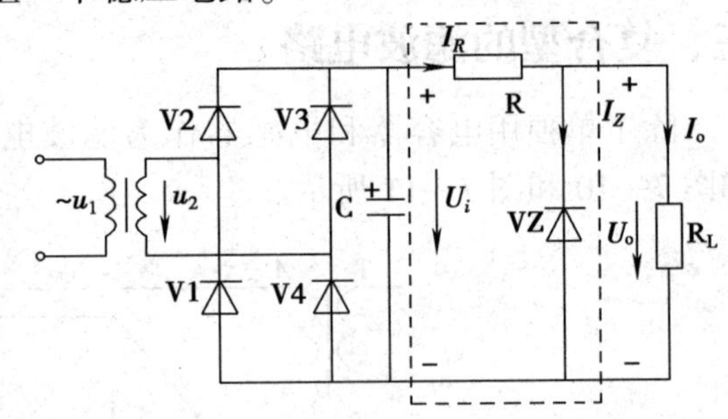

图 7—12　稳压电路

稳压管能够稳压的原理在于稳压管具有很强的电流控制能力。当保持负载 R_L 不变，U_i 因交流电源电压增加而增加时，负载电压 U_o 也要增加，稳压管的电流 I_z 急剧增大，因此电阻 R 上的压降急剧增加，以抵偿 U_i 的增加，从而使负载电压 U_o 保持近似不变。相反，U_i 因交流电源电压降低而降低时，稳压过程与上述过程相反。

如果保持电源电压不变，负载电流 I_o 增大时，电阻 R 上的压降也增大，负载电压 U_o 因而下降，稳压管电流 I_z 急剧减小，从而补偿了 I_o 的增加，使得通过电阻 R 的电流和电阻上的压降保持近似不变，因此负载电压 U_o 也就近似稳定不变。当负载电流减小时，稳压过程相反。

除了这样的并联稳压电路，还有串联稳压电路，但是这样的分立元器件的稳压电路已经用得比较少了，现在常用的是集成稳压器。将线性串联稳压电源和各种保护电路集成在一起就得到了集成稳压器。早期的集成稳压器外引线较多，现在的集成稳压器只有三个外引线：输入端、输出端和公共端。它的电路符号如图 7—13 所示，外形如图 7—14 所示。

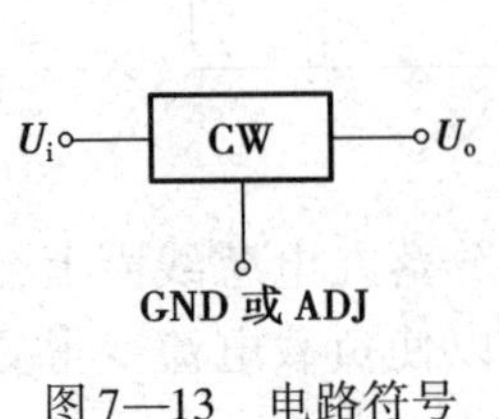

图 7—13　电路符号

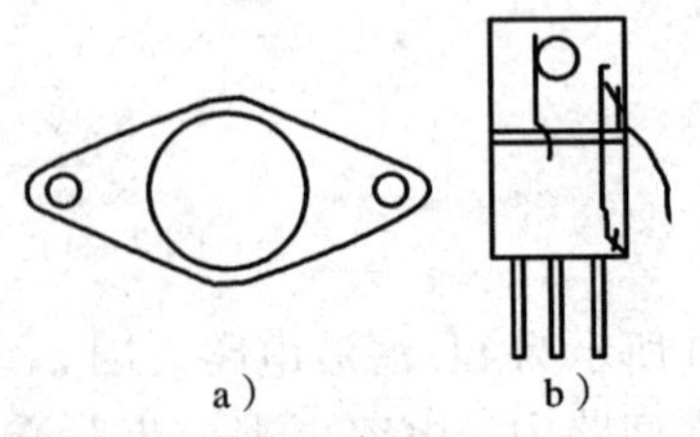

图 7—14　集成稳压器外形
a）金属菱形封装　b）塑料封装

第四节　晶　闸　管

硅晶体闸流管简称晶闸管，俗称可控硅。它是一种大功率的变流新器件，最初是为了对二极管整流电路的直流电压进行调节而研制出来的。它是一种大功率的变流新器件，主要用于大功率的交流电能与直流电能的相互转换，将交流电转换成直流电，其输出的直流电压具有可控性。将直流电转换为交流电，称为逆变。

在最近几十年时间内，晶闸管元件的制造和应用技术发展很快，在各个工业部门获得了广泛的应用，主要用于整流、逆变、调压、开关四个方面，目前应用得最多的还是晶闸管整流。晶闸管广泛用在交流调压、无触点交直流开关等方面，如图 7—15 所示为晶闸管功率调控器的外形图。

图 7—15　晶闸管功率调控器的外形

20 世纪 60 年代以来，晶闸管研制和应用发展很快，特别是近年来在电力牵引、交流传动与控制技术中，晶闸管器件都起着十分关键的作用，晶闸管变流技术正向着集成化、模块化的方向发展。

一、晶闸管的结构、符号

晶闸管的种类较多，有普通型、双向型、可关断型等。在晶闸管整流技术中使用的主要是普通型，而且普通型晶闸管的结构和工作原理也是分析其他晶闸管的基础。

普通型晶闸管的结构及符号如图 7—16 所示。晶闸管有三个电极：阳极 A、阴极 K、门极 G。在图 7—16c 中带有螺栓的一端是阳极 A，利用它和散热器固定，另一端是阴极 K，细引线为门极 G。

晶闸管的图形符号如图 7—16b 所示，文字符号为 V。

二、晶闸管的工作特性

为了说明晶闸管的工作原理，可按图 7—17 所示的电路做一个简单的实验。

1. 晶闸管不导通

晶闸管阳极接直流电源的正端，阴极经灯泡接电源的负端，此时晶闸管承受正向电压。门极电路中开关 S 断开（不加电压），如图 7—17a 所示。这时灯不亮，说明晶闸管不导通。

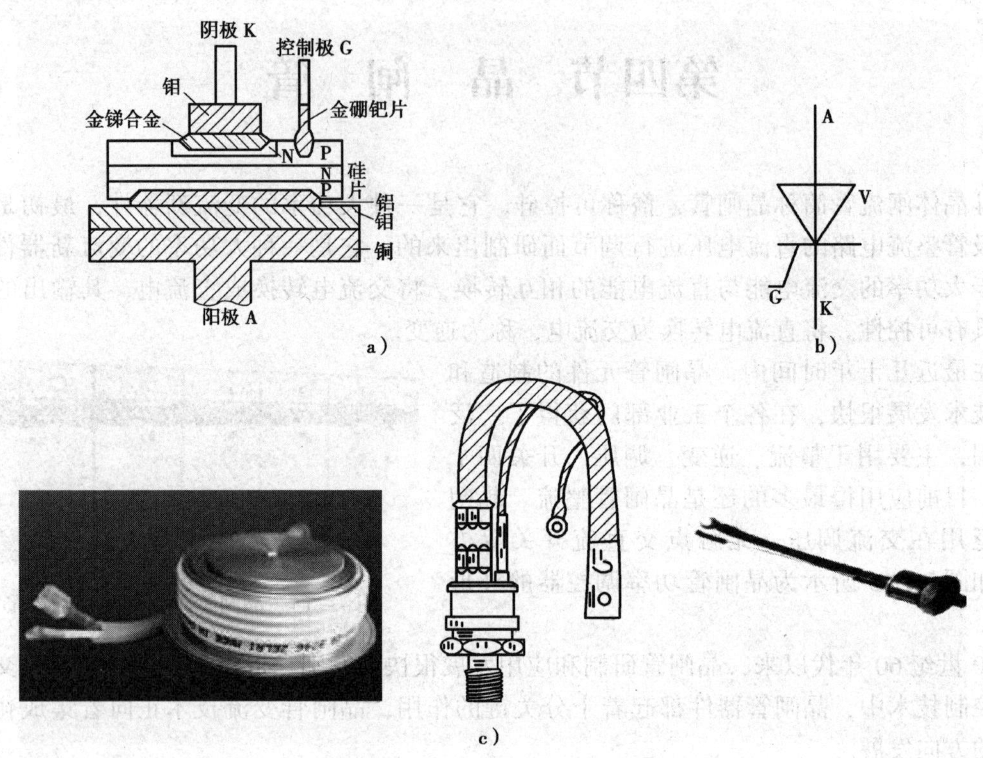

图 7—16　晶闸管的结构和外形

a）结构　b）图形符号　c）外形

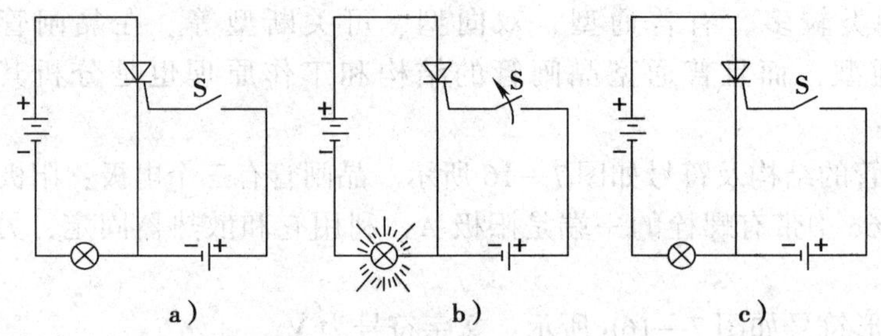

图 7—17　晶闸管导通实验电路图

a）晶闸管不导通　b）晶闸管导通　c）晶闸管截止

2. 晶闸管导通

晶闸管的阳极和阴极间加正向电压，门极相对于阴极也加正向电压，如图 7—17b 所示。这时灯亮，说明晶闸管导通。

晶闸管导通后，如果去掉控制极上的电压，将图 7—17b 中的开关 S 断开，灯仍然亮。这表明晶闸管继续导通，即晶闸管一旦导通后，门极就失去了控制作用。

3. 晶闸管截止

晶闸管的阳极和阴极间加反向电压，如图 7—17c 所示，无论控制极加不加电压，灯都不亮，晶闸管截止。

如果门极加反向电压，晶闸管阳极回路无论加正向电压还是反向电压，晶闸管都不导通。

提示

从上述实验可以看出，晶闸管导通必须同时具备两个条件。

(1) 晶闸管阳极电路加正向电压；

(2) 控制极电路加适当的正向电压。实际工作中，控制极加正触发脉冲信号，通常称它为门极触发电压。

晶闸管是一个可控的单向导电开关。它既有反向阻断能力，又有正向阻断能力。晶闸管导通以后，门极即失去控制作用。要使晶闸管关断，必须做到两点：一是将阳极电流减小到小于其维持电流；二是将阳极电压减小到零或使之反向。晶闸管、二极管和三极管工作特性的比较见表 7—1。

表 7—1　　晶闸管、二极管和三极管工作特性的比较

特性	晶闸管	二极管	三极管
反向阻断	能	能	—
正向阻断	能	不能	—
电流放大	不能	不能	能

三、主要参数

为了正确地选择和使用晶闸管，不仅需要了解晶闸管的工作原理及工作特性，还必须了解晶闸管元件的电压、电流等主要参数的意义。晶闸管的主要参数见表 7—2。

表 7—2　　晶闸管的主要参数

参数	符号	含义	说明	
正向阻断重复峰值电压	U_{DRM}	在门极断路和晶闸管正向阻断的条件下，可以重复加在晶闸管两端的正向峰值电压	电压取值比正向转折电压 U_{BQ} 小 100 V	通常 U_{DRM} 和 U_{RRM} 大致相等，习惯上统称峰值电压。如果两者不相等，则取其中较小的那个电压作为该晶闸管的“额定电压”
反向阻断重复峰值电压	U_{RRM}	额定的结温下，门极断路，允许重复加在晶闸管上的反向峰值电压	一般取值比反向击穿电压 U_{BR} 低 100 V。它反映了阻断状态下晶闸管能承受的反向电压	

续表

参数	符号	含义	说明
通态平均电流（正向电流）	$I_{T(AV)}$	在环境温度不大于40℃和标准散热及全导通的条件下，晶闸管元件可以连续通过的工频正弦半波电流（在一个周期内的）平均值	通常所说多少安的晶闸管，就是指这个电流。然而，这个电流值并不是一成不变的，晶闸管允许通过的最大工作电流还受冷却条件、环境温度、器件导通角、器件每个周期的导电次数等因素的影响
通态平均电压（导通时的管压降）	$U_{T(AV)}$	结温稳定时的阳极和阴极间的电压平均值称为通态平均电压	越低越好。出厂时规定的上限值即为该管型合格产品的最大管压降，它由工厂根据合格的规范试验自订。按照国家有关规定，通态平均电压的组别共分为九级，用 A ~ I 表示，A 级为0.4 V，I 级为 1.2 V；额定电流小于 100 A 时不标级
维持电流	I_H	在规定的环境温度和门极断路的情况下，维持晶闸管继续导通时需要的最小阳极电流	它是晶闸管由通到断的临界电流，要使导通的晶闸管关断，必须使它的正向电流小于 I_H

四、晶闸管的型号

根据相关标准规定，目前我国生产的晶闸管（KP 系列）器件的型号及其含义如下：

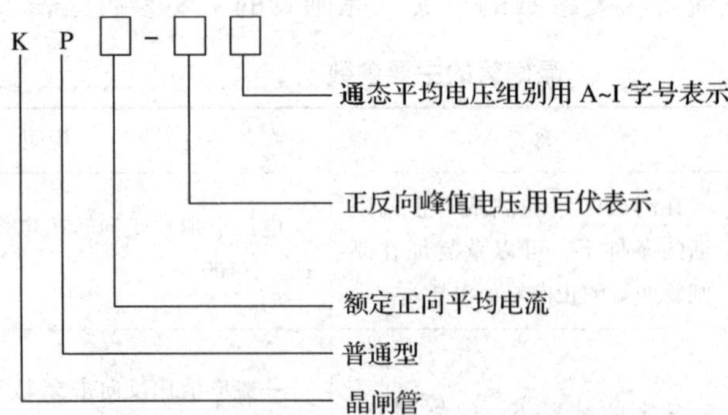

例如，KP200—5A 型的晶闸管表示额定电流 200 A，额定电压 500 V、正向导通压降组别为 A（0.4 V）的普通反向阻断型晶闸管。

第五节 晶闸管单相可控整流电路

如果用全部或部分晶闸管取代本章第一节、第二节讨论的各类整流电路中的整流二极管，就能够组成输出电压可调的各类可控整流设备。一般容量在 4 kW 以下的可控整流装置多采用单相可控整流，对大功率的负载多采用三相可控整流。

本节介绍最简单、最基本的单相可控整流电路，包括单相半波可控整流电路和单相半控桥式整流电路。

一、单相半波可控整流电路

1. 单相半波可控整流电路的组成和原理

将单相半波整流电路中的整流二极管换成晶闸管即成单相半波可控整流电路，如图 7—18 所示。其中，R_L 为负载电阻，u_1 和 u_2 为电源变压器的一次和二次正弦交流电压。

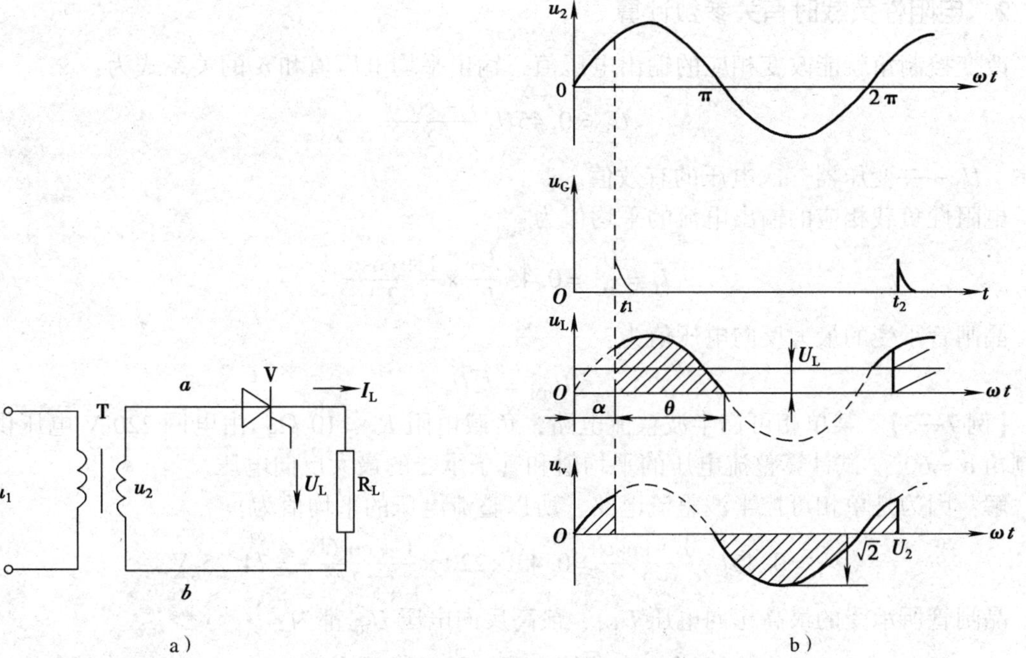

图 7—18 单相半波可控整流电路及波形

a）电路 b）波形

由图 7—18 电路可知，若晶闸管的控制极上未加正向触发电压，那么根据晶闸管的导通条件，不论正弦交流电压 u_2 是正半周还是负半周，晶闸管都不会导通。这时，负载端电

压 $U_L=0$、负载电流 $i_L=0$，因而电源的全部电压都由晶闸管承受，即 $U_V=U_2$。

当 u_2 由零进入正半周，a 点电位高于 b 点电位，晶闸管承受正向电压，如果在时刻 $\omega t=a$ 时，在门极加上适当的触发脉冲电压，晶闸管将立即导通。电路中电流流向为 $a\to V\to R_L\to b$。晶闸管导通后，其管压降 1 V 左右。若忽略此管压降，则电源电压全部加在负载 R_L 上，即 $u_1=u_2$，这样负载电流 $i_L=u_2/R_L$。此后，尽管触发电压随即消失，晶闸管仍然继续导通，直到电源电压 u_2 从正半周转入负半周过零的时候，晶闸管才自行关断。

当 u_2 在负半周时，因为晶闸管承受的是反向电压，所以即使门极上加触发电压，晶闸管也不会导通。这时，负载电压、电流都为零，晶闸管承受 u_2 的全部电压。

在以后各个周期，均重复上述过程。从整流电路的工作波形图看，u_2、i_O 均是一个不完整的半波整流波形。在晶闸管承受正向电压的半周内，加上触发脉冲电压，使晶闸管开始导通的相位角 α 称为控制角，又称触发脉冲的移相角。而晶闸管从开始导通到关断所经历的角度 θ 称为导通角，在这里控制角度是 α，而关断角度是 π。显然有关系：$\theta=\pi-\alpha$。α 的大小是由加上触发脉冲的时刻来控制的，把改变 α 的大小称为移相，α 的变化范围就是移相范围。因此，改变 α 就可以方便地获得可调节的整流电压和电流。控制角 α 越小，则输出电压、电流的平均值越大。当控制角 α 在 0°~180°之间变化时，输出电压 u_L 便在 0 到最大值之间连续变化，这就是可控整流的意义。

2. 电阻性负载时有关参数计算

改变控制角就能改变相应的输出电压值，输出平均电压值和 α 的关系式为：

$$U_L=0.45U_2\frac{1+\cos\alpha}{2}$$

式中 U_2——变压器二次电压的有效值。

电阻性负载相应的输出电流的平均值为：

$$I_L=\frac{U_L}{R_L}=0.45\frac{U_2}{R_L}\times\frac{1+\cos\alpha}{2}$$

晶闸管承受的最大反向电压值为：

$$U_{RM}=\sqrt{2}U_2$$

【例 7—3】 某单相可控半波整流电路，负载电阻 $R_L=10\ \Omega$，由电网 220 V 电压供电，控制角 $\alpha=60°$。试计算整流电压的平均值和管子承受的最大反向电压。

解：因为是单相可控半波整流电路，所以整流电压的平均值为：

$$U_L=0.45U_2\frac{1+\cos\alpha}{2}=0.45\times220\times\frac{1+\cos60°}{2}=74.25\ \text{V}$$

晶闸管所承受的最高正向电压 U_{FM}、最高反向电压 U_{RM} 都为：

$$U_{RM}=\sqrt{2}U_2=\sqrt{2}\times220=310\ \text{V}$$

二、单相半控桥式整流电路

将单相桥式整流电路中两只整流二极管换成两只晶闸管便组成了单相半控桥式整流电

路，如图 7—19 所示。晶闸管 V1 和 V2 的阴极接在一起，触发脉冲同时送给两管的门极，但能被触发导通的只能是阳极承受正向电压的那只晶闸管。

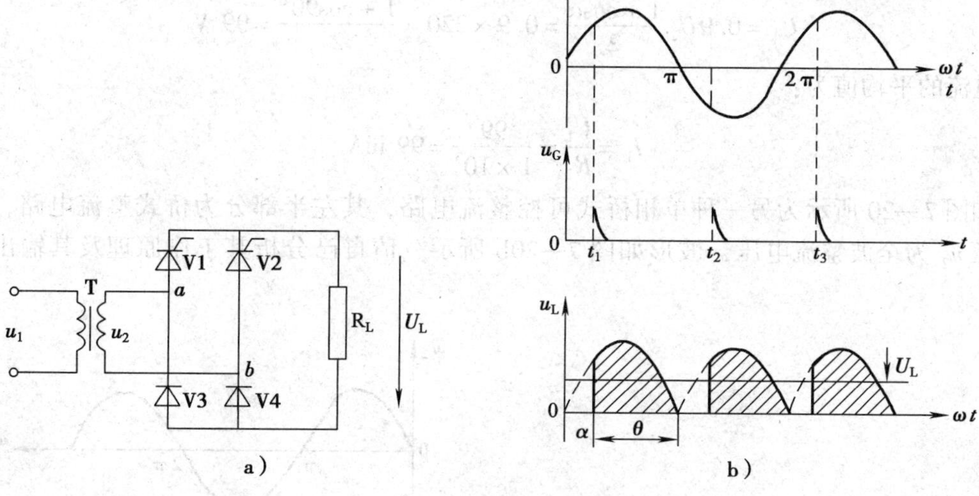

图 7—19　单相半控桥式整流电路

a）电路　b）波形

当交流电压 u_2 进入正半周时，a 端电位高于 b 端电位，晶闸管 V1 和二极管 V4 同时承受正向电压，如果此时门极无触发信号 u_G，则 V1 晶闸管处于正向阻断状态。在 t_1 时刻（$\omega t_1 = a$）加入触发脉冲 u_G，V1 管触发导通，电流回路为 $a \to V1 \to R_L \to V4 \to b$。这时晶闸管 V2 和二极管 V3 均承受反向电压而关断。

当 u_2 过零时，V1 管因正向电流小于维持电流而自行关断。

在 u_2 的负半周时（b 点电位高，a 点电位低），晶闸管 V2 和二极管 V3 承受正向电压，在 t_2 时刻（$\omega t_2 = \pi + a$）加入触发脉冲 u_G，V2 管触发导通，电流回路为 $b \to V2 \to R_L \to V3 \to a$。这时晶闸管 V1 和二极管 V4 均承受反向电压而关断。输出电压的波形如图 7—19b 所示，显然 R_L 上得到的平均直流电压（u_2 和 a 相同时）是半波可控整流时的 2 倍，即：

$$U_L = 0.9U_2 \frac{1+\cos\alpha}{2}$$

每只晶闸管承受的反向峰值电压为$\sqrt{2}U_2$，每只晶闸管导通平均电流为负载平均电流的一半。

【例 7—4】 某单相半控桥式整流电路，其输入交流电压有效值为 220 V，负载为 1 kΩ 电阻，试求控制角 $\alpha = 0°$及 $\alpha = 90°$时负载上电压和电流的平均值。

解：（1）控制角 $\alpha = 0°$时负载上电压的平均值为：

$$U_L = 0.9U_2 \frac{1+\cos\alpha}{2} = 0.9 \times 220 \times \frac{1+\cos 0°}{2} = 198 \text{ V}$$

电流的平均值为：

$$I_L = \frac{U_L}{R_L} = \frac{198}{1 \times 10^3} = 198\ \text{mA}$$

（2）控制角 $\alpha = 90°$时负载上电压的平均值为：

$$U_L = 0.9U_2 \frac{1 + \cos\alpha}{2} = 0.9 \times 220 \times \frac{1 + \cos 90°}{2} = 99\ \text{V}$$

电流的平均值为：

$$I_L = \frac{U_L}{R_L} = \frac{99}{1 \times 10^3} = 99\ \text{mA}$$

如图 7—20 所示为另一种单相桥式可控整流电路，其左半部分为桥式整流电路，其输出电压 u_2 为全波整流电压，波形如图 7—20b 所示。请自己分析其工作原理及其输出波形图。

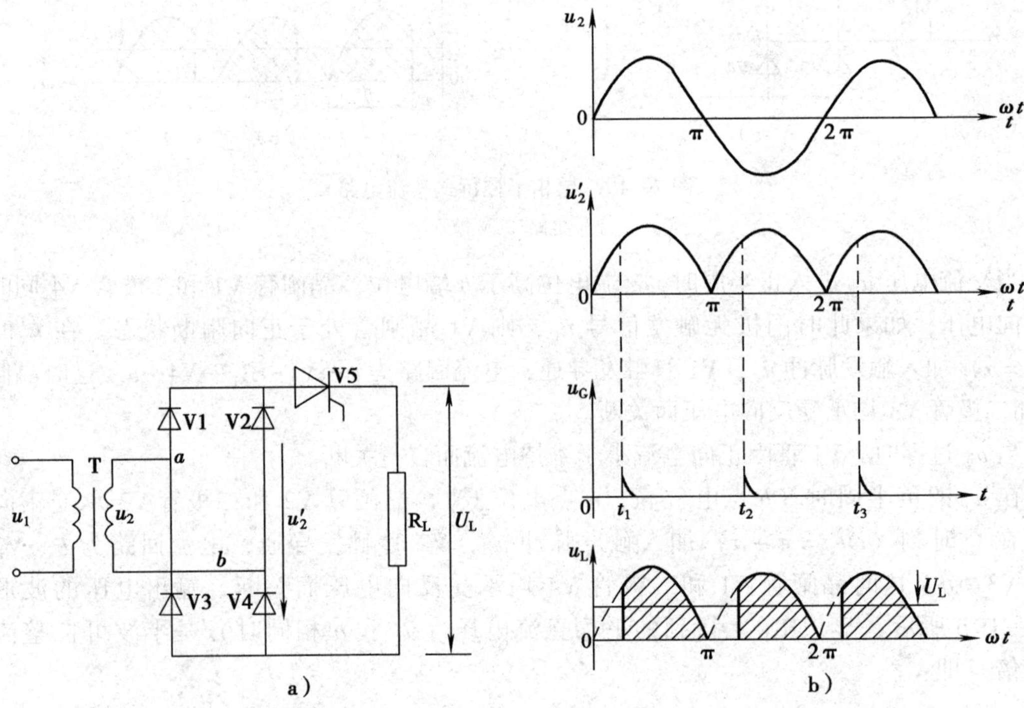

图 7—20　一只晶闸管的单相桥式可控整流电路

实验与实训　常用电子仪器的使用

一、实验目的

初步掌握交流毫伏表、信号发生器、示波器的使用方法。

二、实验器材

交流毫伏表（最大量程为 300 V，最小量程为 10 mV）1 台，正弦信号发生器（输出 20 Hz ~ 1 MHz 正弦电压）1 台，示波器 1 台。

三、实验步骤

1. 按如图 7—21 所示连接线路，实物如图 7—22 所示。

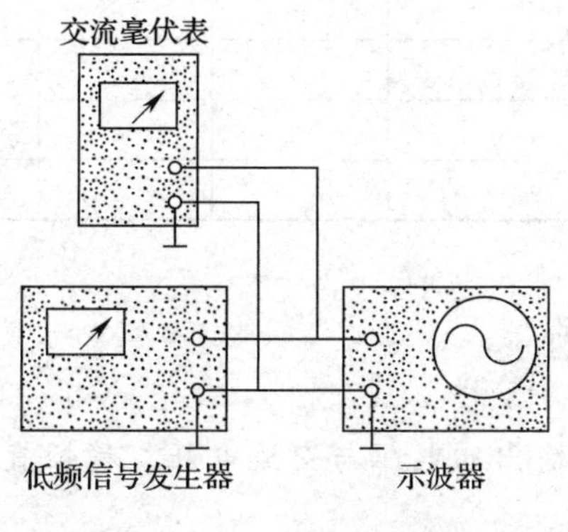

图 7—21　实验接线图

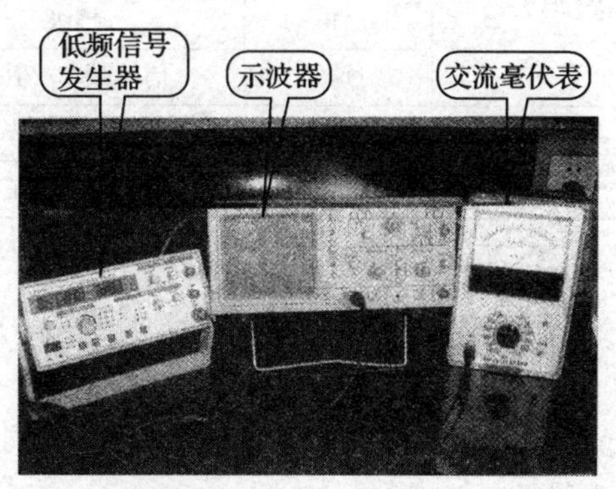

图 7—22　实物图

2. 启动信号发生器，将它的输出衰减开关分别置于 0 dB、20 dB 的位置上，调节输出电压微调旋钮，用交流毫伏表测量电压的变化范围，并将测量结果记入表 7—3 中。

表 7—3

输出衰减开关位置（dB）	0	20	40	60
输出电压变化范围（V）				

3. 将示波器电源接通预热后，调节“辉度”“聚焦”“X 轴位移”“Y 轴位移”等旋钮使荧光屏上出现扫描线。

4. 调节信号发生器，使其输出电压为 1 ~ 5 V、频率为 1 kHz，用示波器观察信号电压波形，调节“X 轴衰减”“Y 轴增幅”旋钮，使荧光屏显示的电压波形的峰—峰值占 5 格左右。

5. 调节“扫描范围”“扫描微调”旋钮，使荧光屏上显示出数个完整、稳定的正弦波。

6. 由低频信号发生器输出如上所要求的信号，用交流毫伏表测量其电压大小，用示波器观察波形并测量其电压大小和频率。将各仪表的读数记入表 7—4。

表 7—4

<table>
<tr><td colspan="2" rowspan="2">正弦信号</td><td>频率（Hz）</td><td>400</td><td>1 k</td><td>2 k</td><td>20 k</td></tr>
<tr><td>有效值（V）</td><td>0.08</td><td>0.5</td><td>0.15</td><td>2</td></tr>
<tr><td rowspan="4">低频信号发生器</td><td rowspan="2">旋钮挡位</td><td>输出衰减（dB）</td><td></td><td></td><td></td><td></td></tr>
<tr><td>频段选择</td><td></td><td></td><td></td><td></td></tr>
<tr><td rowspan="2">输出信号</td><td>频率（Hz）</td><td></td><td></td><td></td><td></td></tr>
<tr><td>有效值（V）</td><td></td><td></td><td></td><td></td></tr>
<tr><td rowspan="4">示波器</td><td>V/div</td><td>挡级</td><td></td><td></td><td></td><td></td></tr>
<tr><td>读数</td><td>电压峰—峰值（V）</td><td></td><td></td><td></td><td></td></tr>
<tr><td>t/div</td><td>挡级</td><td></td><td></td><td></td><td></td></tr>
<tr><td>读数</td><td>信号频率（Hz）</td><td></td><td></td><td></td><td></td></tr>
<tr><td rowspan="2">交流毫伏表</td><td>量程</td><td>挡级</td><td></td><td></td><td></td><td></td></tr>
<tr><td>读数</td><td>电压有效值（V）</td><td></td><td></td><td></td><td></td></tr>
</table>

复习思考题

1. 什么是整流？整流器由哪几部分组成？整流输出的电压与交流电压、稳恒直流电压有什么不同？

2. 直流稳压电源中滤波电路的目的是什么？

3. 单相半波整流电路的优点是什么？

4. 单相桥式整流电路中，4 只二极管极性全部反接，对输出有何影响？若其中一只二极管断开、短路或接反时对输出有何影响？

5. 晶闸管导通的条件是什么？晶闸管导通后，通过管子阳极的电流大小由哪些因素决定？晶闸管阻断时，承受电压的大小由什么决定？

6. 晶闸管对触发电路有什么要求？什么叫移相范围？